高等教育土木类专业系列教材

建筑信息模型及应用

JIANZHU XINXI MOXING JI YINGYONG

主编 华建民 杨 阳 副主编 黄乐鹏 白久林 林 昕

重庆大学出版社

内容提要

本书详细介绍了BIM技术的国际研究现状、发展趋势和Revit软件各项功能及操作页面，通过经典案例进一步阐述了软件的具体使用方法；讨论了模型的深化过程，使模型能够运用到实际工程中；并简单阐述了施工阶段BIM模型的应用。最后，整理归纳了全国BIM技能等级考试（一级）的知识点，并将真题作为案例进行讲解，便于读者学习。

本书将多媒体资源与纸质教材融合，形成了新形态一体化教材。本书可作为高等学校建筑工程类、建设管理类以及其他相关专业的BIM课程教材及参考书，也可作为相关爱好者的自学用书，同时对即将参加全国BIM技能等级考试（一级）的考生有较大帮助。

图书在版编目(CIP)数据

建筑信息模型及应用 / 华建民，杨阳主编. -- 重庆：重庆大学出版社，2022.8

高等教育土木类专业系列教材

ISBN 978-7-5689-3188-5

Ⅰ. ①建… Ⅱ. ①华… ②杨… Ⅲ. ①建筑设计—计算机辅助设计—应用软件—高等学校—教材 Ⅳ. ①TU201.4

中国版本图书馆CIP数据核字(2022)第098607号

建筑信息模型及应用

主　编：华建民　杨　阳

副主编：黄乐鹏　白久林　林　昕

策划编辑：王　婷

责任编辑：陈　力　　版式设计：王　婷

责任校对：关德强　　责任印制：赵　晟

*

重庆大学出版社出版发行

出版人：饶帮华

社址：重庆市沙坪坝区大学城西路21号

邮编：401331

电话：(023)88617190　88617185(中小学)

传真：(023)88617186　88617166

网址：http://www.cqup.com.cn

邮箱：fxk@cqup.com.cn(营销中心)

全国新华书店经销

中雅(重庆)彩色印刷有限公司印刷

*

开本：787mm×1092mm　1/16　印张：11　字数：270千

2022年8月第1版　2022年8月第1次印刷

印数：1—2 000

ISBN 978-7-5689-3188-5　定价：39.00元

前　言

BIM是土木工程信息化建设的一个新阶段，它提供了一种全新的生产方式，即运用数字化的方式来表达项目的物理特征和功能特征，对项目中不同阶段的信息实现集成和共享，为项目各参与方提供协同工作的平台，使生产效率得以提升、项目质量有效控制、项目成本明显降低、工程周期得以缩减，尤其在解决复杂形体、管线综合、绿色建筑、智能加工等难点问题方面显示出了不可替代的优越性。住房和城乡建设部发布的《建筑信息模型应用统一标准》(GB/T 51212—2016)中对建筑信息模型的概念定义为："在建设工程及设施全生命期内，对其物理和功能特性进行数字化表达，并依此设计、施工、运营的过程和结果的总称，简称模型。"

BIM技术具备共享性、可视化、协调性、模拟性、优化性、可出图性等特点。这些特点使得BIM技术在建筑领域中获得快速发展，给行业带来了大量的机遇，但也伴随着挑战与困惑，迫切要求进行大量的BIM技术学习以及相关技术人才的培养。

全书共分为6章。第1章回顾了BIM技术的研究历史与发展，详细讨论了其特点及应用。第2章详细介绍了Revit软件各项功能的特点及使用方法，并对一些基本术语进行了讲解。第3~4章以经典别墅以及室外构件的创建过程为案例，进一步阐述了软件各个功能的使用方法，并在别墅创建过程中穿插了多种方法的对比分析，便于读者学习。第5章讨论了Revit模型完成后的进一步优化处理，通过BIMMAKE转化数据将Revit模型导入BIMMAKE操作平台，并进行施工阶段的模拟。第6章归纳整理了全国BIM技能等级考试(一级)的考点，并对具有代表性的题目进行了详细解析，可为即将参加全国BIM技能等级考试(一级)的学员提供帮助。

本书由重庆大学华建民教授、杨阳副教授任主编，黄乐鹏副研究员、白久林副教授、林昕副教授任副主编，感谢各位作者对本书提供的宝贵思想和资源。重庆大学研究生左昆、孙文童为本书整理和编写提供了支持和帮助。

由于编写时间仓促，加之编者水平有限，疏漏之处在所难免，敬请读者批评指正。

编　者

2021年9月

目　录

1 绪　论

1.1　BIM 概述

BIM 是土木工程信息化建设的一个新阶段,它提供了一种全新的生产方式,运用数字化的方式来表达项目的物理特征和功能特征,对项目中不同阶段的信息实现集成和共享,为项目各参与方提供协同工作的平台,使生产效率得以提升、项目质量有效控制、项目成本大大降低、工程周期得以缩减,尤其在解决复杂形体、管线综合、绿色建筑、智能加工等难点问题方面显示了不可替代的优越性。

行业内有关 BIM 的概念、标准较多。一般来讲,BIM 的全称为 Building Information Modeling,中文名称为建筑信息模型。BIM 技术是一种应用于工程设计、建造、管理的数据化工具,它通过对建筑的数据化、信息化模型整合,在项目策划、运行和维护的全生命周期过程中进行共享和传递,使工程技术人员对各种建筑信息作出正确理解和高效应对,为设计团队以及包括建筑、运营单位在内的各方建设主体提供协同工作的基础,在提高生产效率、节约成本和缩短工期方面发挥了重要作用。

2016 年 12 月 2 日,住房和城乡建设部发布《建筑信息模型应用统一标准》(GB/T 51212—2016)。其中对建筑信息模型的概念定义为:“在建设工程及设施全生命期内,对其物理和功能特性进行数字化表达,并依此设计、施工、运营的过程和结果的总称。简称模型。”

1.2　BIM 的特点

(1)共享性

BIM 技术的第一个特点便是信息共享。各参与方、各专业间可以通过大数据、云平台等技术实现信息共享、协同工作和数据交互。

(2)可视化

传统的建筑设计效果图只能体现设计意图,真正的构造形式需要建造者自行想象,因此不具有真实建造的意义。BIM 将传统的二维线条式构件转化为三维立体模型,实现了在可视化环境中的建筑全生命周期的管理。

(3)协调性

在进行工程图纸设计时,由于各专业设计师之间的沟通不到位,经常会出现各专业之间的碰撞问题,此时就需要协调各参与方一起查找和解决问题,因此协调工作在工程建设中占用的时间较多。BIM 技术可在建筑物建造的各个阶段,用计算机模拟建造的手段对各个专业的设计、施工等问题进行提前预判。同时多专业协同设计,通过碰撞检测及时发现问题并进行纠正,从而提高建设效率。

(4)模拟性

BIM 能够实现建筑物所具有的真实信息。在建设项目的不同阶段,均能使用 BIM 技术的模拟性来解决问题。例如,在规划设计阶段,BIM 可以进行节能模拟分析,紧急疏散模拟分析等;在招投标和施工阶段,BIM 可以模拟实际施工,确定合理的施工方案;在运维阶段,BIM 还可以模拟日常紧急情况的处理,例如地震逃生模拟分析以及消防疏散模拟分析等。

(5)优化性

BIM 技术可以实现各种优化。项目优化主要受到 3 个方面的制约,即信息、复杂程度和时间。BIM 模型集成了建筑物的真实信息,包括几何信息、物理信息、规则信息等。现代建筑物的复杂程度大多超过参与人员本身的能力极限,BIM 及其配套的各种优化工具提供了对复杂项目进行优化的可能,运用 BIM 技术能够实现在有限的时间内更好地优化项目和做更好的优化目标。

(6)可出图性

BIM 模型通过协调、模拟、优化后,可快速生成指导施工所需的图纸(平面图、立面图、剖面图等)和明细表,并且相互之间产生关联,做到一处修改、处处修改。

1.3 BIM 发展与应用

1)BIM 发展背景

1973 年,全球爆发第一次石油危机,使西方经济遭受了巨大打击,由于石油资源的短缺和价格上涨,美国全行业均在考虑节能增效的问题。在此背景下,促进了人们对建筑节能的思考。

1975 年,"BIM 之父"——美国佐治亚理工大学的 Chuck Eastman 教授提出了"Building Description System"(建筑描述系统),以便实现建筑工程的可视化和量化分析,提高工程建设效率,这是第一次提出类似 BIM 的概念。

1999 年,Eastman 将"Building Description System"发展为"Building Product Model"(建筑产品模型),认为建筑产品模型从概念、设计施工到拆除的建筑全生命周期过程中,均可提供建筑产品丰富、整合的信息。

2002 年,Autodesk 收购三维建模软件公司 Revit Technology,提出了 Building Information Modeling(建筑信息模型),即成了今天众所周知的“BIM”。

2)BIM 技术在国外应用

美国率先应用 BIM 技术,美国总务管理局(GSA)在 2003 年启动了国家 3D-4D-BIM 计划,并明确规定 BIM 技术应用于所有公共建筑服务项目。该项目的目标是:首先,实现技术创新,为客户提供更高效、更经济、更安全以及更美观的联邦建筑;第二,支持和推动开放标准的应用。根据该计划,BIM 技术将应用在整个项目生命周期中,包括决策支持,4D 进度控制以及建筑设备分析、能源分析、激光扫描、流量和安全验证和空间规划验证。

英国政府在 2011 年发布了“BIM 报告”和“政府建筑行业战略”。为实现节省 20% 采购成本的政府建设战略目标,英国政府规定,从 2016 年 4 月开始,所有英国建设项目必须使用 BIM 技术,并达到 BIM 应用的第二级。英国国家统计局 2016 年第六次全国 BIM 调查报告显示,英国 BIM 的采用率达到 54%,高于 2015 年的 48%。与此同时,超过 80% 的受访者声称将来会采用 BIM。该报告还指出,英国政府在 2014—2015 年为现有计划节省了 8.55 亿英镑,从根本上促进了对新计划的投资。

在国际层面上,国际标准化组织(International Organization for Standardization,ISO)建筑和土木工程标准化技术委员会 TC59 下设附属委员会 SC13,专门负责 BIM 信息管理相应规范的制定和维护。2018 年底,该委员会在英国两项国家标准的基础上编制发布 ISO 19650—1 和 ISO 19650—2,为 BIM 在项目全生命周期各阶段的信息管理提供概念框架,包括信息交流、存储、人员组织及管理流程等内容。此外,国际 BIM 标准化组织建筑智慧国际联盟(Building Smart)也制订了多项 BIM 标准、技术报告及技术规范。Building Smart 所制订的标准主要包括工业基础类别(Industrial Foundation Class,IFC)、国际字典框架(International Framework for Dictionaries,IFD)及信息传递手册(Information Delivery Manual,IDM)3 类。其中 IFC 是一套支持多种 BIM 文件类型的开放式数据模型格式。当各类 BIM 文件因软件平台不同无法直接交换信息时,就可以通过这一标准格式进行交换及长期存储。IDM 则对完成具体工作所需要的流程进行定义,明确上述流程所需要的 IFC 功能,从而指导参与方获取所需信息交换内容,并用 IFC 标准格式加以执行。IFD 为 IFC 中每一个信息都赋予了唯一标识码,确保信息的请求者和提供者对同一概念有相同的理解,不受语言多义性影响。目前,IFC 和 IDM 被 ISO 所采纳,成为国际标准的一部分,IFC 更是国际上普遍采用的数据模型标准格式。

3)BIM 技术在国内应用

2004 年左右,基于 BIM 技术的工程软件进入我国,国家“十五”科技支撑计划对该技术的研究给予了大力支持。2008 年,国内有关科研单位起草了工业基础平台规范(国家指导技术文件),其内容和技术与国际工业基础类别(IFC)数据模型标准相一致。住房和城乡建设部于 2012 年 1 月发布了《关于印发 2012 年工程建设标准规范制订修订计划的通知》,公布中国的 BIM 标准制定工作正式启动,其中包含了 5 项和 BIM 相关的标准:《建筑工程信息模型应用统一标准》《建筑工程设计信息模型交付标准》《制造工业工程设计信息模型应用标准》《建筑工程设计信息模型分类和编码标准》《建筑工程信息模型存储标准》。2013 年,我国发布了

《关于推进建筑信息模型应用的指导意见》，确定了 BIM 技术具体的发展推进目标。2014 年 7 月 1 日，住房和城乡建设部发布了建市〔2014〕92 号文件《住房和城乡建设部关于促进建筑业发展和改革的若干意见》。重点推广工程设计中的建筑信息模型（BIM）等信息技术应用在施工和运维的全过程，提高整体效益，推广隔震技术的建设项目。搜索并执行用白色图片替换蓝图并以数字方式查看图纸的工作。住房和城乡建设部于 2016 年 8 月 23 日再次发布了《2016—2020 年建筑业信息化发展纲要》，BIM 技术成为“十三五”期间的建筑业领域率先推广的 5 个主要的信息技术之一。住房和城乡建设部 2016 年 12 月 2 日发布的《建筑信息模型应用统一标准》（GB/T 51212—2016）将从 2017 年 7 月 1 日起开始实施。2018 年，全国“两会”提出将 BIM 技术课程教学成体系纳入专业教育评估工作。

我国目前主要的 BIM 应用也已遍布项目的全生命周期，主要体现在方案模拟、结构分析、日照分析、工程算量、3D 协调、4D 模拟（3D+进度）、5D 模拟（3D+进度+投资）、施工方案优化、碰撞检查、管线综合、安全管理、三维扫描、数字化放线、数字化建造、灾害模拟、虚拟现实、运维管理等方面。

Revit 界面及相关术语介绍

2.1 界面介绍

▶ 2.1.1 软件界面

Revit 常用的项目界面及相关功能区如图 2.1 所示。

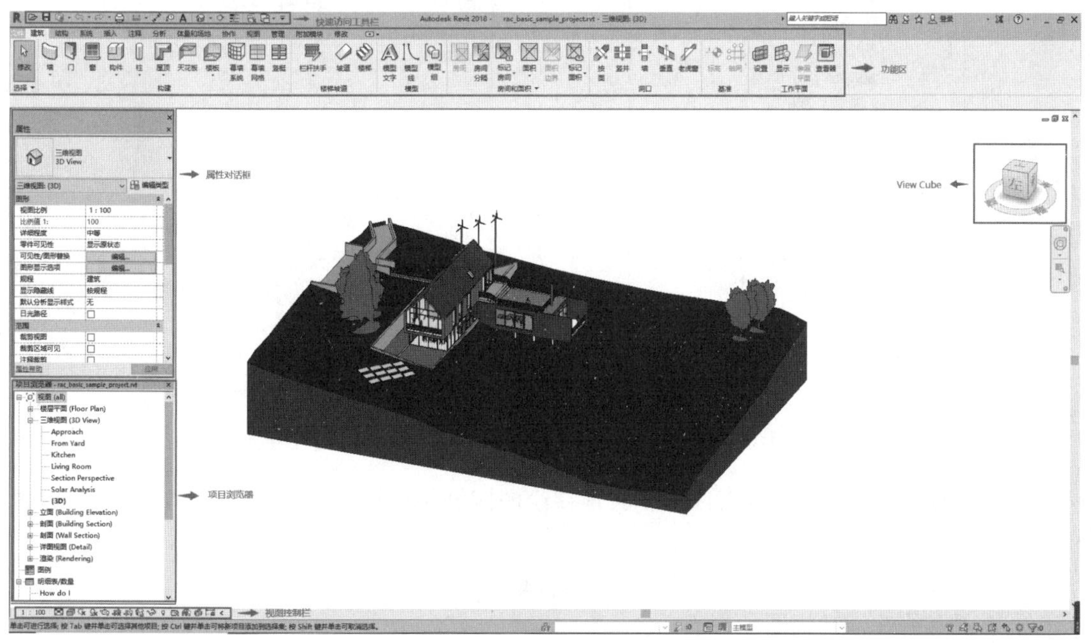

图 2.1 Revit 界面及相关功能区

▶ 2.1.2 项目浏览器

“项目浏览器”用于显示当前项目中所有视图、明细表、图纸、组和其他部分的逻辑层次。展开和折叠各分支时,将显示下一层项目,如图2.2所示。

打开“项目浏览器”,单击“视图”—“用户界面”,下拉列表“项目浏览器”,或在应用程序窗口中的任意位置单击鼠标右键,然后单击“浏览器”—“项目浏览器”。

在“项目浏览器”中,大型复杂项目可能会包含数百个条目。若要快速浏览并找到所需的项,可在项目浏览器上单击鼠标右键,然后单击“搜索”,快速查找用户需要的内容。

要展开或收拢所有顶层节点,首先可在浏览器中的某一节点或空白区域上单击鼠标右键,然后选择“展开全部”或“收拢全部”。

▶ 2.1.3 属性选项板

属性选项板用于查看和修改 Revit 图元相关参数,其工作面板如图2.3所示。通常在 Revit 工作期间,属性选项板应保持打开状态,以便执行下述操作。

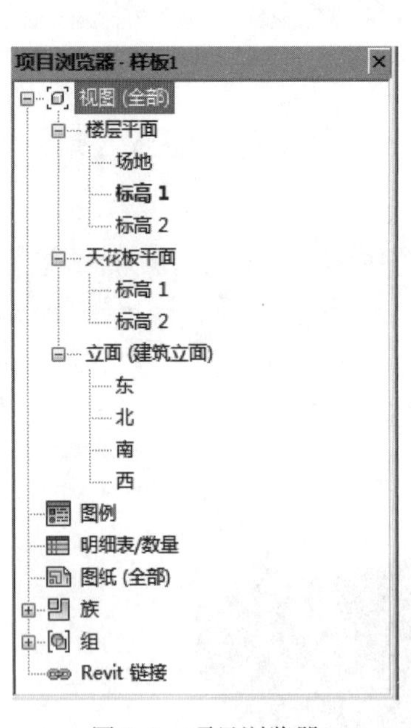

图2.2 项目浏览器

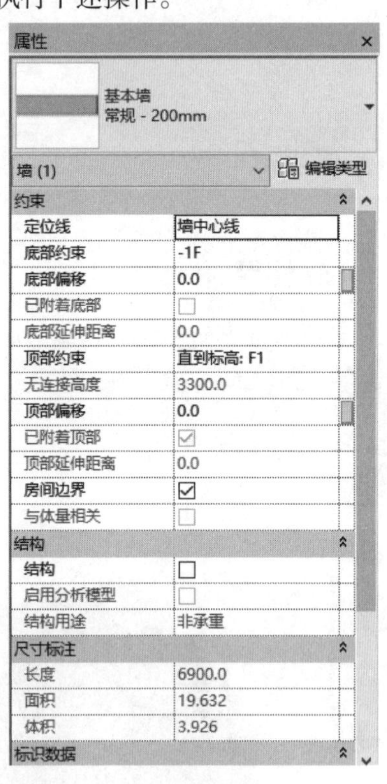

图2.3 属性选项板

①通过使用“类型选择器”,选择要放置在绘图区域中的图元的类型,或者修改已经放置的图元的类型。

②查看和修改要放置的或者已经在绘图区域中选择的图元属性。

③查看和修改活动视图的属性。

④访问适用于某个图元类型所有实例的类型属性。

▶ 2.1.4　修改面板

绘制面板提供了用于编辑现有图元、数据等工具,包含了操作图元所需要的工具,如图2.4所示。下面对一些常见的工具进行简单介绍。

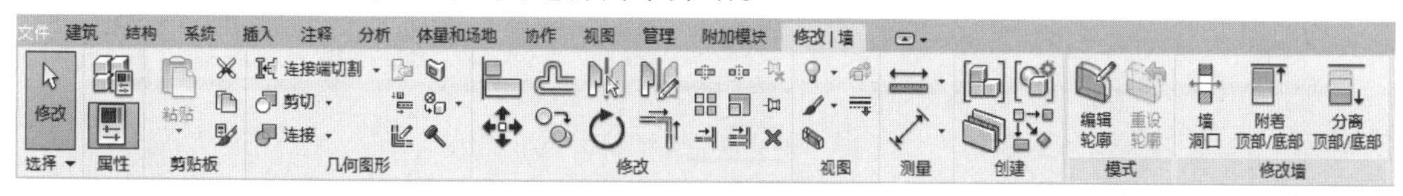

图2.4　修改面板

1)对齐工具

使用"对齐"工具可将一个或多个图元与选定图元对齐。此工具通常用于对齐墙、梁和线,但也可以用于其他类型的图元。例如,可以在三维视图中将墙的表面填充图案与其他图元对齐;可以对齐同一类型的图元,也可以对齐不同族的图元;还可以在平面视图(二维)、三维视图或立面视图中对齐图元。

"对齐"工具的使用方法如下所述。

①单击"修改"选项卡"对齐"命令,此时会显示带有对齐符号的光标。

②多重对齐:在选项栏上选择"多重对齐",将多个图元与所选图元对齐(或者也可以在按住"Ctrl"键的同时选择多个图元进行对齐)。

③在对齐墙时,可使用"首选"选项指明将如何对齐所选墙:使用"参照墙面""参照墙中心线""参照核心层表面"或"参照核心层中心"(核心层选项与具有多层的墙相关)。

④选择参照图元(要与其他图元对齐的图元)。

⑤选择要与参照图元对齐的一个或多个图元。

【注意】在选择之前,将光标在图元上移动,直到高亮显示要与参照图元对齐的图元部分时为止,然后单击该图元。

⑥如果希望选定图元与参照图元(稍后将移动它)保持对齐状态,请单击挂锁符号来锁定对齐。如果因执行了其他操作而使挂锁符号消失,请单击"修改"并选择参照图元,以使该符号重新显示出来。

⑦要启动新对齐,请按"Esc"键一次。

⑧退出"对齐"工具,请按"Esc"键两次。

2)偏移工具

使用偏移工具可以复制选定图元(例如模型线、详图线、墙或梁)或在与该选定图元平行的方向上将其移动一段指定距离。可以对单个图元或属于相同族的图元链应用该工具,通过拖曳选定图元或输入值来指定偏移距离。

"偏移"工具的使用方法如下所述。

①单击"修改"选项卡—"偏移"工具。

②在选项栏上,选择要指定偏移距离的方式。如果使用者要将选定图元拖曳一定的距离,可以选择"图形方式";若需要输入距离偏移值,可以使用"数值方式"。

③如果要创建并偏移所选图元的副本,请选择选项栏上的"复制"命令。如果在上一步中

选择了“图形方式”,则在按“Ctrl”键的同时移动光标即可达到相同的效果。

④选择要偏移的图元或链。如果使用“数值方式”选项指定了偏移距离,则将在放置光标的一侧,距离高亮显示图元该距离的地方显示一条预览线,如图 2.5 所示。

线：模型线

图 2.5　使用“偏移”命令时

3)镜像工具

镜像工具通过使用一条线作为镜像轴,来反转选定模型图元的位置。“镜像”工具包含拾取镜像轴以及绘制临时轴。使用镜像工具可翻转选定图元,或者生成图元的一个副本并反转其位置。例如要在参照平面两侧镜像一面墙,则该墙将翻转为与原始墙相反的方向。

“镜像”工具的使用方法如下所述。

①选择要镜像的图元,然后在“修改|<图元>”选项卡“修改”面板上,单击“镜像—拾取轴”或“镜像—绘制轴”。

②要移动选定项目(而不生成其副本),清除选项栏上的“复制”(也可以使用“Ctrl”键清除“选项栏”上的“复制”)。

③选择或绘制用作镜像轴的线。只能拾取光标可以捕捉到的线或参照平面。注意不能在空白空间周围镜像图元。

镜像工具使用案例如图 2.6 所示。

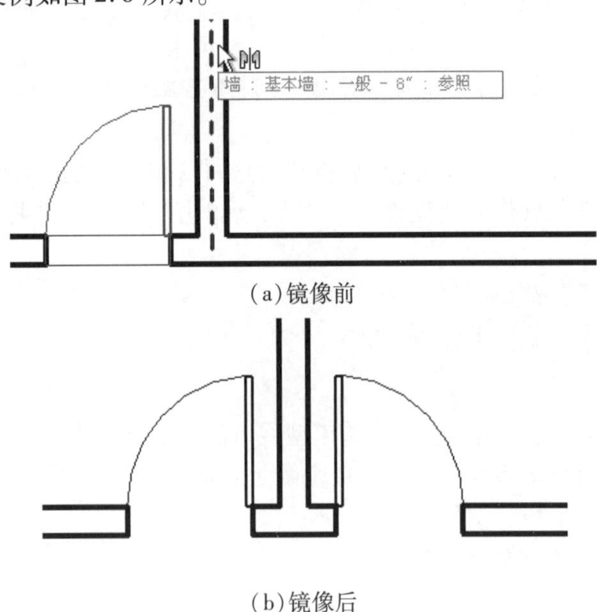

(a)镜像前

(b)镜像后

图 2.6　使用“镜像”命令

4)移动工具

移动工具的工作方式类似于拖曳。在选项栏上时允许进行更精确的放置。

“移动”工具的使用方法如下所述。

①选择要移动的图元,然后单击“修改|<图元>”选项卡—“移动”命令,或者首先单击“移动”命令,选择要移动的图元,然后按“Enter”键。

②单击“移动”命令后,在选项栏上有以下选项。

约束:单击“约束”命令,可限制图元沿着与其垂直或共线的矢量方向的移动。

分开:单击“分开”命令,可在移动前中断所选图元和其他图元之间的关联。例如,要移动连接到其他墙的墙时,该选项很有用。也可以使用分开选项将依赖于主体的图元从当前主体移动到新的主体上。例如,可以将一扇窗从一面墙移到另一面墙上。

【注意】使用此功能时,最好清除“约束”选项。

③单击一次以输入移动的起点,将会显示该图元的预览图像。

④沿着希望图元移动的方向移动光标,光标会捕捉到捕捉点,此时会显示尺寸标注作为参考。

⑤再次单击以完成移动操作,或者如果要更精确地移动,请键入图元要移动的距离值,然后按“Enter”键结束命令。

5)复制工具

复制工具可复制一个或多个选定图元,并随即在图纸中放置这些副本。复制工具与复制到剪贴板工具不同。要复制某个选定图元并立即放置该图元时(例如在同一个视图中),可使用复制工具。在某些情况下可使用复制到剪贴板工具,例如,需要在放置副本之前切换视图时。

“复制”工具的使用方法如下所述。

①选择要复制的图元,然后单击“修改|<图元>”选项卡—“复制”命令,或者首先单击“复制”命令,选择要复制的图元,然后按“Enter”键。

②如果需要放置多个副本,请在选项栏上勾选“多个”。

③单击一次绘图区域开始移动和复制图元。

④将光标从原始图元上移动到要放置副本的区域。

⑤单击以放置图元副本,或输入关联尺寸标注的值。

⑥继续放置更多图元,或者按“Esc”键退出复制工具。

6)旋转工具

使用旋转工具可使图元围绕轴旋转。在楼层平面视图、天花板投影平面视图、立面视图和剖面视图中,图元会围绕垂直于这些视图的轴进行旋转。在三维视图中,该轴垂直于视图的工作平面。

“旋转”工具的使用方法如下所述。

①选择要旋转的图元,然后单击“修改|<图元>”选项卡—“旋转”命令,或者首先单击“旋转”命令,选择要旋转的图元,然后按“Enter”键。除此之外,也可以在放置构件时勾选选项栏上的“放置后旋转”选项。

②如果有需要修改旋转中心的位置,可以通过下述几种方法。

将旋转控制拖曳至新位置;单击旋转控制,并单击新位置;按空格键并单击新位置;在选项栏上,选择“旋转中心:放置”并单击新位置。

③在选项栏上,选择下列任一选项:

分开:选择“分开”选项可在旋转之前中断选择图元与其他图元之间的连接。该选项很有用,例如需要旋转连接到其他墙的墙时。

复制:选择“复制”可旋转所选图元的副本,而在原来位置上保留原始对象。

角度:指定旋转的角度,然后按“Enter”键。Revit 会以指定的角度执行旋转并跳过剩余的步骤。

④单击以指定角度旋转的开始放射线。此时显示的线即表示第一条放射线。如果在指定第一条放射线时光标进行捕捉,则捕捉线将随预览框一起旋转,并在放置第二条放射线时捕捉屏幕上的角度。

⑤移动光标以放置旋转的结束放射线。此时会显示另一条线表示此放射线。旋转时会显示临时角度标注,并出现一个预览图像,表示选择集的旋转。

⑥单击以放置结束放射线并完成选择集的旋转。选择集会在开始放射线和结束放射线之间旋转。

镜像工具使用案例如图 2.7 所示。

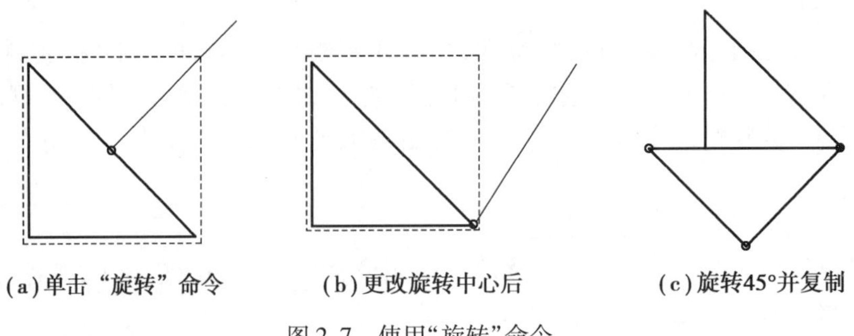

(a)单击“旋转”命令　　(b)更改旋转中心后　　(c)旋转45°并复制

图 2.7　使用“旋转”命令

▶ 2.1.5 尺寸标注

尺寸标注在项目中显示测量值,其中有两种尺寸标注类型:临时尺寸标注和永久性尺寸标注。临时尺寸标注是当放置图元、绘制线或选择图元时在图形中显示的测量值,在完成动作或取消选择图元后,这些尺寸标注便会消失;永久性尺寸标注是添加到图形以记录设计的测量值,它们属于视图专有,并可在图纸上打印。

如图 2.8 所示,人们使用尺寸标注工具在构件上放置永久性尺寸标注,可以从对齐、线性、角度等选项中选择。

在完成标注后,如果调整尺寸标注的值,参照图元会相应地更改尺寸或移动,修改方法如下所述。

①选择尺寸标注所参照的图元。

②单击尺寸标注值。如果该尺寸标注处于锁定状态,旁边会显示一个锁形控制柄。单击锁形控制柄将尺寸标注解锁,以便进行修改。

③在编辑框中键入尺寸标注的新值,然后按“Enter”键。图元将根据新的尺寸标注要求进行移动。

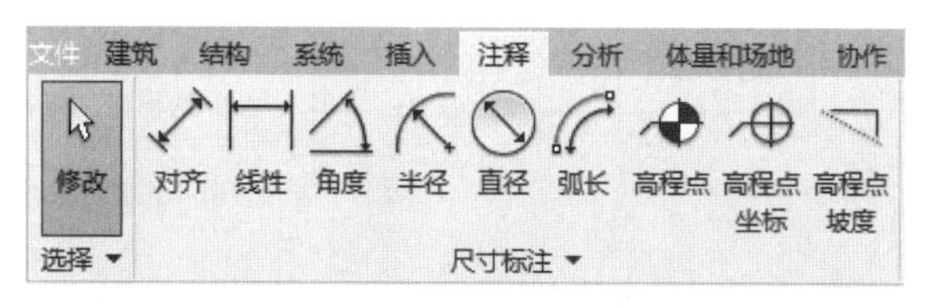

图 2.8 尺寸标注面板

2.2 相关术语

▶ 2.2.1 项目及项目样板

在 Revit 中,项目是单个设计信息数据库模型。项目文件包含了建筑的所有几何图形及构造数据(包含但不仅限于设计模型的构件、项目视图和设计图纸)。通过单个项目文件,用户仅需跟踪一个文件,便可以轻松修改设计,并在各个相关平立面中体现,方便项目管理。

在建立项目文件之前,一般需要项目样本文件,使用项目样板来开始新的项目。项目样板为新项目提供了起点,包括视图样板、已载入的族、已定义的设置(如单位、填充样式、线样式、线宽、视图比例等)和几何图形(如果需要)。在安装软件后,Revit 提供了若干样板,用于不同的规程和建筑项目类型。用户也可以创建自定义样板以满足特定的需要,或确保遵守办公标准。

▶ 2.2.2 图元

图元是建筑模型中的单个实际项。图元是指图形数据,所对应的就是绘图界面上看得见的实体,图元也称为族,族包含图元的几何定义和图元所使用的参数,图元的每个实例都由族定义和控制。Revit 在项目中使用 3 种类型的图元,即模型图元、基准图元和视图专有图元。

模型图元表示建筑的实际三维几何图形。它们显示在模型的相关视图中。例如墙、窗、结构墙、楼板、水槽、锅炉、风管、喷水装置和配电盘等。

基准图元可帮助定义项目上下文。例如,轴网、标高和参照平面都是基准图元。

视图专有图元只显示在放置这些图元的视图中。它们可帮助使用者对模型进行描述或归档。例如,尺寸标注是视图专有图元。

详细分类如图 2.9 所示。

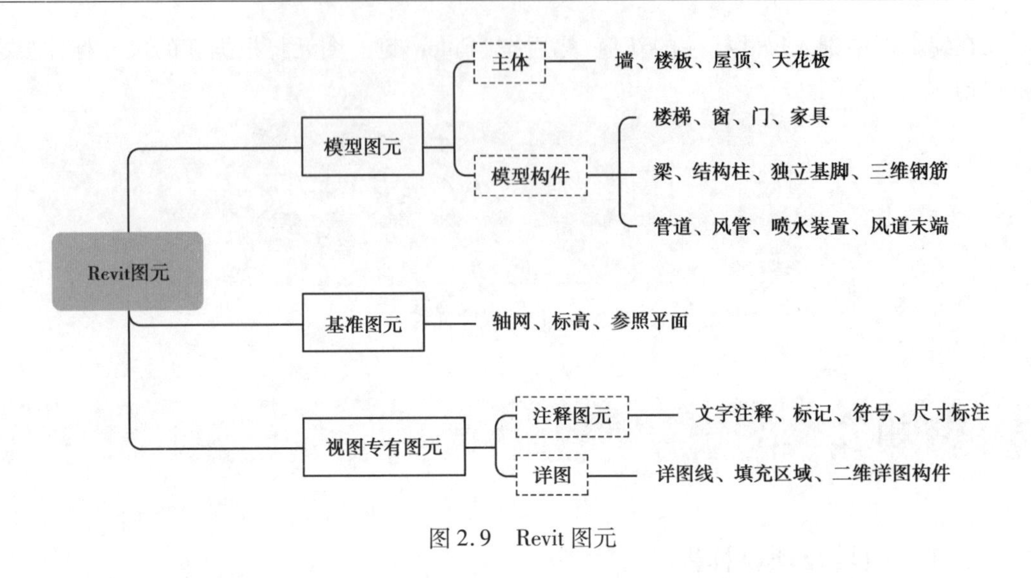

图 2.9　Revit 图元

▶ 2.2.3　族

族是一个包含通用属性(称作参数)集和相关图形表示的图元组。属于一个族的不同图元的部分或全部参数可能有不同的值,但是参数(其名称与含义)的集合是相同的。族中的这些变体称为族类型或类型。例如,“家具”类别包含可用于创建不同家具(如桌子、椅子和橱柜)的族和族类型;“结构柱”类别包含可用于创建不同预制混凝土柱、角柱和其他柱的族和族类型。尽管这些族具有不同的用途并由不同的材质构成,但它们的用法却是相互联系的。族中的每一类型都具有相关的图形表示和一组相同的参数,称为族类型参数。

Revit 中包含 3 种类型的族,即系统族、可载入族和内建族。

①系统族:系统族用于创建在建筑现场装配的基本建筑图元,如墙、屋顶、楼板等。系统族能够影响项目环境,标高、轴网、图纸和视口类型的系统设置也是系统族。由于系统族是在 Revit 中预定义的,因此不能将其从外部文件中载入项目中,也不能将其保存到项目之外的位置。

②可载入族:可载入族是用于创建下列构件的族。

a. 通常购买、提供并安装在建筑内和建筑周围的建筑构件,例如窗、门、橱柜、装置、家具和植物。

b. 通常购买、提供并安装在建筑内和建筑周围的系统构件,例如锅炉、热水器、空气处理设备和卫浴装置。

c. 常规自定义的一些注释图元,例如符号和标题栏。

由于它们具有高度可自定义的特征,因此可载入族是人们在 Revit 中经常创建和修改的族。与系统族不同,可载入的族是在外部 RFA 文件中创建的,并可导入或载入到项目中。对包含许多类型的可加载族,可以创建和使用类型目录,以便仅载入项目所需要的类型。

③内建族:内建图元是创建当前项目专有的独特图元。人们可以创建内建几何图形,以便其可参照其他项目几何图形,使其在所参照的几何图形发生变化时进行相应的大小调整和其他调整。创建内建图元时,Revit 将为该内建图元创建一个族,该族包含单个族类型。

在当前项目中新建的族，“内建族”只能存储在当前的项目文件里，不能单独保存为“. rfa”文件，也不能用在别的项目文件中。内建族可以是特定项目中的模型构件，也可以是注释构件，例如自定义墙的处理。创建内建族时，可以选择类别，且使用的类别将决定构件在项目中的外观和显示控制。

在项目中使用特定族和族类型创建图元时，将创建该图元的一个实例。每个图元实例都有一组属性，从中可以修改某些与族类型参数无关的图元参数。这些修改仅应用于该图元实例，即项目中的单一图元。如果对族类型参数进行修改，这些修改将仅应用于使用该类型创建的所有图元实例。

表2.1是对族其他相关术语和概念的基本解释。

表2.1　族的相关术语和概念的基本解释

术语/概念	定　义
建模族	表示真实对象的可载入族，如门、楼板或家具，这些族显示在所有视图中。
注释族	用于进行注释的可载入族，如文字、尺寸标注或标记。这些族不具有三维用途。
类别	族的分类，例如门、幕墙、家具、照明设备等。
族类型	族图元的变体。例如，族可以是一个带观察玻璃的门，类型是该样式的门的3种不同尺寸。
实例属性	包含与模型中族图元放置的特定实例相关的信息。例如，门的实例属性可能包括门下缘高度和框架材质。对实例属性所做的更改仅影响族的该实例。
类型属性	包含应用于模型中同一族类型的所有实例的信息。例如，门的类型属性可能包括厚度和宽度。对类型属性所做的更改会影响从该类型创建的族的所有实例。

3

建筑建模

从本章开始,将以图 3.1、图 3.2 所示的一栋别墅以及其室外构筑物为案例,详细介绍 Revit 软件各项功能的使用方法。

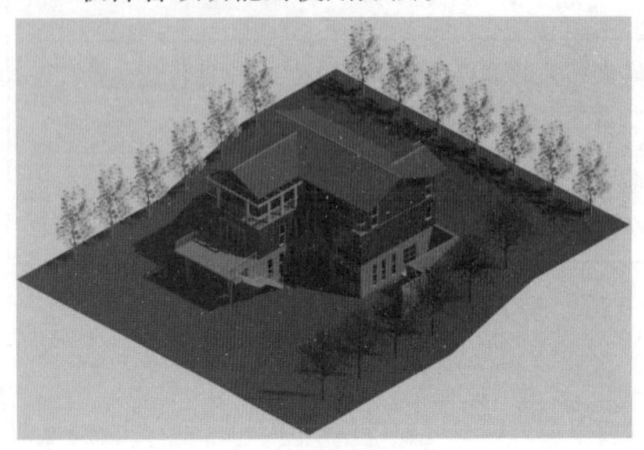

图 3.1　别墅鸟瞰图

图 3.2　别墅侧视图

3.1　绘制标高、轴网

▶　3.1.1　绘制标高

1)创建标高

在 Revit 中,"标高"命令必须在立面和剖面视图中才能使用,因此在正式开始项目设计前,必须事先打开一个立面视图。新建项目后,选择"建筑样板",进入 Revit 操作界面。在项目浏览器中展开"立面(建筑立面)",双击视图名称"南"进入南立面视图,如图 3.3 所示。

鼠标左键双击调整"标高 2"标高,将一层与二层之间的层高修改为 3.3 m,如图 3.4

所示。

切换到“建筑”选项卡,单击“基准”面板中的“标高”按钮即可绘制标高线。在绘制标高线时,标高线的头和尾可以相互对齐,选择与其他标高线对齐时,会出现一条虚线,同时将会出现一个锁形标识以显示对齐。绘制标高3,调整标高2与标高3的间距为3 000 mm,如图3.5所示。

利用“复制”命令,创建地坪标高和地下一层标高。选择“标高2”,单击“修改标高”选项卡下“修改”面板中的“复制”命令,选项栏勾选多重复制选项“多个”,如图3.6所示。

移动光标在“标高2”上单击捕捉一点作为复制参考点,然后垂直向下移动光标,输入间距值“3750”后按“Enter”键确认后复制新的标高。继续向下移动光标,分别输入间距值“2850”“200”后按“Enter”键确认后复制另外两个新的标高,如图3.7所示。

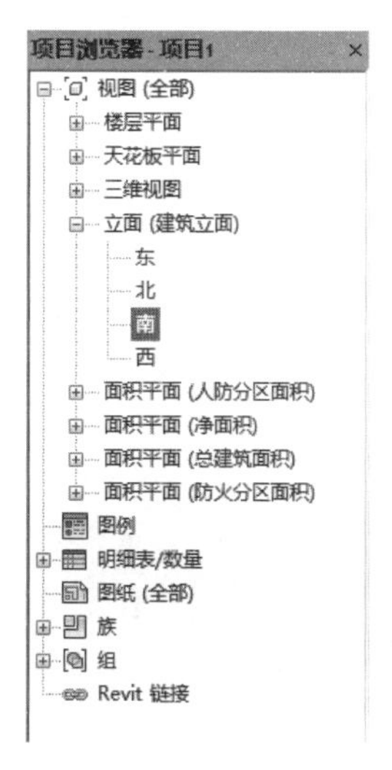

图3.3　进入南立面

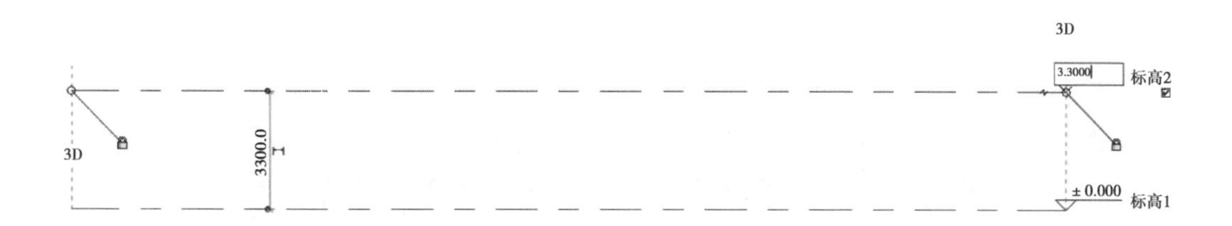

图3.4　修改标高1与标高2的间距

图3.5　绘制标高3

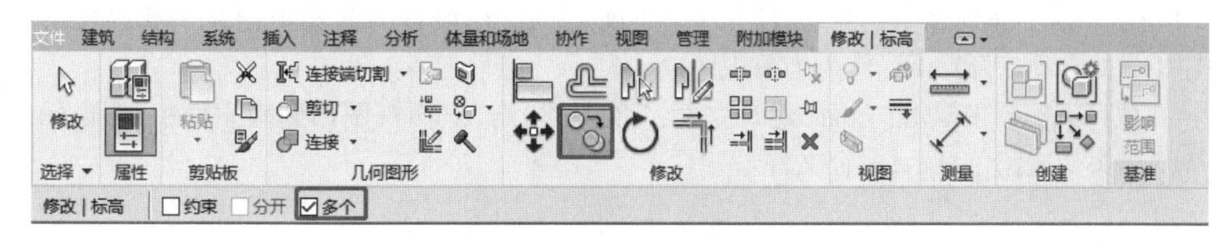

图3.6　复制标高

图 3.7　绘制其他标高

2)编辑标高

标高可以在绘制前进行修改,也可以在绘制完成后进行修改。

分别选择标高线,单击蓝色的标头名称激活文本框,分别输入新的标高名称,从下至上依次命名为“-1F-1”“-1F”“0F”“F1”“F2”“F3”后按“Enter”键确认。

为了避免数字重叠,分别单击“-1F-1”“0F”标高线,在属性面板中选择“下标头”,单击应用,如图 3.8 所示,完成对标高样式的修改。完成标高的编辑后如图 3.9 所示。

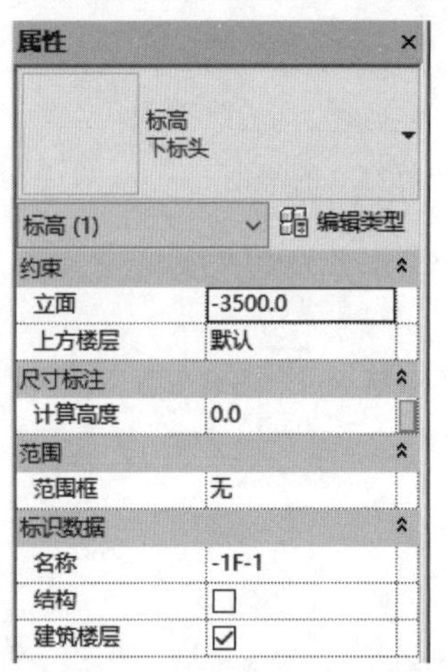

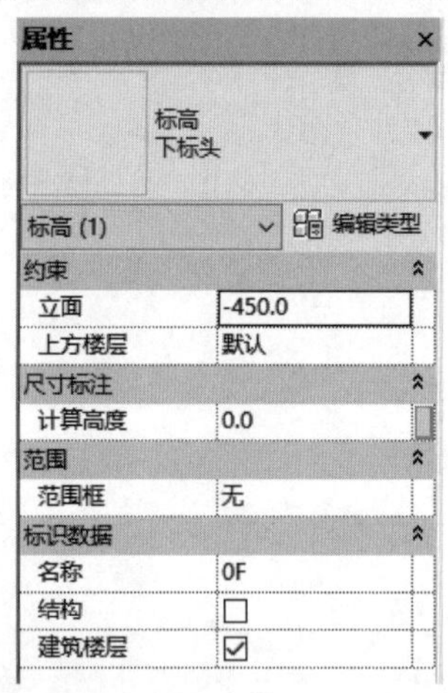

图 3.8　属性面板中修改标高标头

单击选项卡“视图”—“平面视图”—“楼层平面”命令,打开“新建平面”对话框,如图 3.10 所示。从下面列表中选择“-1F”,单击“确定”后,在项目浏览器中创建了新的楼层平面“-1F”并自动打开“-1F”作为当前视图。

在项目浏览器中双击“立面(建筑立面)”项下的“南”立面视图回到南立面中,发现标高“-1F”标头变成蓝色显示,保存文件。

图 3.9 属性面板中修改标高标头

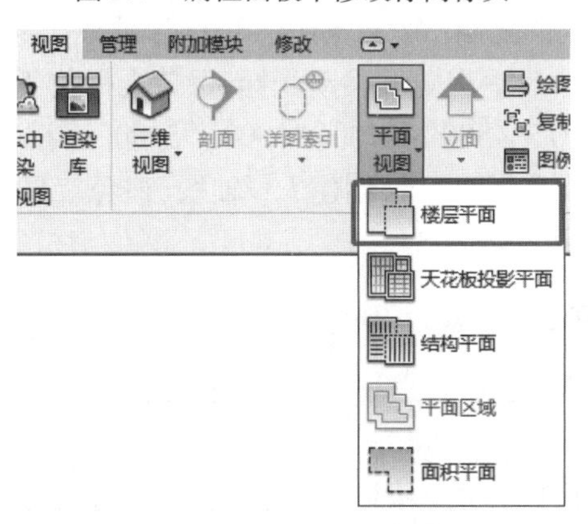

图 3.10 打开楼层平面视图

▶ 3.1.2 绘制轴网

1)创建轴网

在 Revit 中,轴网只需要在任意一个平面视图中绘制一次,其他平面和立面、剖面视图中都将自动显示。轴网可以是直线、圆弧或多段线。下面介绍本案例的轴网图绘制。

在项目浏览器中双击“楼层平面”项下的“F1”视图,打开首层平面视图。选择“建筑”选项卡内“基准”面板中的“轴网”命令,在“属性对话框”中即可选择轴网类型或者单击“编辑类型”按钮,打开“类型属性”对话框,自定义轴网。在此对话框中,可对轴网的符号、轴线中段、轴线末段宽度、轴线末段颜色、填充图案、平面视图轴号端点等进行设置。

绘制第一条垂直轴线,轴号为①。利用“复制”命令创建①~⑧号轴网(选项栏勾选多重复制选项“多个”和正交约束选项“约束”)。单击选择号轴线,移动光标在号轴线上单击捕捉一点作为复制参考点,然后水平向右移动光标,保持光标位于新复制的轴线右侧,分别输入间距值“1200”“14300”“1100”“1500”“3900”“3900”“600”“2400”后按“Enter”键确认,绘制②~⑨号轴线。选择号轴线,标头文字变为蓝色,单击文字输入“1/7”后按“Enter”键确认,将⑧号轴线改为附加轴线。同理,选择后面的⑨号轴线,修改标头文字为“8”。完成后垂直轴线结果如图 3.11 所示。

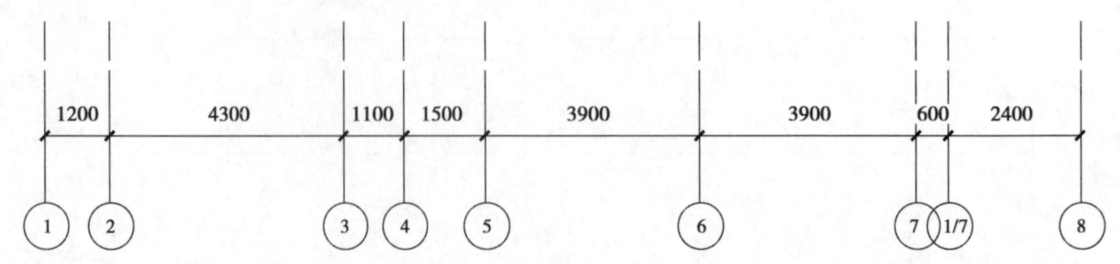

图 3.11 垂直轴线绘制结果

水平轴网创建方法与前述相同。选择"建筑"选项卡内"基准"面板中的"轴网"命令 ，移动光标到视图中号轴线标头左上方位置，单击鼠标左键捕捉一点作为轴线起点。然后从左向右水平移动光标到号轴线右侧一段距离后，再次单击鼠标左键捕捉轴线终点创建第一条水平轴线。选择刚创建的水平轴线，修改标头文字为"A"，创建 A 号轴线。

单击选择 A 号轴线，利用"复制"命令，创建"B-I"号轴线。移动光标在 A 号轴线上单击捕捉一点作为复制参考点，然后垂直向上移动光标，保持光标位于新复制的轴线右侧，分别输入"4500""1500""4500""900""4500""2700""1800""3400"后按"Enter"键确认，完成复制。

选择 I 号轴线，修改标头文字为"J"，创建 J 号轴线(避免字母 I 与数字 1 所引起的误会)，完成后的轴网如图 3.12 所示。

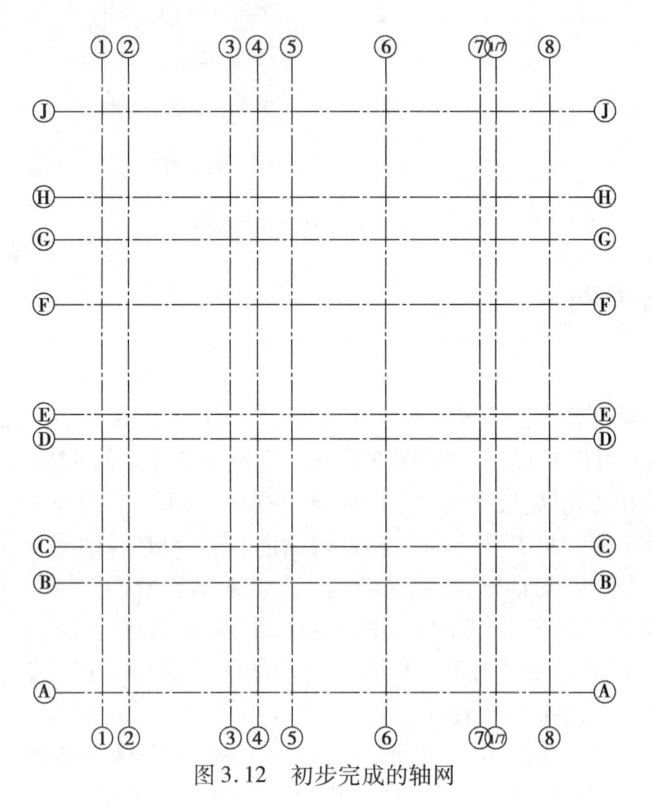

图 3.12 初步完成的轴网

2)编辑轴网

绘制完轴网后，可以看出部分轴号有重叠，因此需要在平面图和立面视图中手动调整轴线标头位置，修改 7 号和 1/7 号轴线、D 号和 E 号轴线标头干涉等，以满足出图需求。

偏移 1/7 号轴线标头：单击 1/7 号轴线，线段变蓝后靠近标头的两端会出现一条折线，此为“添加弯头”的图标，如图 3.13(a)所示。单击“添加弯头”图标，然后将控制柄拖曳到合适的位置，即可将编号从轴线中移动到合适的位置，如图 3.13(b)所示(注意：上述方法操作效果仅在本视图中显示)。

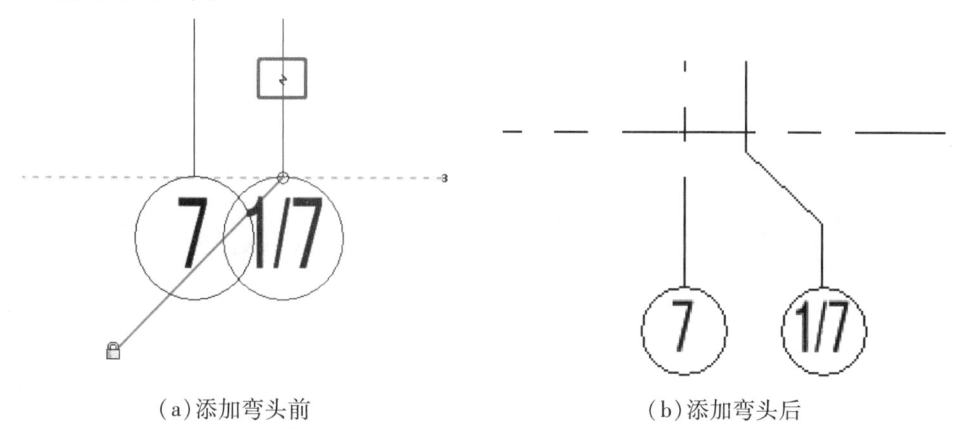

(a)添加弯头前　　(b)添加弯头后

图 3.13　轴网弯头的编辑

标头位置调整：单击任意一条轴线(这里以号轴线为例)，在“标头位置调整”符号上按住鼠标左键拖曳可整体调整所有标头的位置，如图 3.14(a)所示；如果先单击打开“标头对齐锁”，然后再拖曳即可单独移动一根标头的位置，如图 3.14(b)所示。

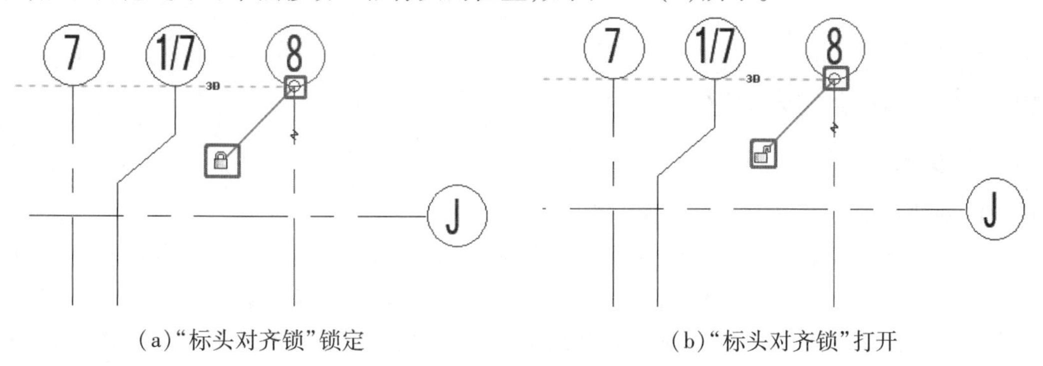

(a)“标头对齐锁”锁定　　(b)“标头对齐锁”打开

图 3.14　标头位置调整

3)标高轴网的 2D 与 3D 属性

标高、轴网绘制完成后会在相关视图中显示，且在任何一个视图中修改都会影响到其他视图。但经常会出现不一致的情况，如商住建筑中商业层与住宅标准层的轴网长度就因单层建筑面积的不同而不同，需在不同的视图中显示不同的标高和轴网样式。为解决这些问题，Revit 提供了 2D/3D 属性。如图 3.15 所示，选中某标高即会显示 3D 字样，则此时所有平面视图里标高轴网的端点同步联动。单击“3D”即可将标高切换到“2D”属性，此时拖曳标头改变标高轴网线的长度后，只改变当前视图的端点位置，其他视图将不会受到影响。选择标高或轴网后出现的锁形标识，代表的是创建或删除长度或对齐约束，可利用其特性完成单个或部分标高、轴网的移动，结合 2D/3D 属性可实现单个视图或多个视图中标轴网的移动。

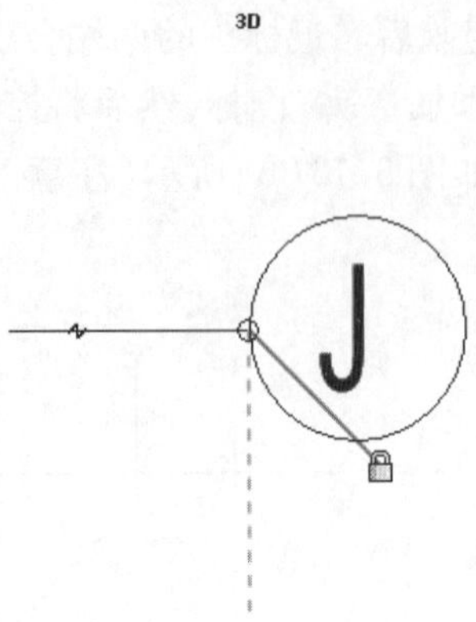

(a)3D 属性 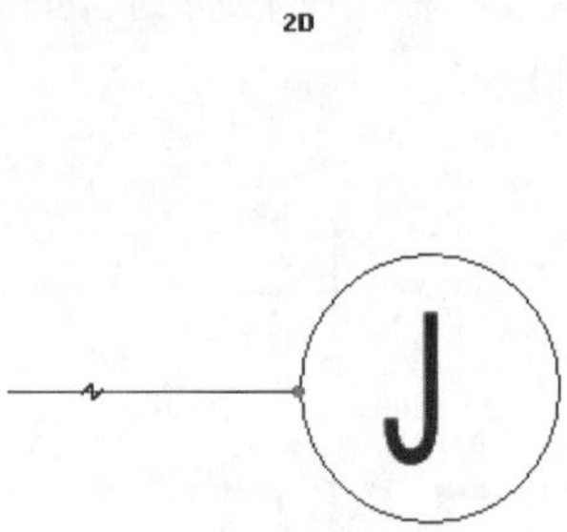　　(b)2D 属性

图 3.15　2D/3D 属性及切换

先绘制轴网再绘制标高,或者是在项目进行中新添加了某个标高,则可能轴网在新添加标高的平面视图中不可见。其原因是:在立面上,轴网在 3D 显示模式下需要和标高视图相交,即轴网的基准面与视图平面相交,则轴网才能在此标高的平面视图上可见。使用者可以根据项目的最终效果确定某些轴线是否在相应的标高层出现。

3.2　墙体、门窗、楼板

3.2.1　地下一层平面

1)墙体绘制

(1)新建墙类型

Revit 的墙体不仅是建筑空间的分隔主体,而且也是门窗、墙饰条与分割缝、卫浴灯具等设备的承载主体,在创建门窗等构件之前需要先创建墙体。同时墙体构造层设置及其材质设置,不仅影响着墙体在三维、透视和立面视图中的外观表现,更直接影响后期施工图设计中墙身大样、节点详图等视图中墙体截面的显示。因此在绘制墙之前,需要在现有基础上创建新的墙体类型。

在项目浏览器中双击"-1F",单击选项栏中"建筑"—"墙"命令。单击选项栏中类型选择器右侧的"属性"按钮,打开"属性"对话框,如图 3.16 所示,或者直接在绘图空白处右键单击,单击"属性",即可调出属性面板。

调出"属性"对话框后,在"属性"对话框中单击"编辑类型"按钮,打开墙体"类型属性"对话框。单击"复制"按钮,在弹出的"名称"对话框中输入新的名称,将新的墙类型名称定义为"外墙—饰面砖",单击"确定"按钮完成命名,如图 3.17 所示。

图 3.16　属性面板的调出

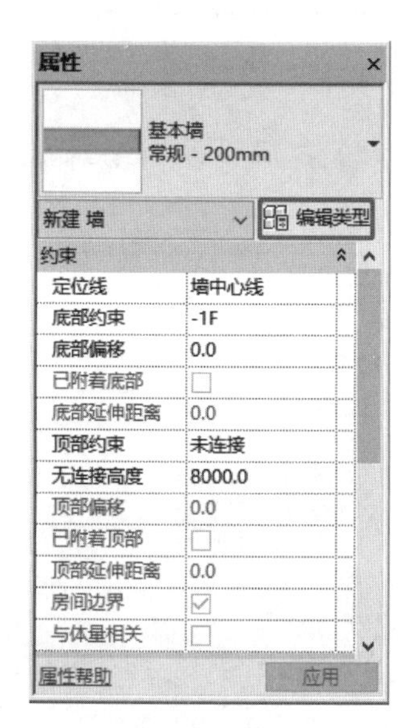

(a)“属性”对话框

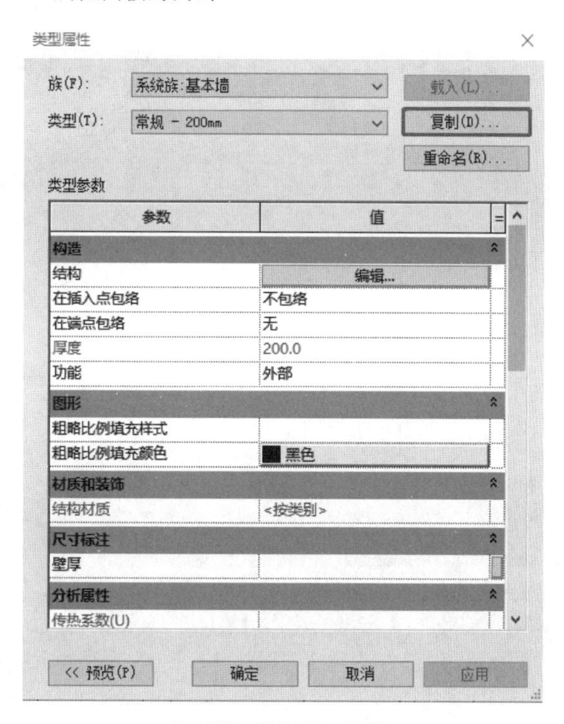

(b)“类型属性”对话框

图 3.17　编辑外墙类型属性

定义墙的构造层(复合墙):在平面及剖面视图中可以看到复合墙中的构造层,每一个层都有其各自的材料、厚度和功能。在 Revit 中,复合墙可以定义为若干平行墙构成。这些墙层可以是单一的材质,例如三夹板,或者是多种材料组合,例如石膏板、立柱、绝缘层、空气层砖等。

在“类型属性”对话框中,单击“结构”参数数值栏中的“编辑”按钮即可进入“编辑部件”对话框,其构造层设置如图 3.18 所示。

【注意】层的功能具有优先顺序,在用户选择面层时,会发现有面层 1[4]和面层 2[5]两种选择,其中[4]和[5]是优先级的体现,[5]的优先级低于[4]的优先级;面层 1 通常是指外层,面层 2 通常是指内层。

(2)绘制地下一层外墙

双击“-1F”进入-1F 视图,单击设计栏单击选项栏中“建筑”—“墙”命令。在类型选择器中选择“基本墙:外墙饰面砖”类型。单击“属性”按钮打开“图元属性”对话框,设置实例参数“底部约束”为“-1F-1”,“顶部约束”为“直到标高: F1”,如图 3.19 所示。

选项栏选择“修改|放置墙”命令,绘制面板选择“直线”命令,“定位线”选择“墙中心线”,

如图 3.20 所示。

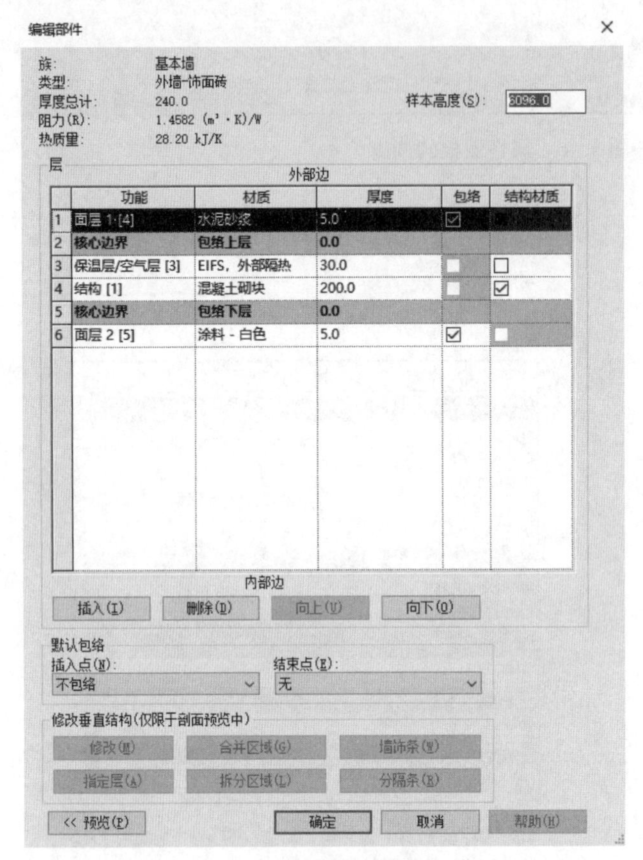

图 3.18　构造层设置

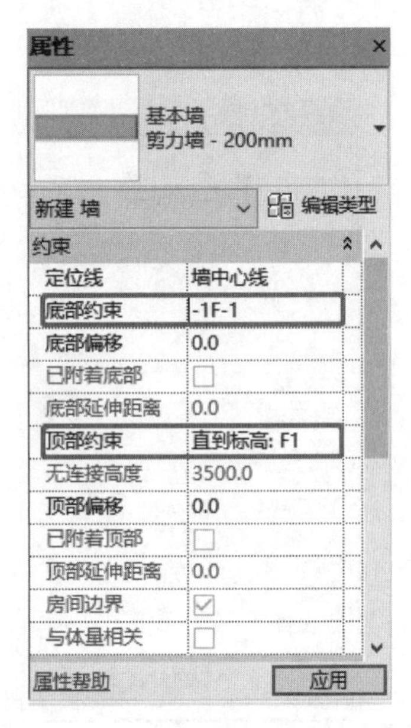

图 3.19　限制条件设置

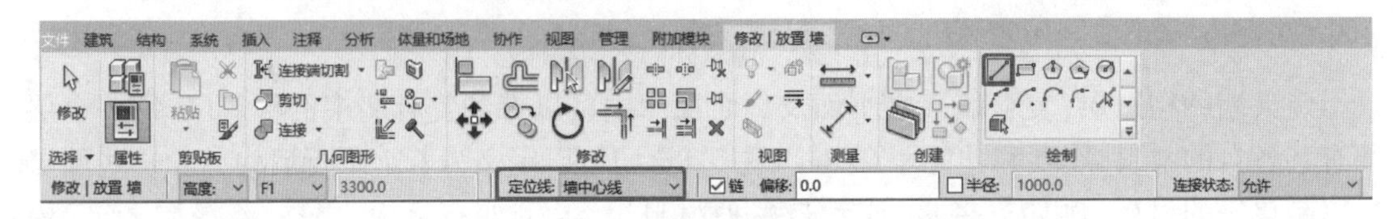

图 3.20　绘制面板工具栏

移动光标单击鼠标左键捕捉 E 轴和 2 轴交点为绘制墙体起点，鼠标依次单击 E 轴和 1 轴交点、F 轴和 1 轴交点、F 轴和 2 轴交点、H 轴和 2 轴交点、H 轴和 7 轴交点、D 轴和 7 轴交点、D 轴和 6 轴交点、E 轴和 6 轴交点、E 轴和 5 轴交点。然后光标垂直向下移动，键盘输入“8280”后按“Enter”键确认；光标水平向左移动到 2 轴单击，继续单击捕捉 E 轴和 2 轴交点。按两次“Esc”键退出绘制，绘制结果如图 3.21 所示。

【注意】绘制墙体的顺序将影响墙体的内外方向。在 Revit 软件中，以顺时针方向绘制墙体时，墙体的外部就会默认为外侧，本例中墙体内外颜色不一致，用户可以单击“项目浏览器”中的“三维视图”查看墙体的方向是否符合要求。如需更改墙体方向，可以直接选中墙体并按回车键切换方向，或者按翻转符号(图 3.22)也可以翻转墙体。当所需翻转墙体较多时，可按住“Ctrl”键后单击鼠标左键多选，然后单击回车键完成翻转。

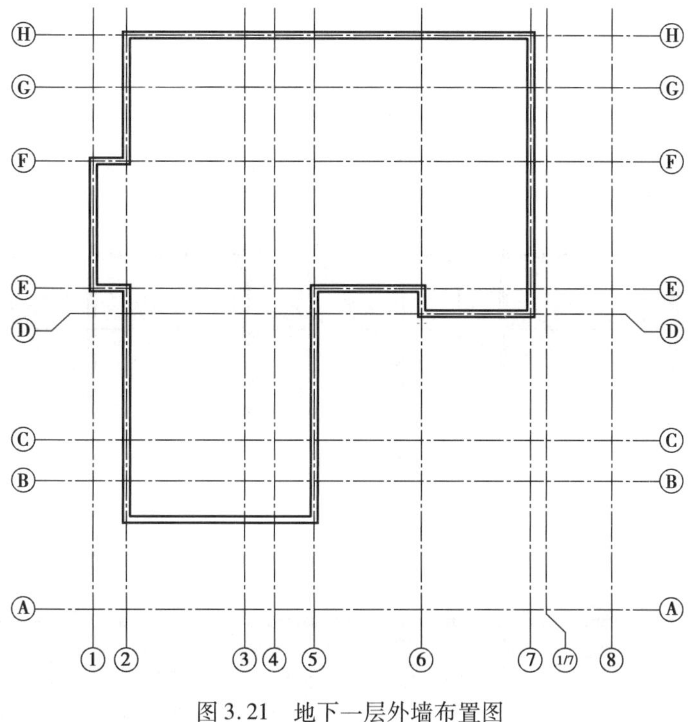

图 3.21　地下一层外墙布置图

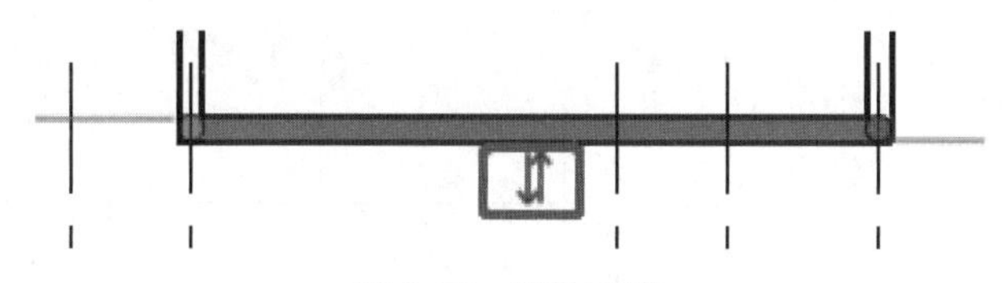

图 3.22　墙体翻转

(3)绘制地下一层内墙

单击选项卡“建筑”—“墙”命令,在类型选项卡中选择“基本墙:常规—200 mm”类型。“定位线”选择“墙中心线”,在“属性”对话框中,设置实例参数“底部约束条件”为“-1F”,“顶部约束”为“直到标高 F1”,按照前述方法捕捉相应轴线交点,绘制地下室内墙,利用“对齐”命令将墙平齐,最终效果图如图 3.23 所示。

在属性对话框中选择“基本墙:内部—砌块墙 100”,“定位线”选择“墙中心线”,设置实例参数“底部约束条件”为“-1F”,“顶部约束”为“直到标高 F1”,按图 3.24 所示内墙位置捕捉轴线交点,绘制“内部—砌块墙 100”地下室内墙。

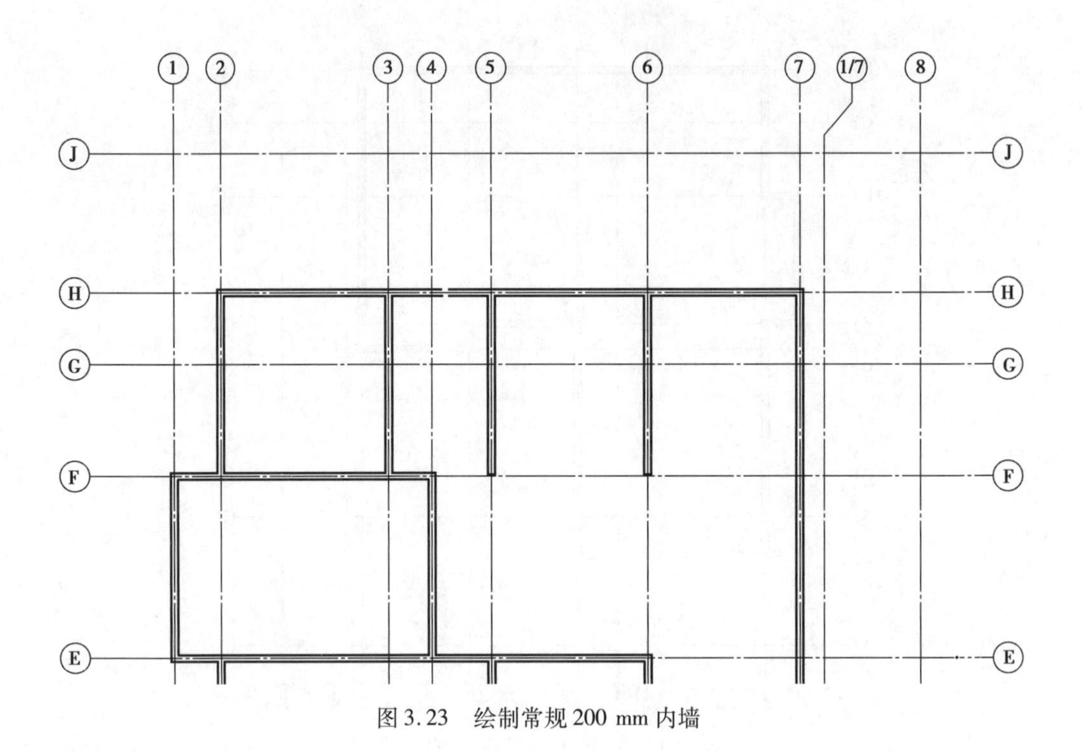

图 3.23　绘制常规 200 mm 内墙

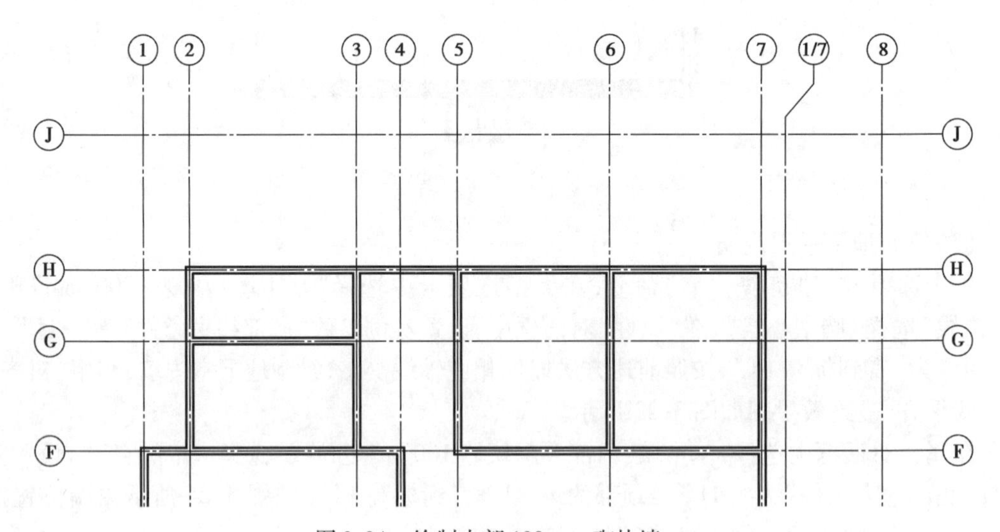

图 3.24　绘制内部 100 mm 砌块墙

完成后的地下一层内外墙如图 3.25、图 3.26 所示。

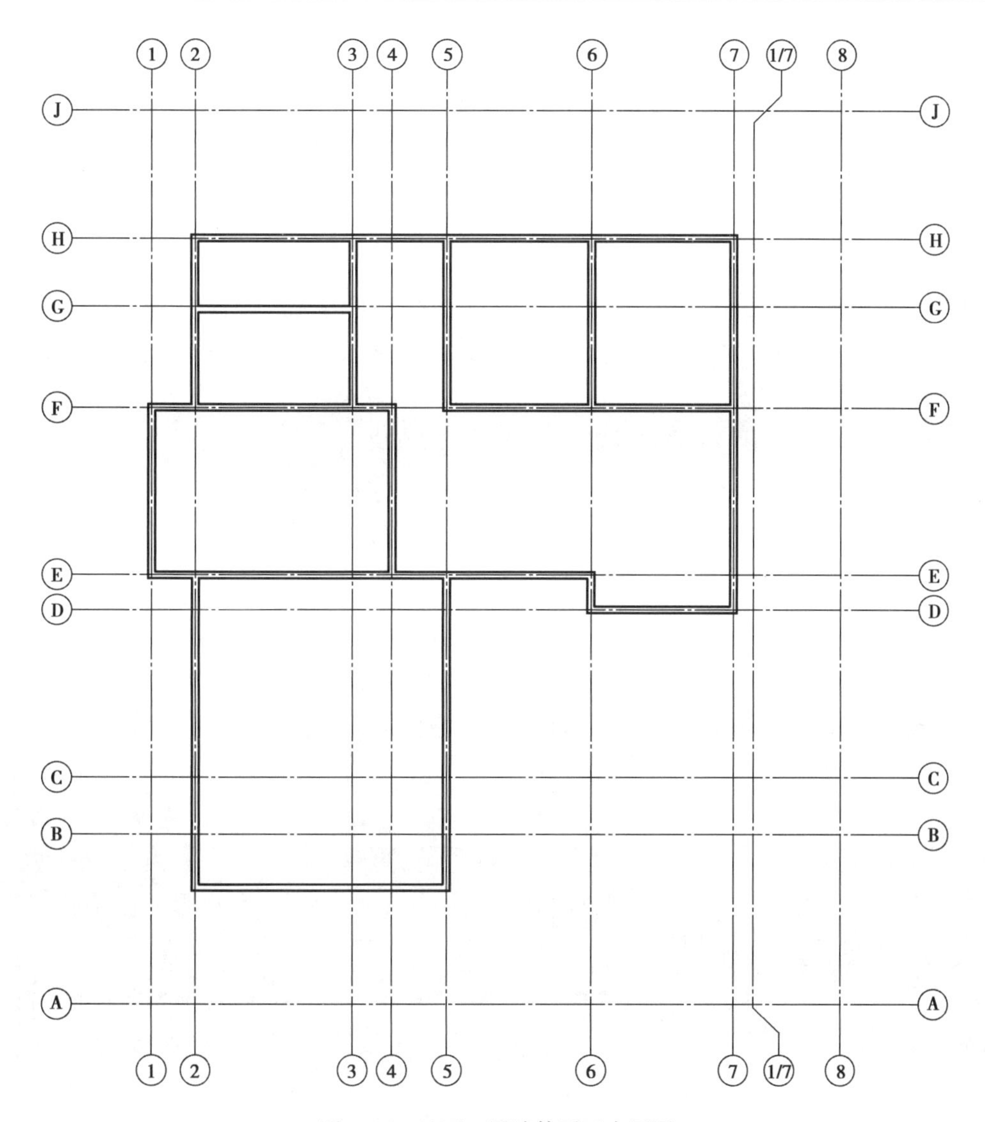

图 3.25　地下一层墙体平面布置图

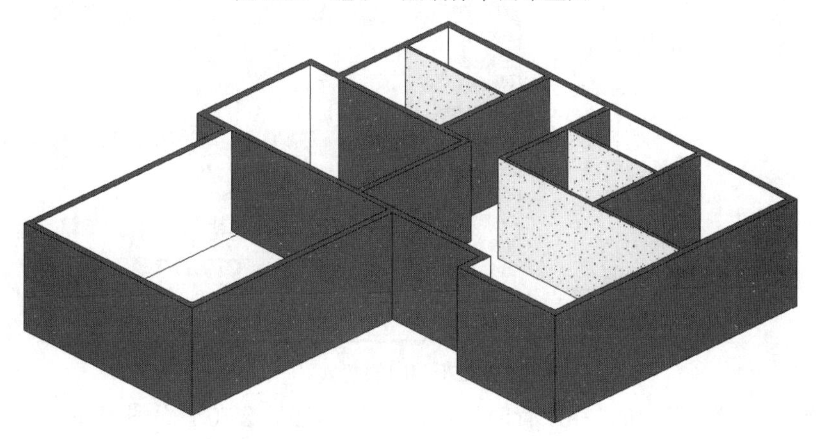

图 3.26　地下一层墙体布置三维图

2)门窗和楼板

在三维模型中,门窗的模型与它们的平面表达并不是对应的剖切关系,这说明门窗模型与平立面表达可相对独立。此外,可以通过在项目中修改类型参数(如门窗的宽和高以及材质等)来形成新的门窗类型。门窗主体为墙体,它们对墙具有依附关系,删除墙体,则门窗也随之被删除。

(1)地下一层门

打开“-1F”视图,单击选项卡“建筑”—“门”命令,单击“修改|放置门”中的“载入族”按钮,选择“建筑”—“门”—“平开门”文件夹,载入门的族文件“单嵌板木门 2”,如图 3.27 所示。

图 3.27　放置门时的标记

在载入族文件后,单击属性面板中的“编辑类型”,复制并重命名为“M0921”,在类型属性中修改其尺寸,并将其类型标记修改为“M0921”,如图 3.28 所示。

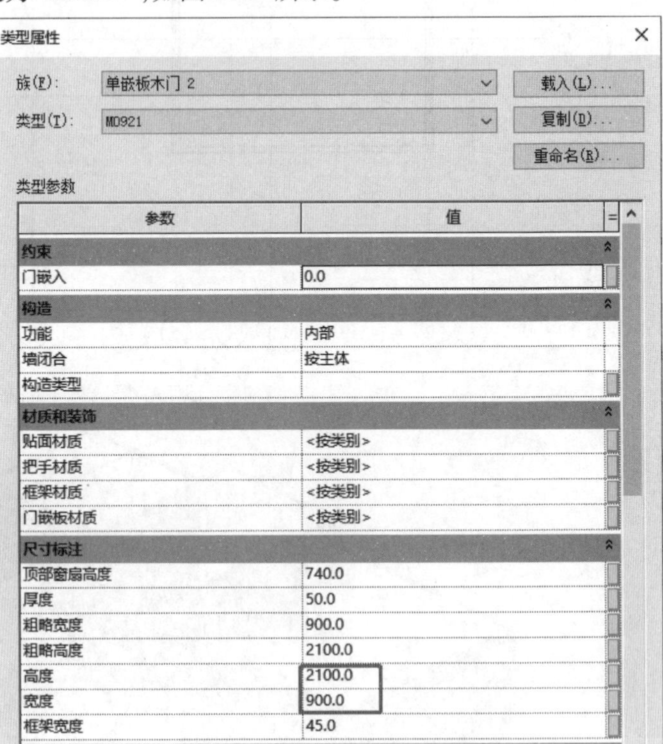

图 3.28　门的载入

单击“修改|放置门”中的“在放置时进行标记”(勾选后会在平面图上显示门窗编号),在属性浏览器中选择“M0921”类型。将光标移动到 3 轴“常规—200mm”的墙上,此时会出现门

与周围墙体距离的灰色相对尺寸，如图 3.29(a)所示。这样可以通过相对尺寸大致捕捉门的位置。在平面视图中放置门之前，按“Enter”键可以控制门的左右开启方向。在墙上合适位置单击鼠标左键以放置门，然后双击蓝色尺寸数字“600”，修改尺寸值为“100”，最终修改后的位置如图 3.29(b)所示。

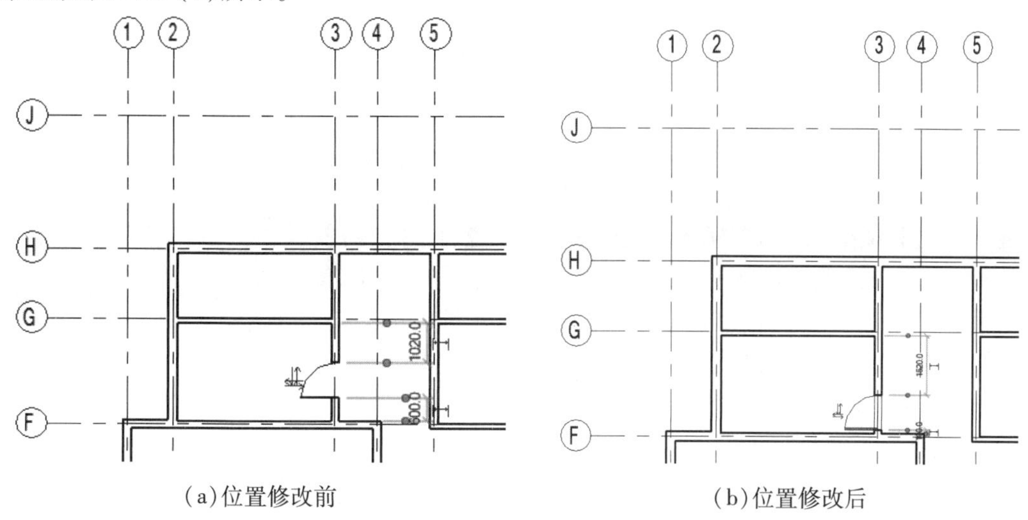

(a)位置修改前　　(b)位置修改后

图 3.29　放置门 M0921

同理，在类型选择器中，单击属性面板中的“编辑类型”，复制并重命名为“M0821”，在类型属性中修改其尺寸，并将其类型标记修改为“M0821”，“卷帘门：JLM5422”、双扇推拉门中的“M2124”“M1824”门类型，按图 3.30 所示位置插入地下一层墙上。

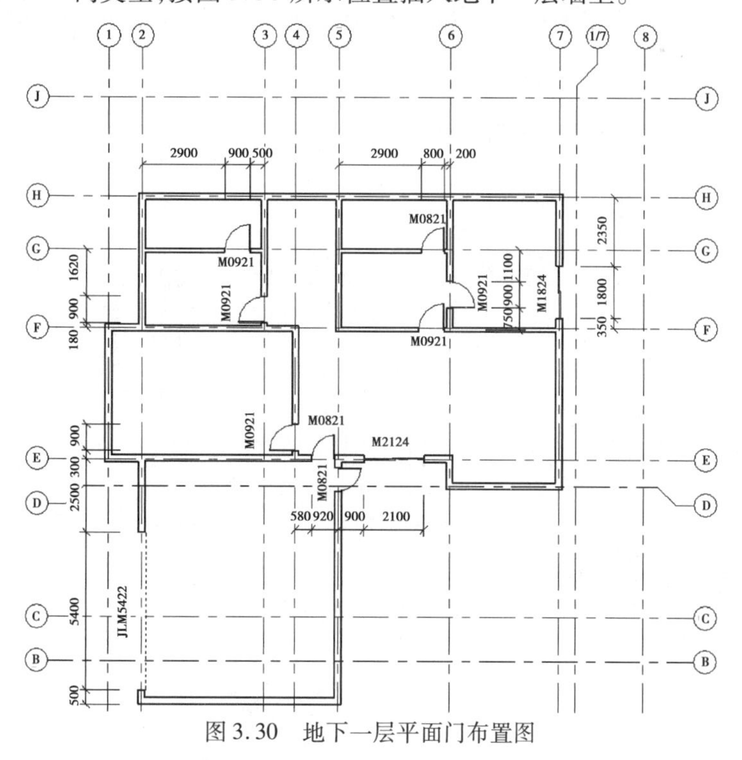

图 3.30　地下一层平面门布置图

【注意】

①部分软件安装时缺乏相应的族文件,此时可以通过官方网站下载相关族库文件,放入对应文件夹中即可载入。

②本书的门窗命名按照代表构件类型的"大写字母+宽度+高度"所得到。例如"JLM5422","JLM"表示构件类型为卷帘门,"5422"表示尺寸为5 400 mm×2 200 mm。

(2)地下一层窗

操作方法与门的插入类似,载入族"推拉窗","上下推拉窗"后,在类型属性面板按照前诉方法分别创建推拉窗"C1206""C3415",上下拉窗"C0823""C0624"类型。在放置窗户时,需要修改窗台高度。修改方法为:在属性浏览器中直接修改相应参数,然后按照图3.32所示,单击墙上合适位置,将窗放置上去。在本案例中,几个窗的底高度值为:C0624-250 mm、C3415-900 mm、C0823-400 mm、C1206-1900 mm。

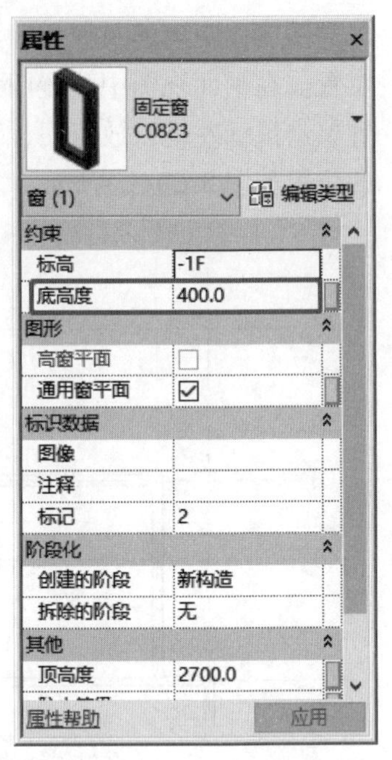

图 3.31 修改窗台高度

(3)地下一层楼板

选择"建筑"选项卡,然后选择"楼板"下拉按钮,单击"楼板:建筑"命令,进入楼板绘制模式。在属性浏览器中复制并重命名创建一个"常规—200 mm"的楼板。选择绘制面板中"拾取墙"命令,依次拾取相关墙体自动生成楼板轮廓线,单击"完成编辑模式"完成楼板创建,如图3.33、图3.34所示。

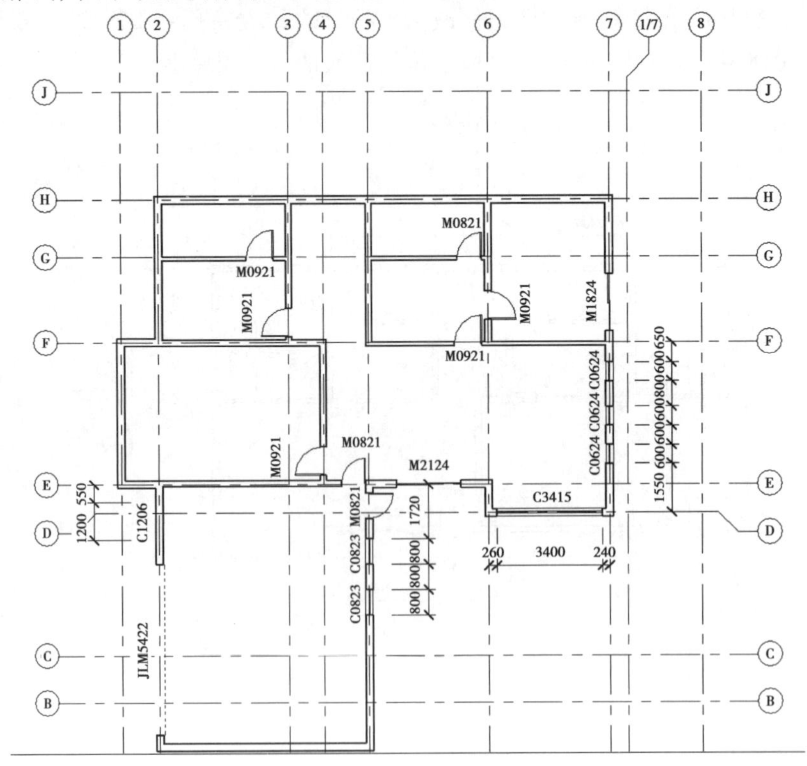

图 3.32 地下一层门窗布置图

图 3.33　地下一层门窗布置图

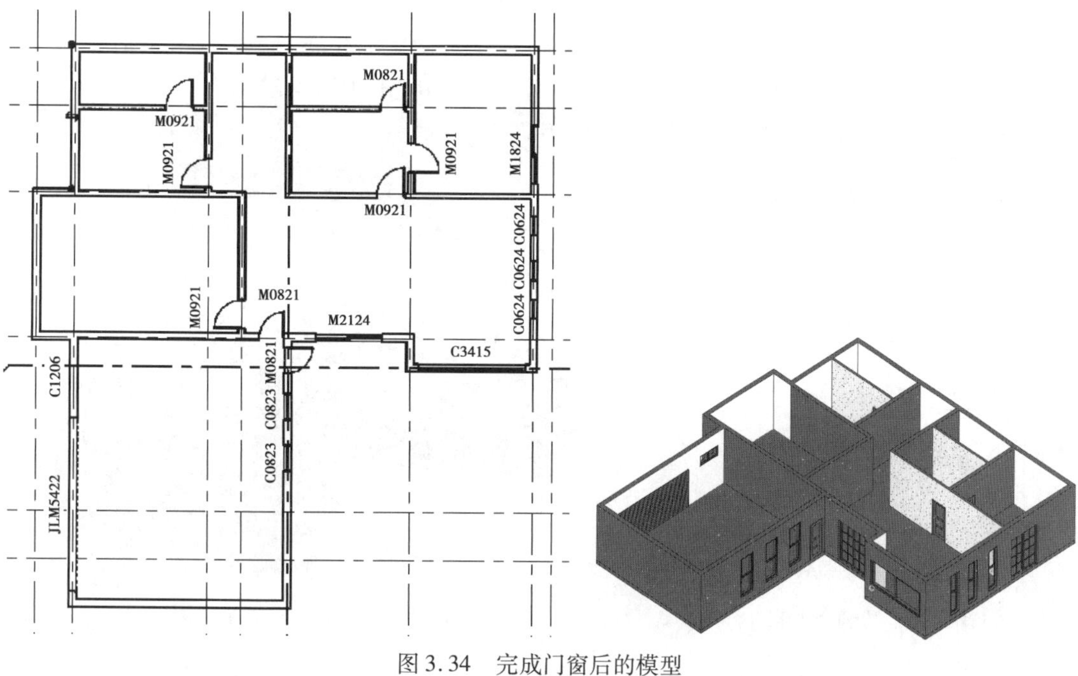

图 3.34　完成门窗后的模型

▶　3.2.2　一层平面

1）墙体绘制

（1）编辑一层外墙

切换到三维视图，将光标放在地下一层的外墙上，高亮显示后按“Tab”键，所有外墙将全部高亮显示。单击鼠标左键，地下一层外墙将全部选中，构件蓝色亮显，如图 3.35 所示。

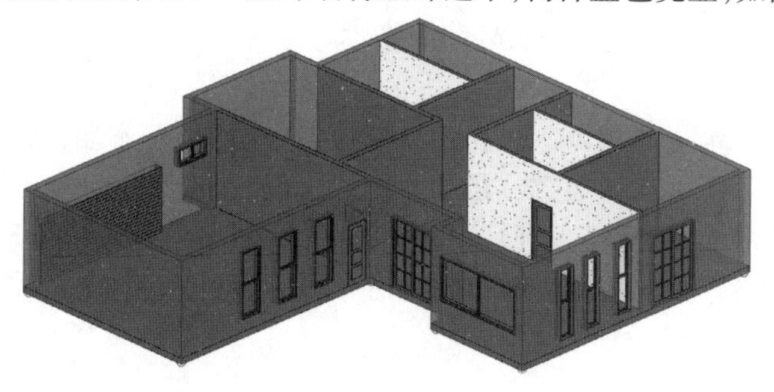

图 3.35　外墙全部选中的快捷方式

单击菜单栏“修改|墙”选项卡中的“复制到剪贴板”命令，将所有构件复制到剪贴板中备用，如图 3.36 所示。

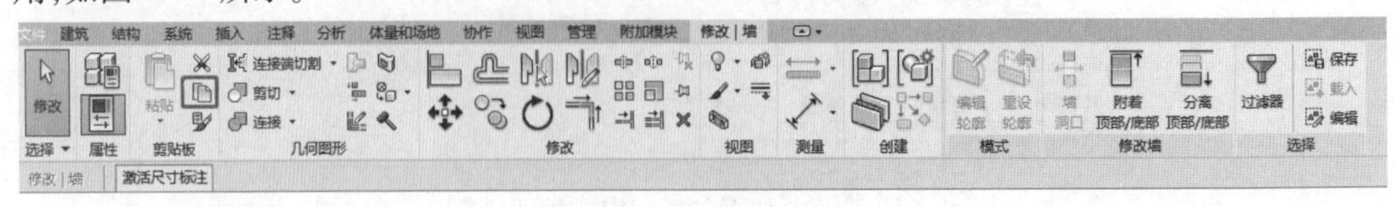

图 3.36 外墙的粘贴

下拉菜单栏“粘贴”命令，选择“与选定标高对齐”，确定后单击选择“F1”，最后单击“确定”按钮。地下一层平面的外墙都被复制到首层平面，同时由于门窗默认为是依附于墙体的构件，所以一并被复制，如图 3.37、图 3.38 所示。

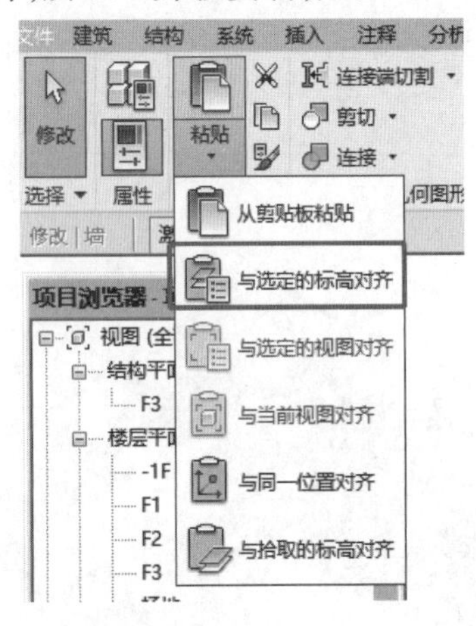

图 3.37 外墙的粘贴

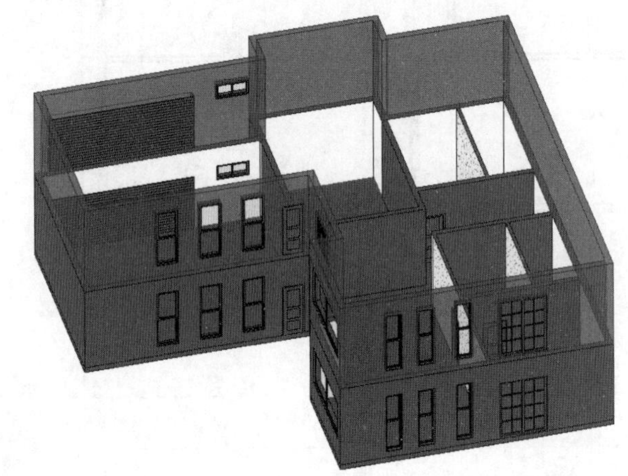

图 3.38 一层粘贴后三维视图

快速删除一层外墙的门和窗。在项目浏览器中双击“F1”，打开一层平面视图。框选一层平面图中所有构件，此时单击选项栏“修改|选择多个”下的“过滤器”工具，取消勾选“墙”“轴网”，单击“确定”选择所有门窗，按“Delete”键，删除所有门窗。

调整外墙位置：在“F1”平面视图中，右键单击任一外墙，选择“创建类似实例”。绘制如图 3.39 所示的墙体，删除多余墙体后，最后效果如图 3.40 所示。

选择一层所有墙体，在属性浏览器中，底部约束选择“F1”、顶部约束选择“F2”，复制并重命名外墙类型为“外墙——层”，编辑构造层，将“水泥砂浆”改为“涂料—红色”（着色和外观中的墙漆均改成 RGB 6400），完成一层外墙的修改。

（2）绘制首层内墙

单击设计栏中“建筑”—“墙”命令，在类型选择器中选择“基本墙：常规—200 mm”类型。在选项栏“修改|放置墙”下选择“直线”绘制命令，“定位线”选择“墙中心线”。在属性浏览器中设置实例参数“基准限制条件”为“F1”，“顶部限制条件”为“直到标高 F2”，绘制如图 3.41 所示位置的内墙，并将 E 轴的墙体使用“对齐”命令将新绘制的墙体与外墙对齐。

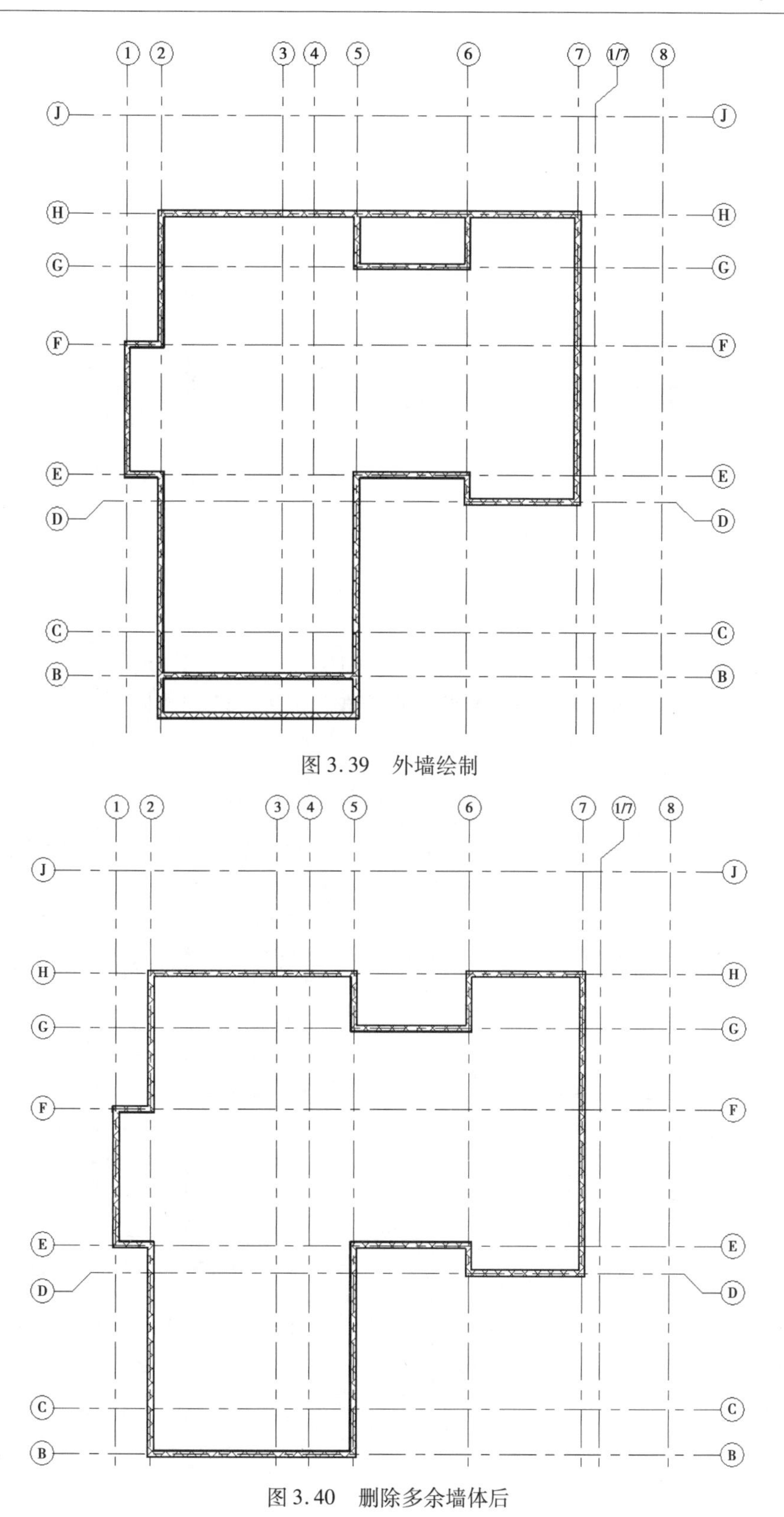

图 3.39　外墙绘制

图 3.40　删除多余墙体后

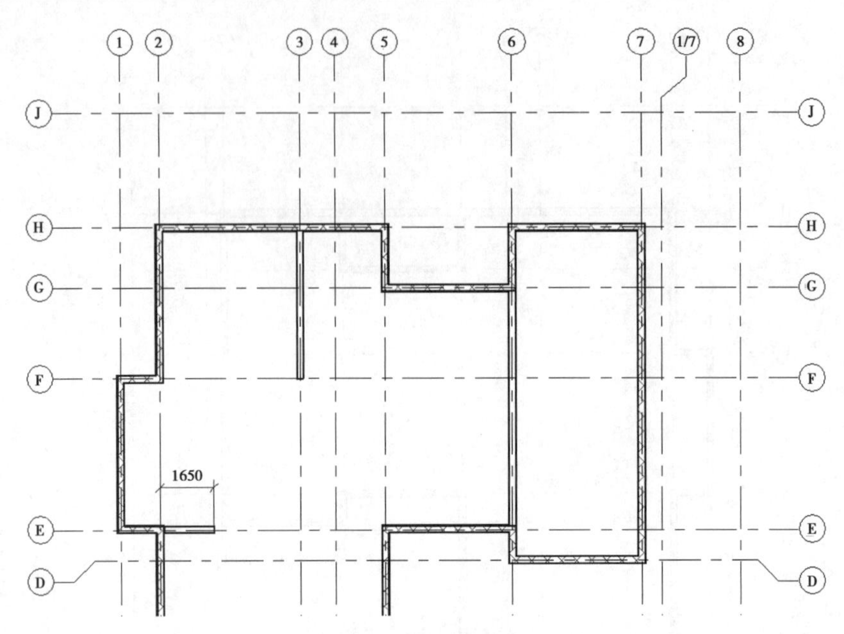

图 3.41　首层内墙绘制一

同理,在类型选择器中选择"基本墙:内部—砌块墙 100"类型,在选项栏选择"绘制"命令。在属性浏览器中,设置实例参数"基准限制条件"为"F1","顶部限制条件"为"直到标高 2F",完成后的首层墙体如图 3.42 所示。

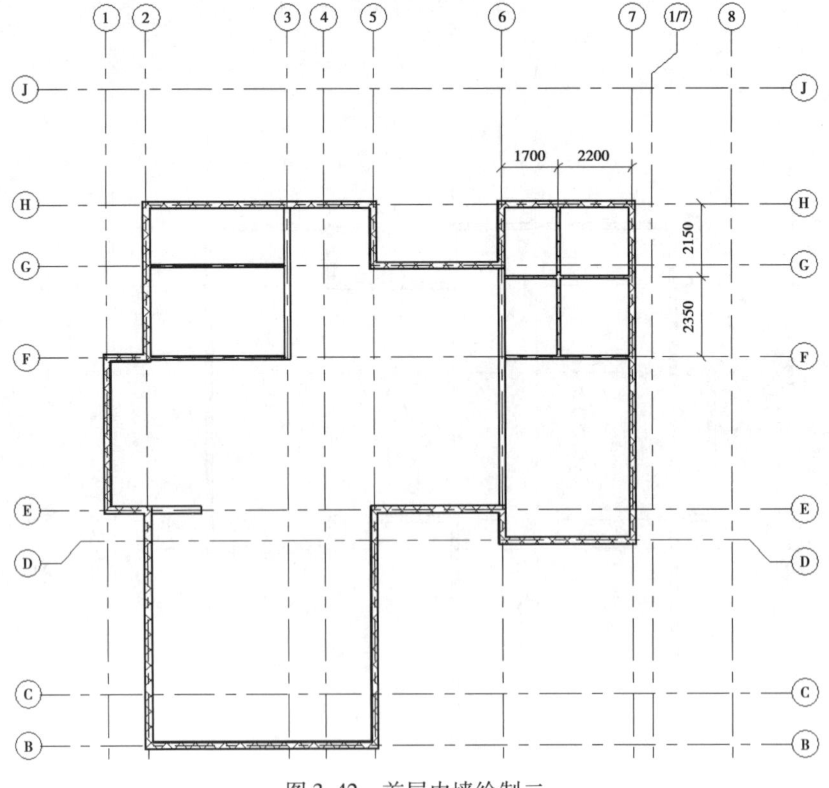

图 3.42　首层内墙绘制二

2)门窗和楼板

(1)门窗绘制

编辑完成首层平面内外墙体后,即可创建首层门窗。门窗的插入和编辑方法同第3章3.2.1节内容,本节将不再详述。

单击设计栏"建筑"—"门"命令,在属性面板中单击"编辑类型",分别载入族"双扇推拉门""四扇推拉门""双扇门"。载入族后复制并创建相应的门构件,分别是双扇推拉门"M1521",四扇推拉门"M3624",双扇门"M2024",单嵌板木门"M0921""M0821",按照图3.43所示移动光标到墙体上单击放置门。

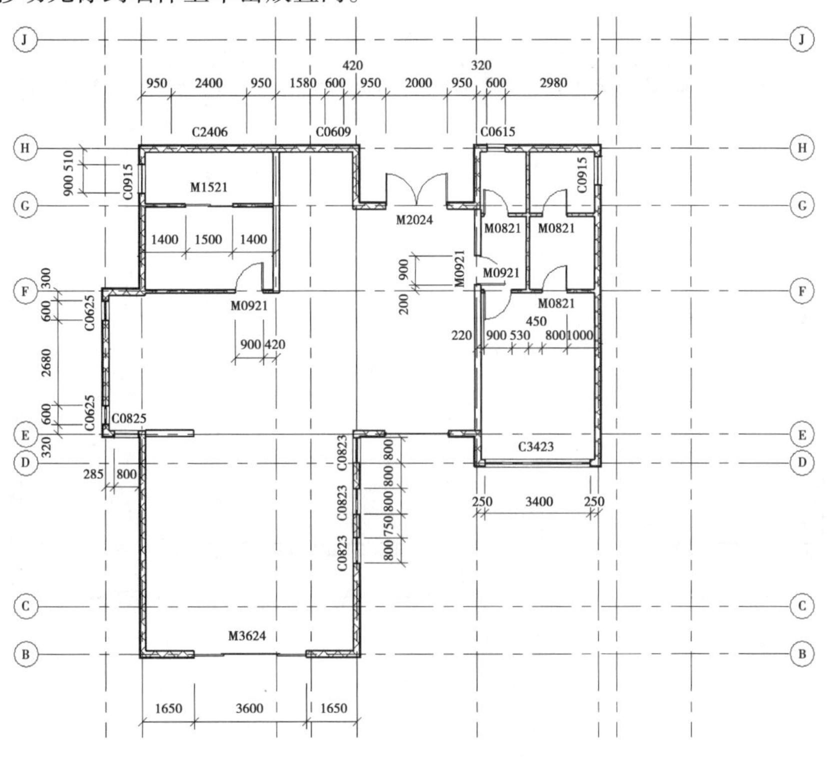

图3.43 一层门窗布置图

单击设计栏"基本"—"窗"命令,在类型选择器中选择窗类型。推拉窗:C2406;上下推拉窗:C0823;固定窗:C0609、C0615、C0625、C0825、C0915;组合窗—双层四列C3423。移动光标到墙体上单击放置窗,并编辑临时尺寸按图3.44所示尺寸位置精确定位。编辑窗台高:在平面视图中选择窗,在属性面板中,设置参数"底高度"参数值,调整窗户的窗台高。各窗的窗台高为:C2406—1200 mm、C0609—1400 mm、C0615—900 mm、C0915—900 mm、C3423—100 mm、C0823—100 mm、C0825—150 mm、C0625—300 mm,绘制完成后如图3.44所示。

(2)一层楼板

打开首层平面"F1",单击设计栏"建筑"—"楼板:建筑"命令,进入楼板绘制模式。单击"拾取墙"命令,移动光标到外墙外边线上,依次单击拾取外墙外边线自动创建楼板轮廓线,如图3.45所示。拾取墙创建的轮廓线自动和墙体保持关联关系。

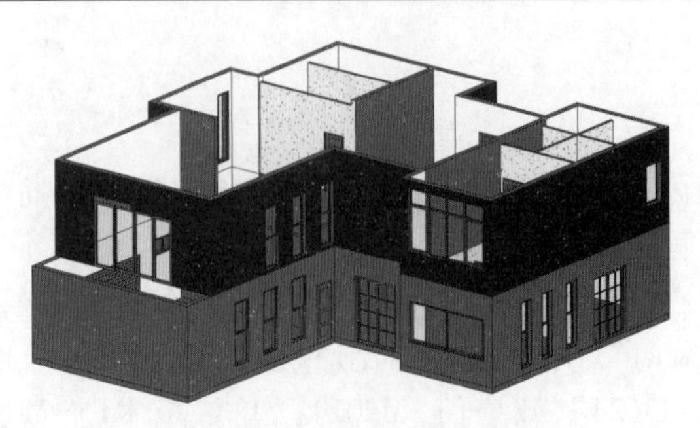

图 3.44　一层门窗布置三维图

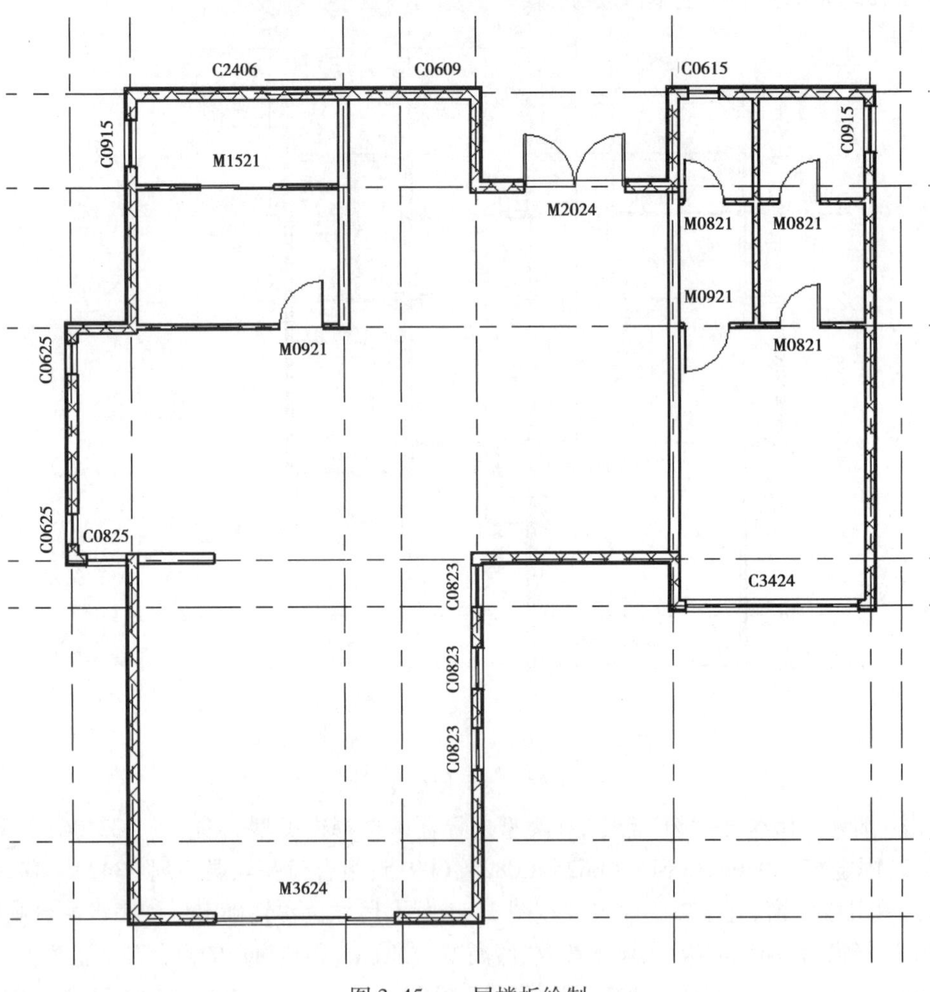

图 3.45　一层楼板绘制

选择 B 轴下面的轮廓线，单击工具栏"移动"命令，光标往下移动，输入"4490"，如图 3.46 所示。单击设计栏"线"命令，绘制如图 3.47 所示的线。

单击工具栏"修剪"命令，分别单击如图 3.47 所示标注为和的线，或者直接通过单击拉伸红色楼板线条，拉到相应位置，并通过"线"命令进行相应的补充完善，完成后的楼板轮廓线草图如图 3.48 所示。

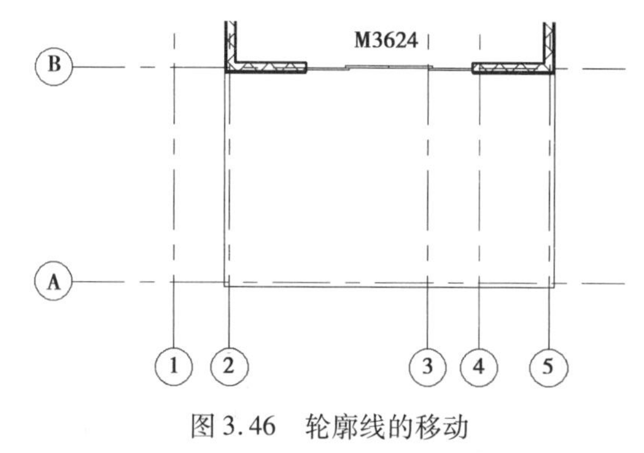

图 3.46 轮廓线的移动

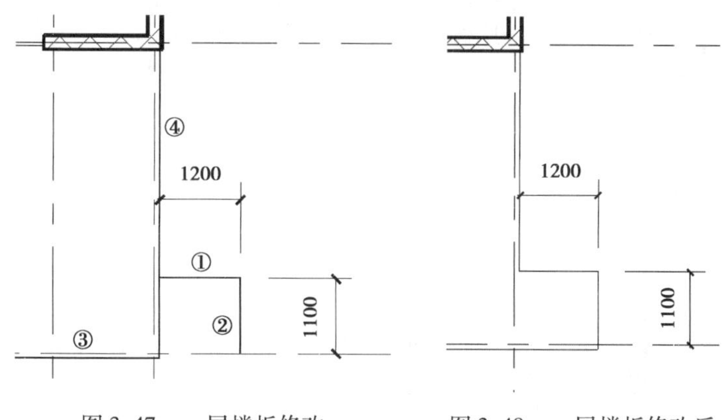

图 3.47 一层楼板修改　　图 3.48 一层楼板修改后

在平面图中单击楼板,打开属性浏览器对话框,单击“编辑类型”,复制“常规—150 mm”,重命名为“常规—100 mm”。单击类型属性中的“编辑”,将其结构层改为“100”。

单击“确定”关闭对话框。单击“完成绘制”创建首层楼板,结果如图 3.49、图 3.50 所示。

【注意】

①检查确认轮廓线完全封闭。可以通过工具栏中“修剪”命令修剪轮廓线使其封闭,也可以通过光标拖动迹线端点移动到合适位置来实现,Revit 将会自动捕捉附近的其他轮廓线端点。当完成楼板绘制时,如果轮廓线没有封闭,系统会自动提示。也可以通过单击设计栏“线”命令,此时光标在绘图区域将变成一支小画笔,选择选项栏上需要的“线”“矩形”“圆弧”等绘制命令,绘制封闭楼板轮廓线。

②用 Revit 完成楼板绘制后,当楼板上面或者下面有墙体时,系统将出现提示:“是否希望将高达此楼层标高的墙附着到此楼层底部/顶部?”。当选择“是”时,楼板上面的墙将自动附着到板顶面,楼板下面的墙将自动附着到板底面。由于该命令将对所有相关的墙体都进行操作,有可能会导致某些墙体的连接出现问题,特别是外墙,自动附着后,下层墙体与上层墙体间会出现缝隙。此时的解决办法是人工检查缝隙,手动将其取消附着。方法是先选中墙体,再选择功能区“修改|墙”—“分离顶部/底部”命令,再单击楼板,则墙体会取消附着。

因此在一般情况下,不建议自动附着。但对于坡屋面,可以选择自动附着,这样能更好地确定墙体与屋面的交接面。需要注意的是,选择不附着时,如果下层墙体的顶标高与楼板的顶标高一致,会在楼板面存在重面,这时有 3 个解决办法。

A. 建墙体时,将墙体顶标高设置在楼板的底标高处。

B. 通过手动附着。先选中墙体,再选择功能区“修改|墙”—“附着顶部/底部”命令,再单击要附着的楼板,则墙体会自动附着到楼板底。此方法对有坡度的楼板尤为有用。本书将在坡屋顶章节详细介绍此方法。

C. 用“连接”命令将楼板与墙体进行连接,注意应以楼板剪切墙体。

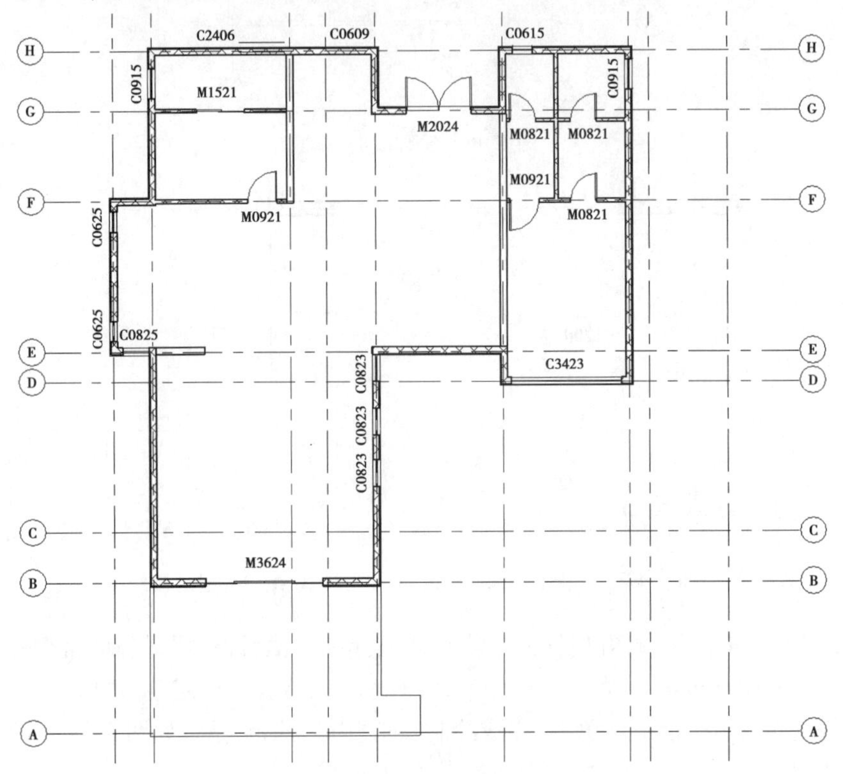

图 3.49　一层楼板完成效果图

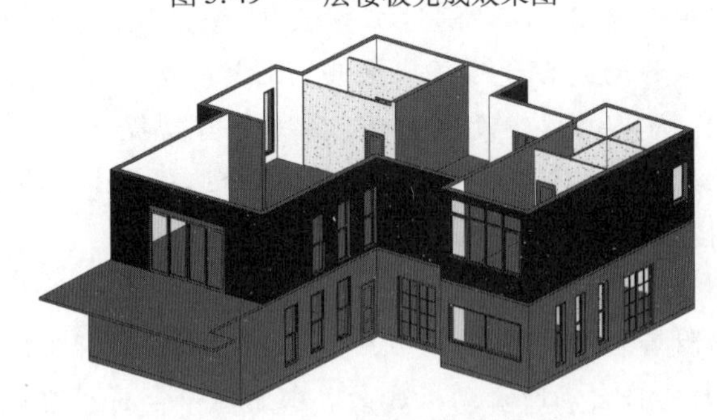

图 3.50　一层楼板完成绘制三维图

▶ 3.2.3　二层平面

1)墙体绘制

由于在一层绘制墙体时,系统默认设置了顶部偏移值,用户首先选择所有墙体,在属性面板中将墙体的顶部偏移值设置为0。

(1)编辑二层外墙

复制一层外墙:采用前述方法即可切换到三维视图,将光标放在一层的外墙上,高亮显示后按“Tab”键,所有外墙将全部高亮显示,通过“Ctrl”键加选楼板,复制到粘贴板后,选择与标高对齐粘贴。

此外,还可以展开“项目浏览器”下“立面”项,鼠标双击“南立”,进入南立面视图。在南立面中,从首层构件左上角位置到首层构件右下角位置,按住鼠标左键拖曳选择框,框选首层所有构件,如图3.51(a)所示。在构件选择状态下,选项栏单击“过滤器”,确保只勾选“墙”“门”“窗”“楼板”类别,单击“确定”关闭对话框。单击菜单栏“修改|选择多个”—“复制到剪贴板”命令,将首层平面的所有构件复制到粘贴板中备用。单击菜单栏“粘贴”—“与选定的标高对齐”命令,单击选择“F2”,单击“确定”。首层平面所有的构件都被复制到二层平面,如图3.51(b)所示。

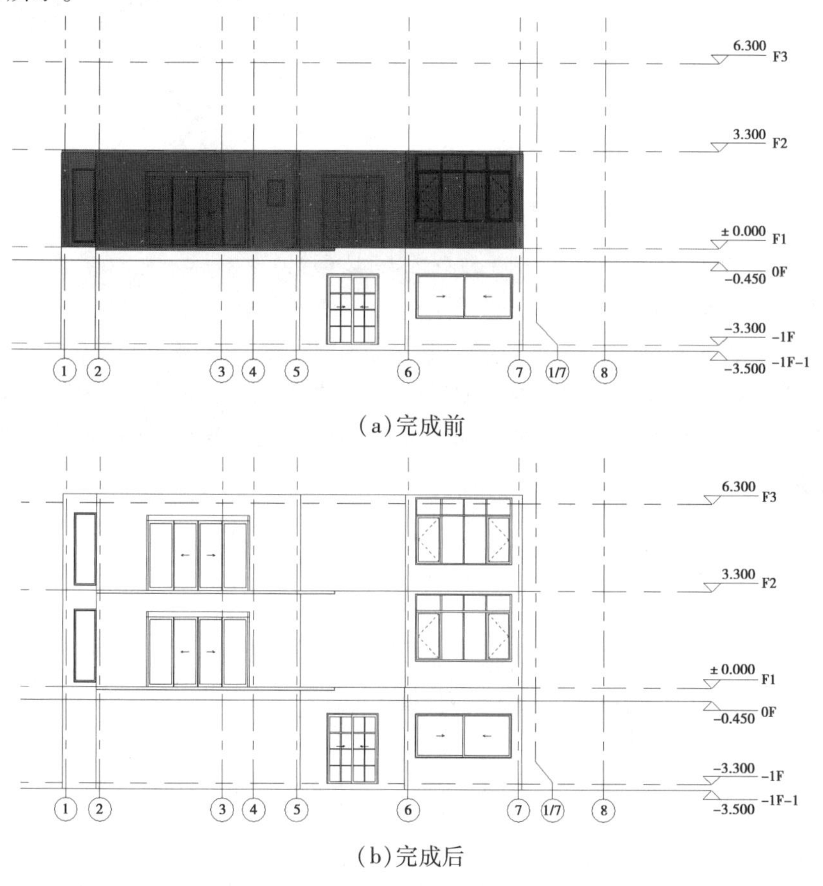

图3.51 复制一层平面

删除多余门窗:在复制的二层构件处于选择状态时(如果已经取消选择,请在南立面视图中再次框选二层所有构件),单击“过滤器”工具,只勾选“门”“窗”类别,单击“确定”选择所有门窗。按“Delete”键删除所有门窗。

删除多余内墙:切换到二层平面视图,按“Ctrl”键连续单击选择所有内墙,再按“Delete”键删除所有内墙。

调整外墙位置:右键双击复制的二层墙体,绘制如图 3.52(a)所示的墙体,删除多余墙体,最终结果如图 3.52(b)所示。

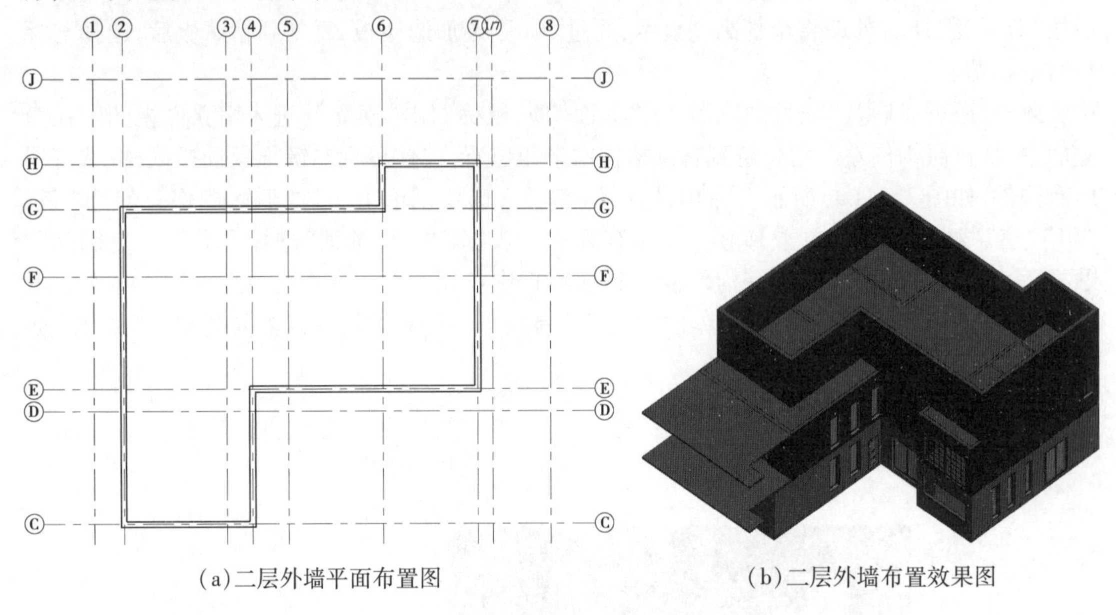

(a)二层外墙平面布置图　　(b)二层外墙布置效果图

图 3.52　二层外墙布置

(2)绘制二层平面内墙

单击设计栏“建筑”—“墙”命令,在类型选择器中选择“基本墙:常规-200 mm”类型。同前所述,在属性浏览器中设置实例参数“底部约束”为“F2”,“顶部约束”为“直到标高:F3”。在选项栏中选择“直线”命令,“定位线”选择“墙中心线”,按如图 3.53 所示位置绘制“常规-200 mm”内墙。

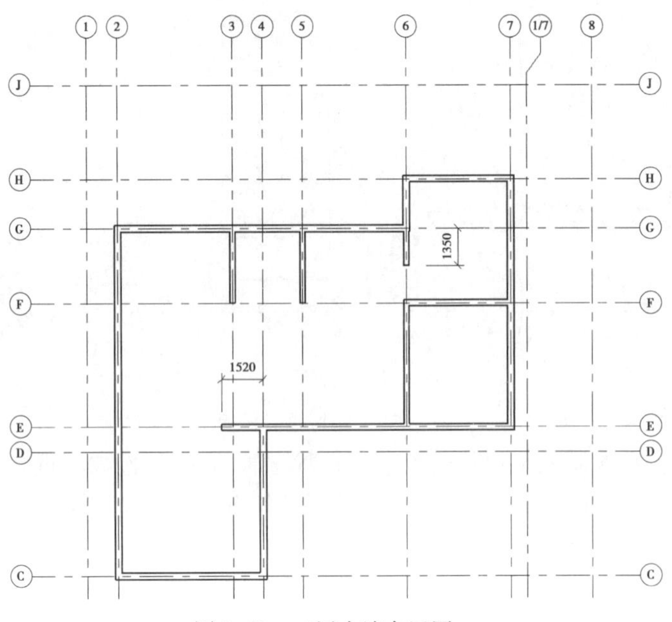

图 3.53　二层内墙布置图一

同理,在类型选择器中选择"内部—砌块墙 100",绘制如图 3.54 所示内墙。

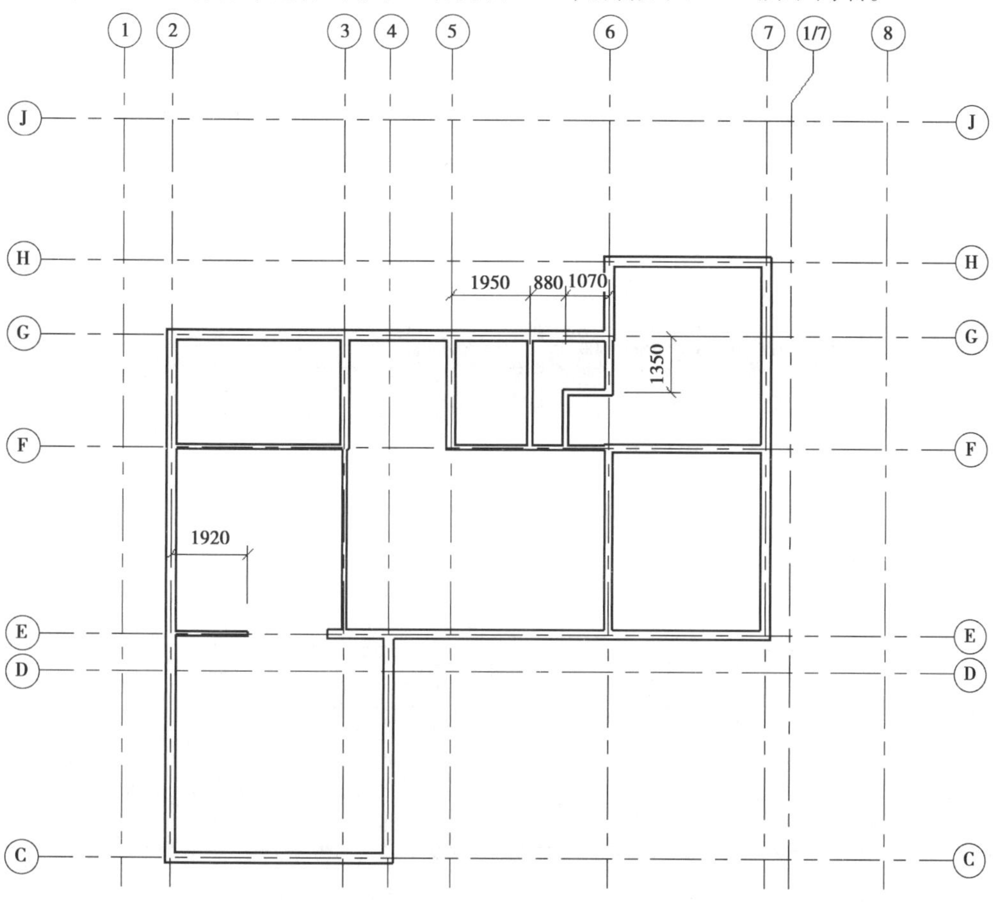

图 3.54 二层内墙布置图二

完成后的二层墙体如图 3.55 所示。

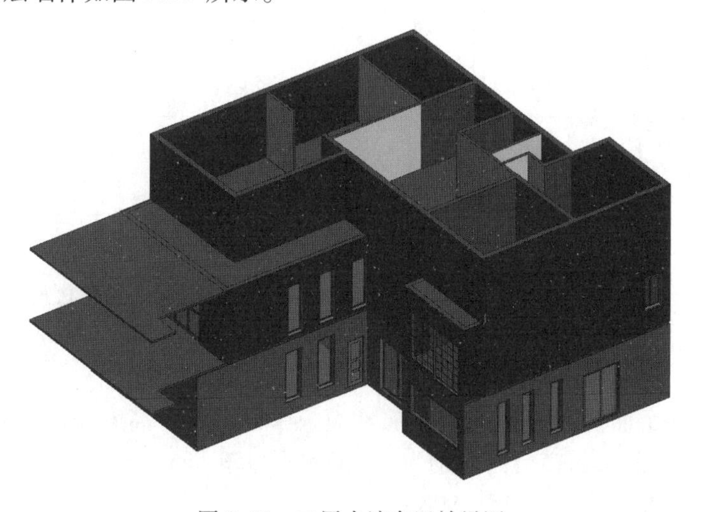

图 3.55 二层内墙布置效果图

2)门窗和楼板

(1)创建门窗

编辑完成二层平面内外墙体后,即可创建二层门窗。门窗的插入和编辑方法同前。

门的创建:单击设计栏“建筑”—“门”命令,在类型选择器中选择相应类型,复制并创建单嵌板木门“M0821”“M0921”“M0924”;双面嵌板木门“M1221”;双扇推拉门“M1824”;四扇推拉门“M3224”移动光标到墙体上单击放置门,并编辑临时尺寸按图 3.56 所示尺寸位置精确定位。

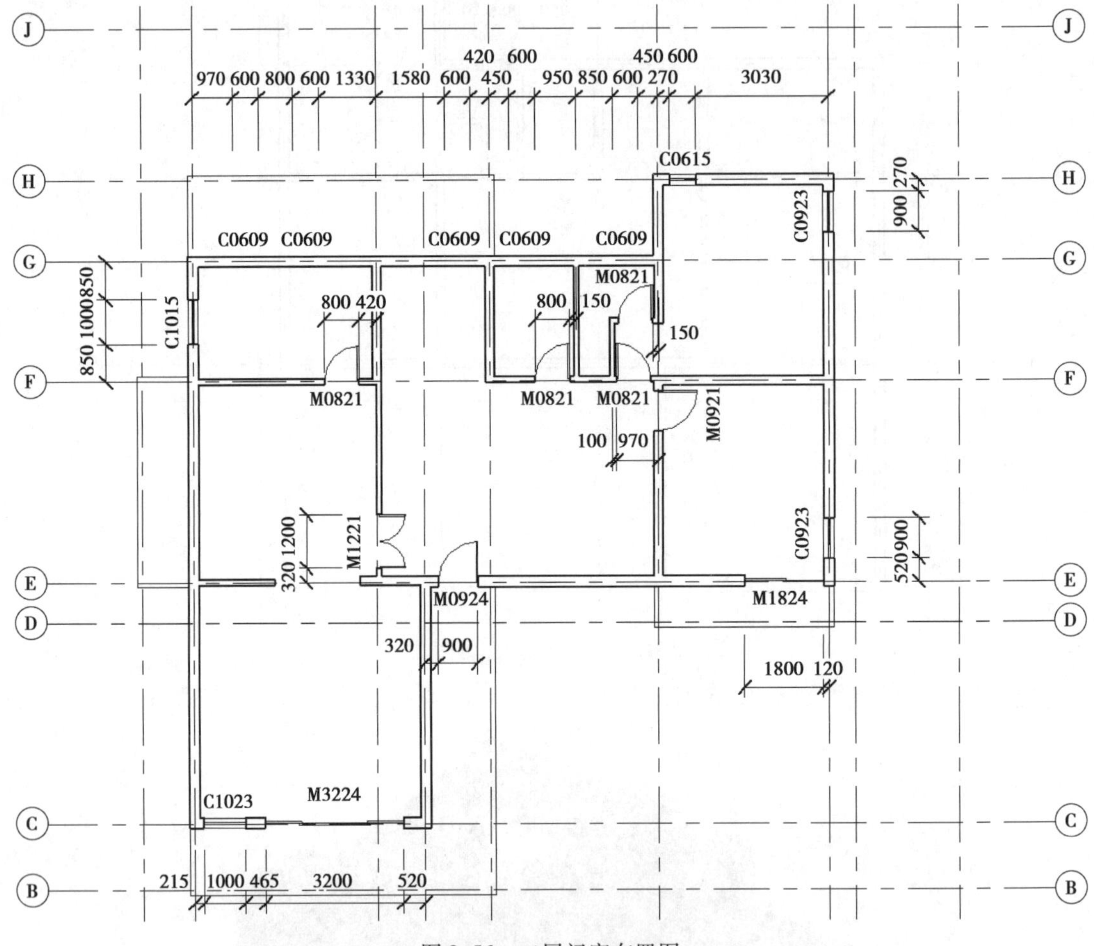

图 3.56　二层门窗布置图

窗的创建:单击设计栏“基本”—“窗”命令。在类型选择器中选择相应的类型,复制并创建固定窗“C0609”“C0615”“C1023”;推拉窗:“C1215”;上下推拉窗:“C0923”。移动光标到墙体上单击放置窗,并编辑临时尺寸按图 3.56 所示尺寸位置精确定位。

编辑窗台高:在平面视图中选择窗,在属性面板中设置窗台高度,输入“底高度”参数值,调整窗户的窗台高。各窗的窗台高分别为:“C0609—1450 mm”“C0615—850 mm”“C0923—100 mm”“C1023—100 mm”“C1015—900 mm”。

(2)编辑楼板

二层楼板不需要重新创建,只需编辑复制的一层楼板边界位置即可。在视图中选择二层的楼板,双击楼板即可进入楼板轮廓草图。删除线条和线条,直接拖动鼠标左键连接和,如图3.57所示。连接B轴和②轴、B轴和⑤轴的交点,单击刚才建立的交线,单击“偏移”命令,鼠标向下移动输入数值“100”。最后,整理删除多余线条,得到二层楼板完成示意图如图3.58所示。

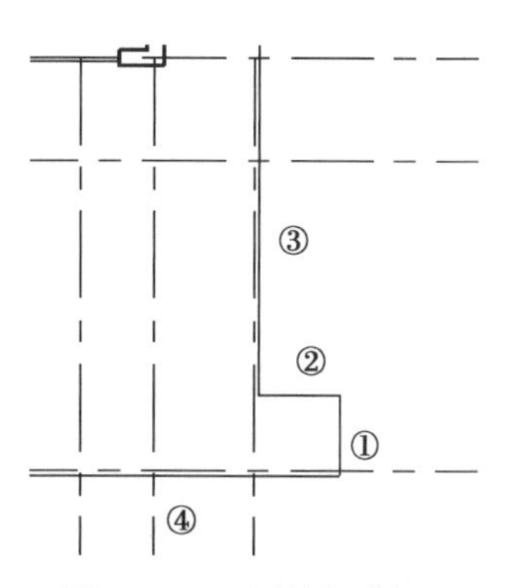

图3.57　二层楼板编辑

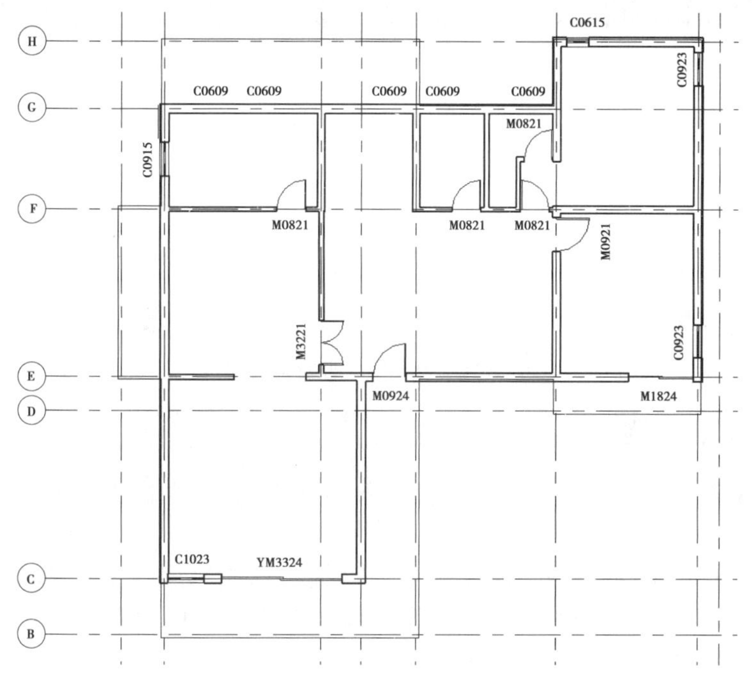

(a)二层楼板布置平面图

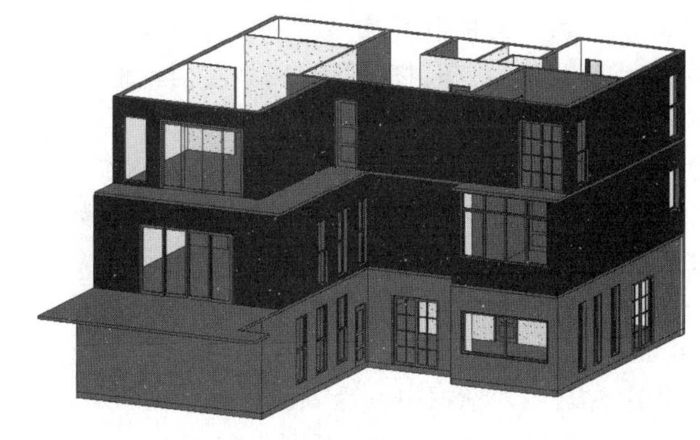

(b)二层楼板布置三维图

图3.58　二层楼板完成示意图

3.3 玻璃幕墙

幕墙由幕墙网格、竖框和幕墙嵌板组成,可以使用默认 Revit 幕墙类型设置幕墙。这些墙类型提供3种不同的复杂程度,可以对其进行简化或增强。

(1)幕墙

幕墙没有网格或竖框。没有与此墙类型相关的规则,此墙类型的灵活性最强。

(2)外部玻璃

外部玻璃具有预设网格。如果设置不合适,可以修改网格规则。

(3)店面

店面具有预设网格和竖梃。如果设置不合适,可以修改网格和竖梃规则。

如图3.59所示,从左到右分别为“幕端”“外部玻璃”“店面”。

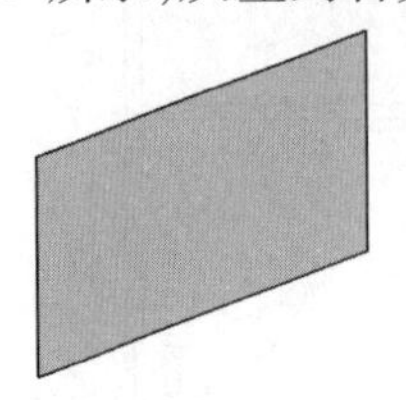
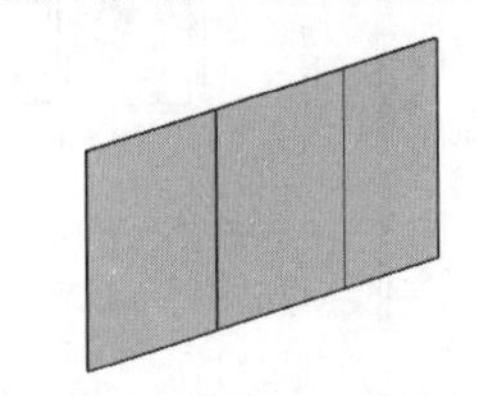
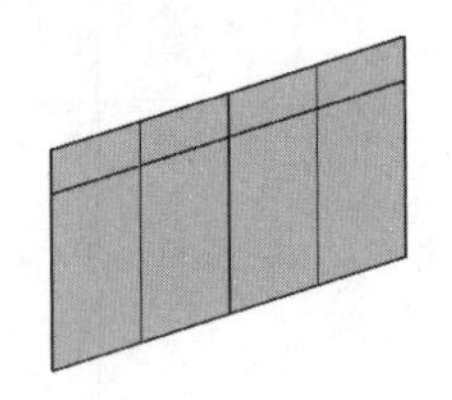

图3.59 幕墙的3种复杂程度

3.3.1 创建幕墙

在项目浏览器中双击“楼层平面”项下的“F1”,打开一层平面视图。

(1)创建新竖梃

单击“建筑”选项卡,在“构建”面板中选择“竖梃”,选择“矩形竖梃:50 mm×150 mm”,单击“编辑类型”按钮,打开“类型属性”对话框,复制一个新的类型,名称为“矩形竖梃:50 mm×100 mm”,并将其厚度改为“100 mm”,完成新竖梃的创建。

(2)编辑幕墙

单击“建筑”选项卡,在“构建”面板中选择“墙”—“墙:建筑”,在类型选择器中选择墙体的类型为“幕墙”。单击“编辑类型”按钮,打开“类型属性”对话框,复制一个新的类型,名称为“C2156”,勾选“类型参数”构造中的“自动嵌入”。

幕墙分割线设置:将“垂直网格样式”的“布局”参数选择“无”,“水平网格样式”—“布局”选择“固定距离”、“间距”设置为“925”、勾选“调整竖梃尺寸”参数。

幕墙竖梃设置:将“垂直竖梃”栏中“内部类型”选“无”“边界1类型”和“边界2类型”选为“矩形竖梃—50 mm×100 mm”;“水平竖梃”栏中“内部类型”“边界1类型”“边界2类型”都选为“矩形竖梃—50 mm×100 mm”,如图3.60所示。

幕墙属性编辑:在“图元属性”对话框中设置“底部约束”为“F1”、“底部偏移”为“100”、“顶部约束”为“未连接”、“顶部偏移”为“5600”,如图3.61所示。

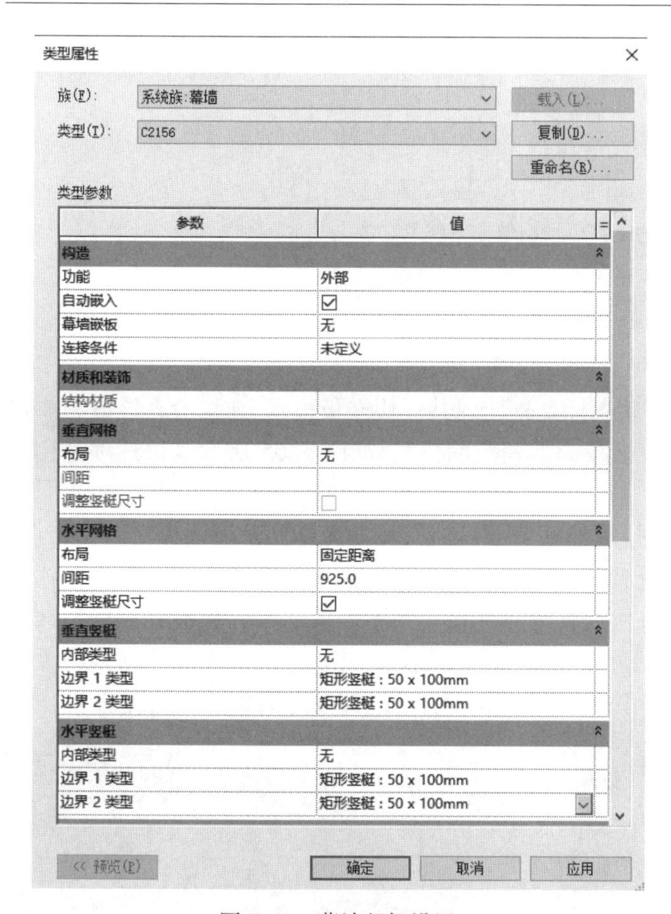

图 3.60　幕墙竖梃设置

图 3.61　幕墙属性编辑

设置完上述参数后,按照绘制墙的方法在 E 轴与⑤轴以及⑥轴处的墙上单击捕捉两点绘制幕墙,位置如图 3.62 所示,完成后如图 3.63 所示。

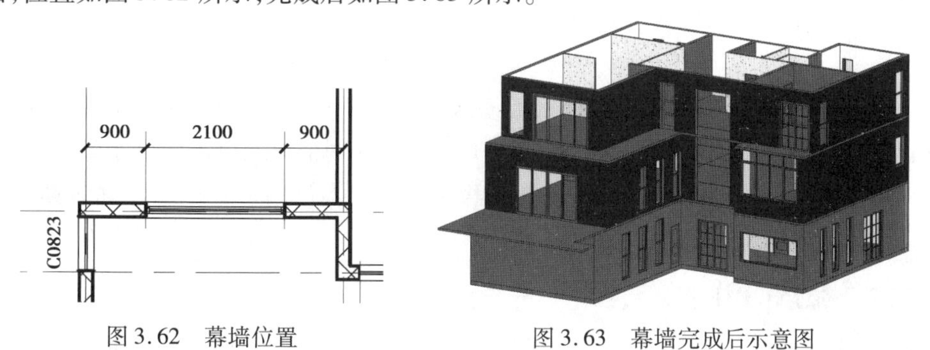

图 3.62　幕墙位置

图 3.63　幕墙完成后示意图

▶ 3.3.2　幕墙网格划分

无论是按规则自动布置了网格的幕墙,还是没有网格的整体幕墙嵌板,都可以根据需要手动添加网格细分幕墙。已有的幕墙网格也可以手动添加或删除。可以在三维视图或立面、剖面视图中编辑幕墙网格。

单击设计栏"建筑"—"幕墙网格"命令,单击"修改|放置幕墙网格",选项栏如图 3.64 所示。

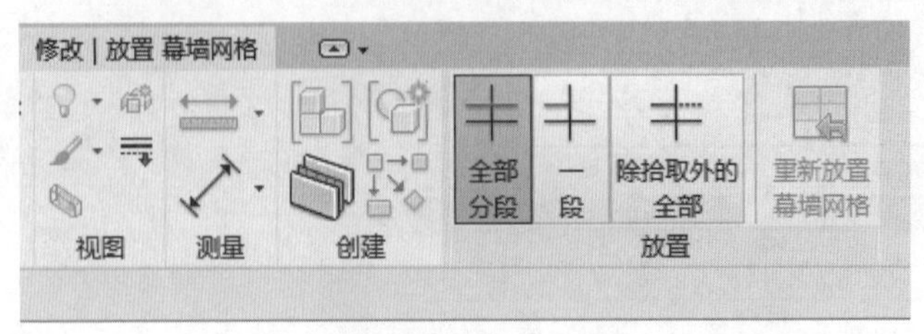

图 3.64　幕墙网格编辑选项栏

一段:选项栏选择"一段"选项,移动光标到幕墙内某一块嵌板边界上时,会在该嵌板中出现一段预览虚线,单击鼠标左键仅给该嵌板添加一段网格线,如图 3.65 所示。该选项适用于局部细化幕墙。

除拾取外的全部:选项栏选择"除拾取外的全部"选项,移动光标到幕墙边界上时,会首先沿幕墙整个长度或高度方向出现一条预览虚线,单击即可先沿幕墙整个长度或高度方向添加一根红色加粗亮显的完整实线网格线;然后移动光标在其中不需要的某一段或几段网格线上分别单击鼠标左键使该段变成虚线显示;最后按"Esc"键结束,并在剩余的实线网格线段处添加网格线,如图 3.66 所示。该选项适用于整体分割幕墙,且局部没有网格线的情况。

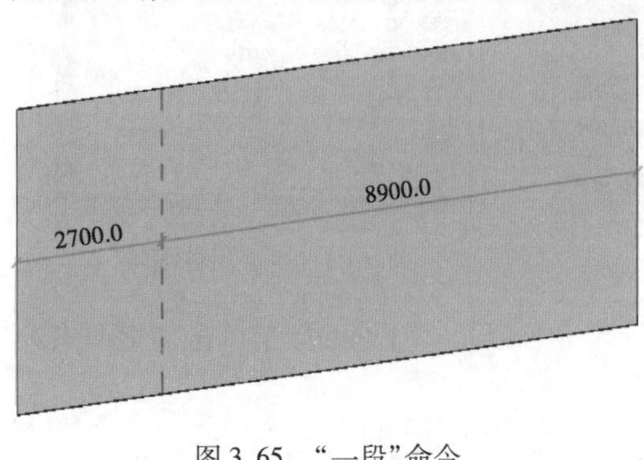

图 3.65　"一段"命令

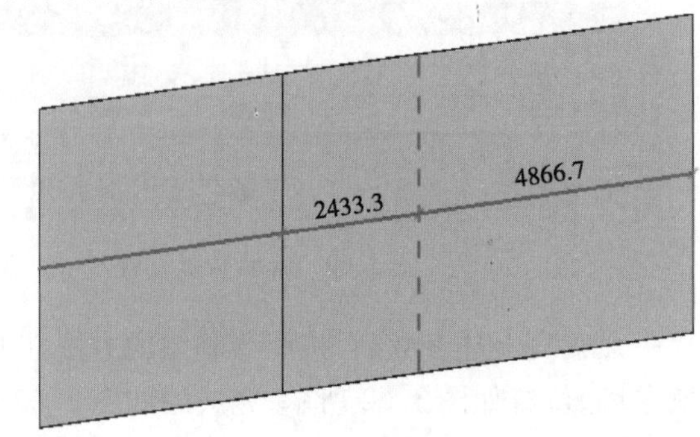

图 3.66　"除拾取外的全部"命令

网格线编辑:已有的网格线可以随时根据需要添加或删除。单击鼠标左键选择已有网格线,选项栏单击"添加或删除线段"按钮,移动光标在实线网格线上单击即可删除一段网格线,在虚线网格线上单击即可添加一段网格线。单击网格之间的距离数字,可以通过修改距离尺寸来修改网格的精确距离。

▶　3.3.3　幕墙门窗

幕墙门窗的添加方案不同于基本墙。基本墙是执行了门窗命令以后直接在墙体上放置的,而幕墙门窗则需先载入才能被添加。

方法如下:单击"插入"选项卡,在"从库中载入"面板中选择"载入族"按钮,在弹出的"载入族"窗口中双击"建筑"—"幕墙"—"门窗嵌板"里选择合适族项目。选中"幕墙嵌板",在类型选择器中选择刚才载入的族项目即可。

3.4　屋顶

Revit 提供了多种创建屋顶的方法,如迹线屋顶、拉伸屋顶、面屋顶、玻璃斜窗等。对于一些特殊造型的屋顶,也可以通过内建模型的工具来创建。

▶ 3.4.1　拉伸屋顶

本节以首层左侧凸出部分墙体的双坡屋顶为例,详细讲解“拉伸屋顶”命令的使用方法。

1)创建屋顶

单击设计栏“建筑”—“参照平面”命令,如图 3.67 在 F 轴和 E 轴向外 800 mm 处各绘制一参照平面,在 1 轴向左 500 mm 处绘制一参照平面。

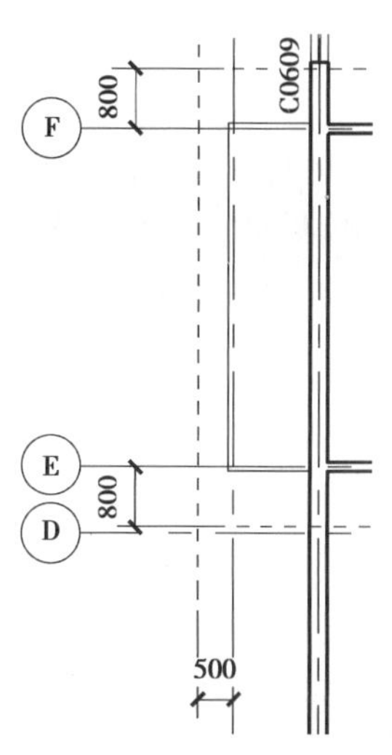

图 3.67　绘制参考平面

单击“建筑”选项卡,在“构建”面板中选择“屋顶”—“拉伸屋顶”命令,系统会弹出“工作平面”对话框,提示指定新的工作平面,选择“拾取一个平面”,单击“确定”,如图 3.68 所示。在上面的列表中单击选择“立面—西”,单击“确定”关闭对话框进入“西立面”视图,如图 3.69 所示。

在上面的列表中单击选择“立面—西”,单击“确定”关闭对话框进入“西立面”视图。单击“绘制”面板中的“线”命令,在属性对话框中单击“编辑类型”按钮,打开“类型属性”对话框,复制一个新的类型,名称为“屋顶—筒瓦”,单击“类型参数”中结构后的“编辑”,打开“编辑部件”对话框,将结构的材质改为“默认屋顶”,厚度修改为“125 mm”,“表面填充图案”设置为“屋面—筒瓦”,按图 3.70 所示绘制拉伸屋顶截面形状线。

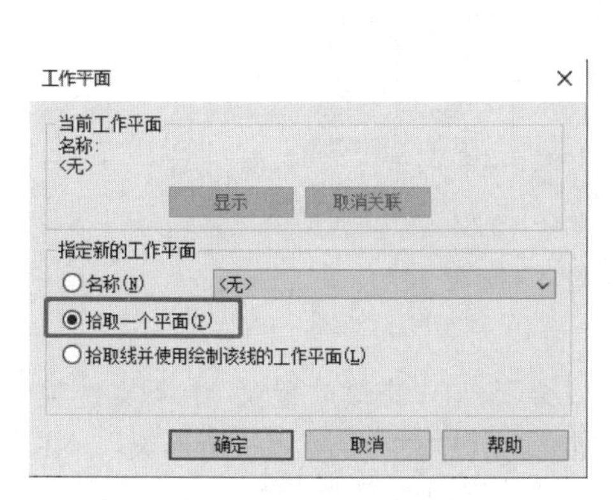

图 3.68　指定新的工作平面

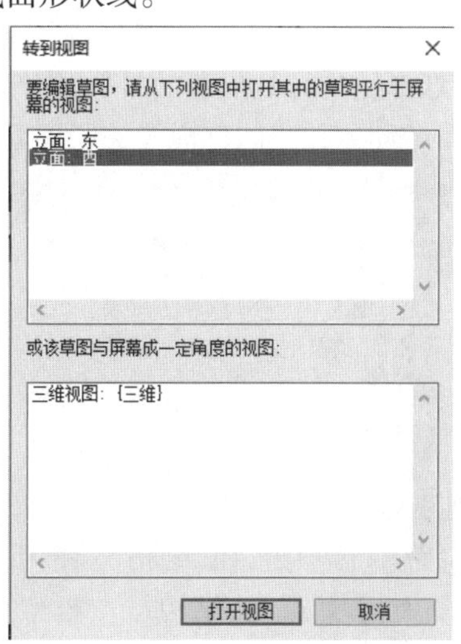

图 3.69　转到视图

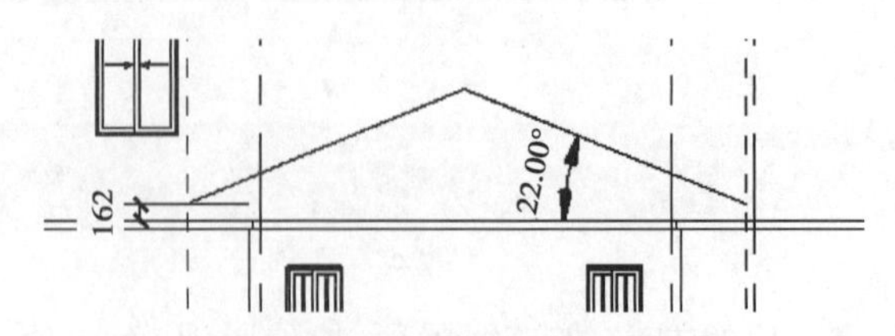

图 3.70　幕墙网格编辑选项栏

2)修改屋顶

(1)连接屋顶

在三维视图中观察上节内容创建的拉伸屋顶,可以看到屋顶长度过长,延伸到了二层屋内,同时屋顶下面没有山墙。下面将逐一完善这些细节。

选择刚绘制完成的屋面,单击"View Cube"中的"上",如图 3.71 所示,显示模型的俯视图,拖曳屋顶的边缘,使屋顶端面和二层外墙墙面对齐,最后结果如图 3.72 所示。

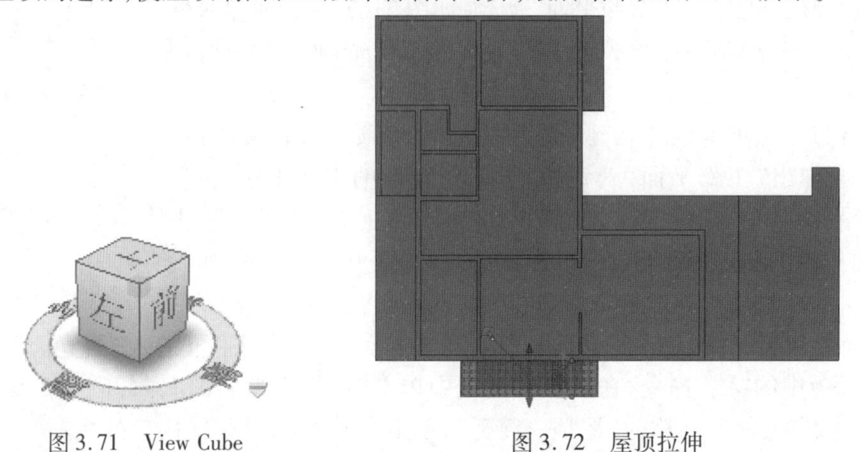

图 3.71　View Cube　　　　图 3.72　屋顶拉伸

(2)附着墙

按住"Ctrl"键连续单击,选择屋顶下面的三面墙,在"修改墙"面板单击"附着顶部/底部"命令,然后选择屋顶为被附着的目标,则墙体自动将其顶部附着到屋顶下面,如图 3.73 所示。这样就在墙体和屋顶之间创建了关联关系,最后效果如图 3.74 所示。

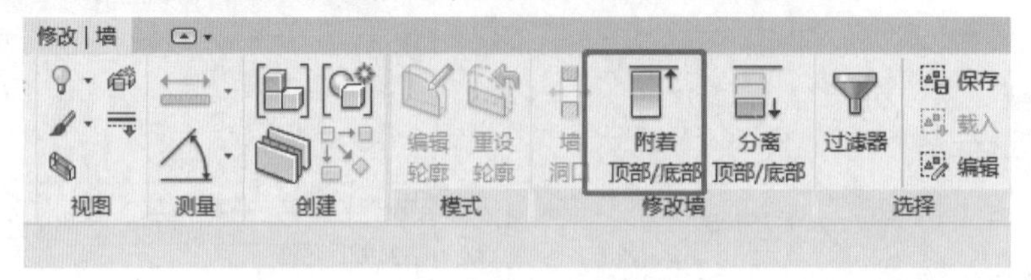

图 3.73　连接墙与屋顶命令栏

(3)创建屋脊

单击"结构"选项卡,在"结构"面板中选择"梁"。在"修改放置梁"上下文选项卡中单击"载入族"命令,选择载入"结构"—"框架"—"混凝土"中的"混凝土—矩形梁"。在属性对话框中单击"编辑类型"按钮,打开"类型属性"对话框,复制一个新的类型,名称为"屋脊—屋脊线",编辑"类型属性"参数,将"b"设置为"100 mm","h"设置为"150 mm"。

(a)附着前

(b)附着后

图 3.74　附着墙体

如图 3.75 所示勾选“三维捕捉”，在属性对话框中设置“Z 轴偏移值”为“200”，在创建好的拉伸屋顶上放置一根屋脊。

修改 | 放置 梁　放置平面: 标高 : F1　结构用途: <自动>　☑三维捕捉　☐链

图 3.75　勾选三维捕捉

单击“修改”选项卡，在“几何图形”面板中单击“连接”命令，首先拾取选择要连接的实心几何图形，再选择要连接到所选实体上的实心几何图形，系统自动将两者连接在一起，如图 3.76 所示，连接前后屋顶的体积会有变化。

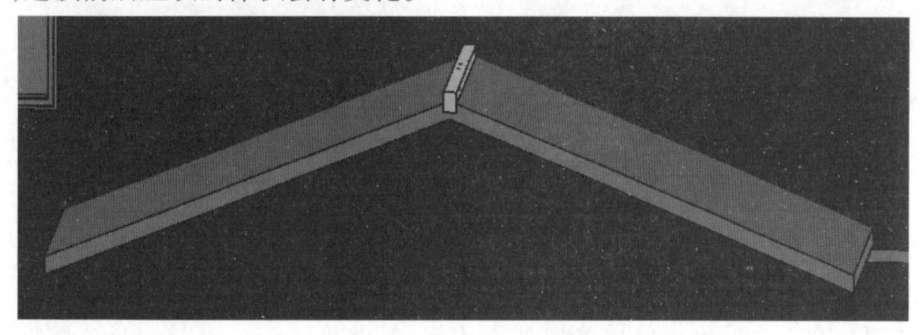

图 3.76　屋脊与屋顶连接

▶ 3.4.2　迹线屋顶

1)二层多坡屋顶

下面使用迹线屋顶命令创建项目北侧二层的多坡屋顶。

在项目浏览器中双击“楼层平面”项下的“F2”，打开二层平面视图。单击“建筑”选项卡，在“屋顶”下拉菜单中选择“迹线屋顶”命令，选择“屋顶—筒瓦”，进入绘制屋顶轮廓迹线草图模式。“绘制”面板选择“直线”命令，如图 3.77 所示绘制屋顶轮廓迹线，轮廓线沿相应轴网往外偏移“800 mm”。

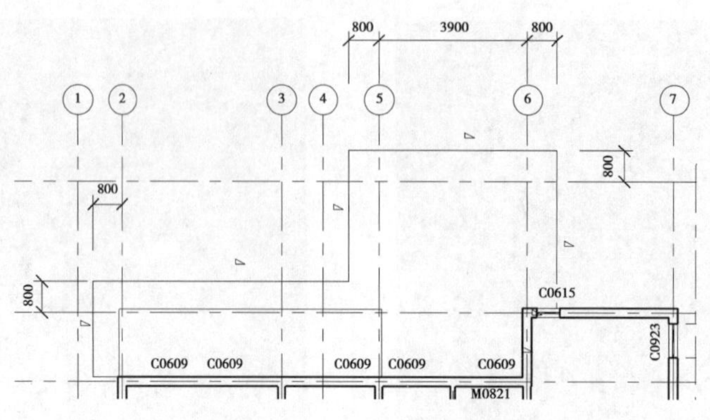

图 3.77　二层多坡屋顶绘制

修改屋顶坡度:在屋顶属性面板对话框中设置“坡度”参数为“22°”,如图 3.78 所示,单击“确定”按钮后所有屋顶迹线的坡度值自动调整为“22°”。按住“Ctrl”键连续单击选择最上面、最下面和右侧最短的那条水平迹线,以及下方左右两条垂直迹线,选项栏取消勾选“定义坡度”选项,取消这些边的坡度,如图 3.79 所示。单击“完成屋顶”命令创建二层多坡屋顶。同前所述选择屋顶下的墙体,选项栏选择“附着”命令,拾取刚创建的屋顶,将墙体附着到屋顶下。同前所述使用“结构”面板“梁”命令,创建新建屋顶屋脊。

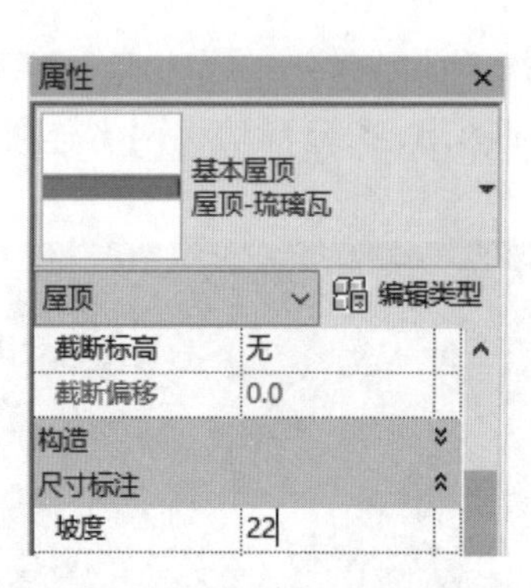

图 3.78　设置屋顶坡度

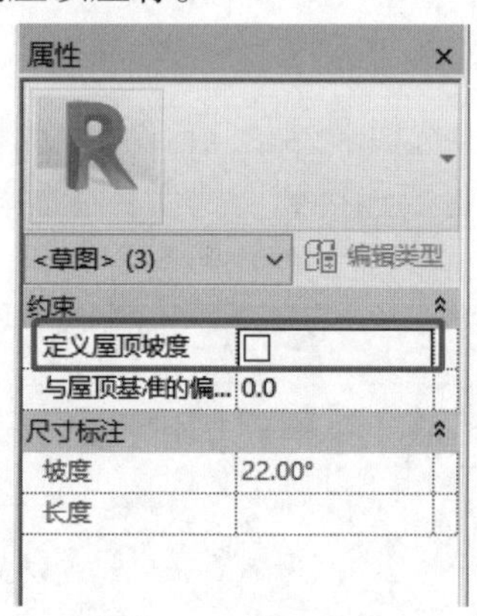

图 3.79　取消屋顶坡度

【注意】如果将某条屋顶线设置为坡度定义线,其旁边便会出现符号“⊾”。因此,可以通过有无该符号,快速判断相关屋顶是否设置了坡度。

2)三层多坡屋顶

三层多坡屋顶的创建方法同二层屋顶。在项目浏览器中双击“楼层平面”项下的“F3”,由于默认设置,此时在“F3”视图只能看见轴线,无法捕捉外墙体位置。解决方法如下:在楼层平面属性面板中设置参数“基线”为“F2”,如图 3.80 所示。

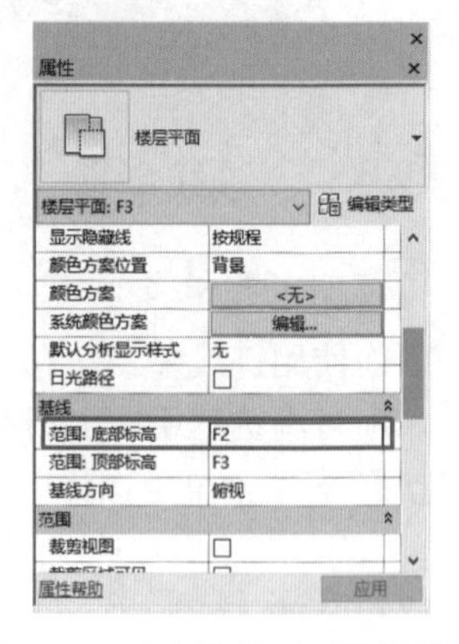

图 3.80　改变楼层平面视图范围

绘制屋顶:单击“建筑”—“屋顶”—“迹线屋顶”命令,进入绘制屋顶迹线草图模式。“绘制面板”选择“拾取墙”命令,勾选定义坡度,悬挑“800”,依次选择外墙绘制,如图 3.81 所示。在属性面板中,设置屋顶的“坡度”参数为“22°”,三层多坡屋顶绘制如图 3.82 所示。

☑定义坡度 悬挑: 800.0 □延伸到墙中(至核心层)

图 3.81 “拾取墙”设置

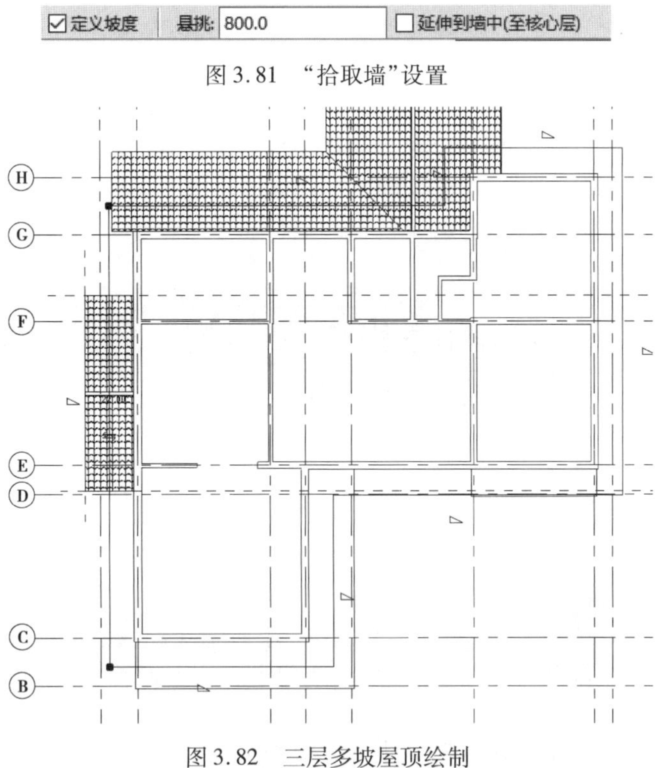

图 3.82 三层多坡屋顶绘制

修改部分屋顶坡度:单击“工作平面”面板中的“参照平面”命令,绘制两条参照平面和中间两条水平迹线平齐,并和左右最外侧的两条垂直迹线相交,如图 3.83 所示。

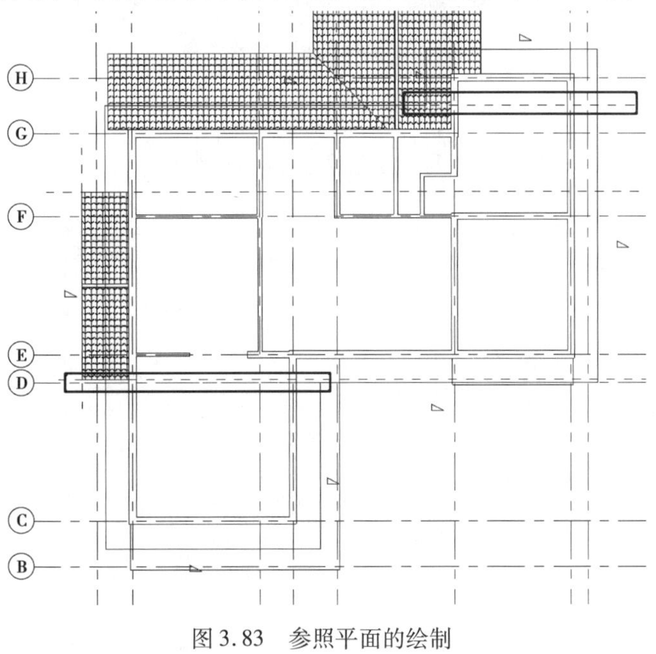

图 3.83 参照平面的绘制

图 3.84 “拆分”命令

单击工具栏“拆分”命令(图 3.84),移动光标到参照平面和左右最外侧的两条垂直迹线交点位置,然后分别单击鼠标左键,将两条垂直迹线拆分成上下两段,拆分位置如图 3.85 所示。

按住“Ctrl”键,单击选择最左侧迹线拆分后的上半段和最右侧迹线拆分后的下半段,在“属性”面板中取消勾选“定义坡度”选项,取消坡度。完成后的屋顶迹线轮廓如图 3.86 所示。单击“完成屋顶”命令创建三层多坡屋顶。选择三层墙体,用“附着顶部/底部”命令将墙顶部附着到屋顶下面;用“梁”命令捕捉 3 条屋脊线创建屋脊,完成后的效果如图 3.87 所示。

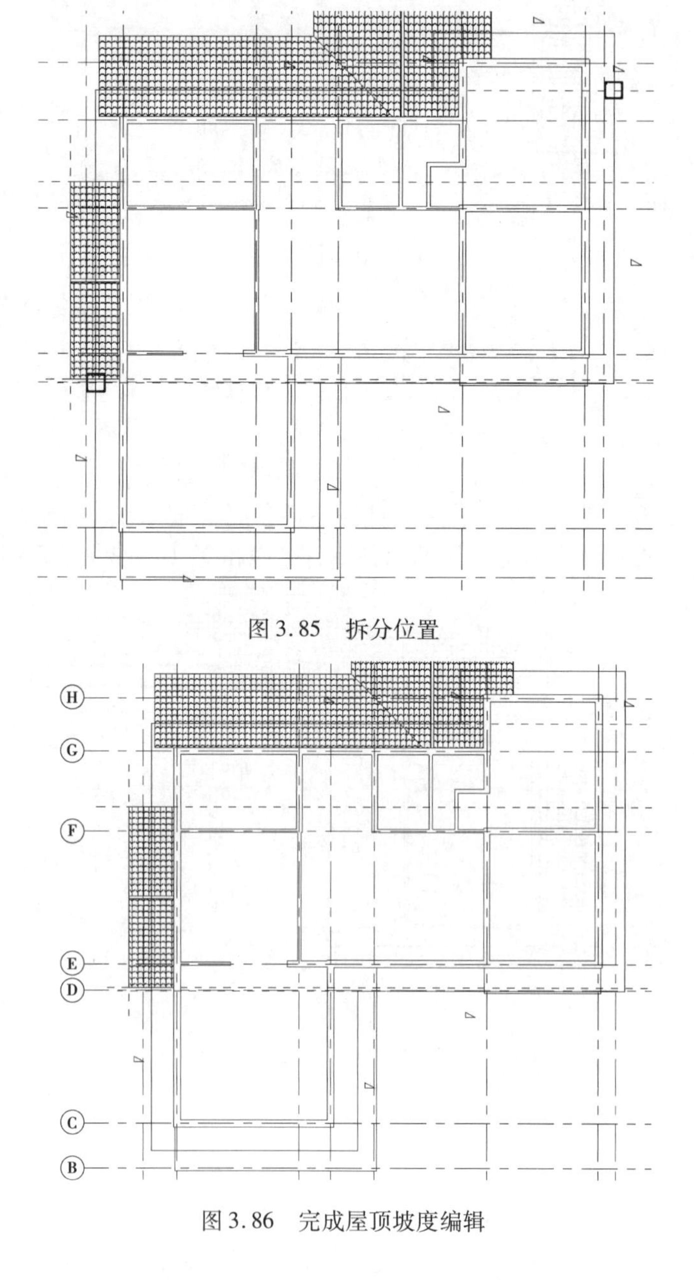

图 3.85 拆分位置

图 3.86 完成屋顶坡度编辑

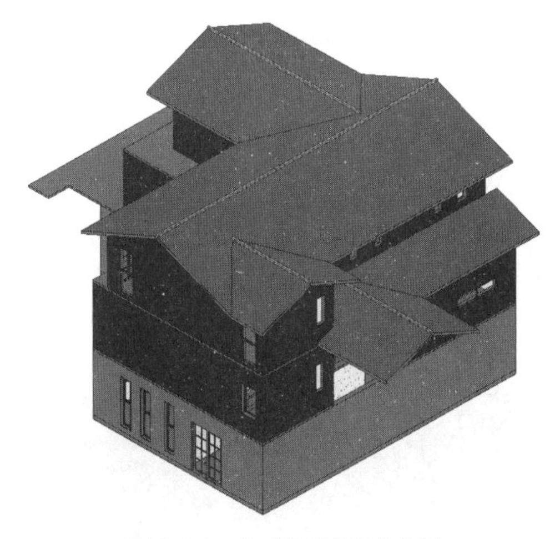

图 3.87 完成屋顶后示意图

3.5 楼梯、扶手

楼梯是建筑物实现垂直交通的主要方式，Revit 通过创建通用梯段、平台和支座构件，将楼梯添加到模型中。创建大多数楼梯时，可在楼梯部件编辑模式下添加常见和自定义绘制的构件。

▶ 3.5.1 室外楼梯

1）组合楼梯

在项目浏览器中双击“楼层平面”项下的“F1”，打开一层平面视图。

楼梯位置定位：单击“建筑”选项卡，选择“参照平面”，在 A 轴上方 1 100 mm 处以及轴右方 115 mm 处分别绘制参照平面，如图 3.88 所示，用于室外楼梯的定位。

创建楼梯：单击“建筑”选项卡，在“楼梯坡道”面板中选择“楼梯”命令，进入绘制草图模式。在类型选择器下拉列表中选择“组合楼梯 190 mm 最大踢面 250 mm 梯段”，单击“编辑类型”按钮，打开“类型属性”对话框，复制一个新的类型，名称为“室外楼梯”。

在“类型属性”对话框中，设置“最小梯段宽度”为“1100”，单击“梯段类型”后的隐藏按钮，打开该梯段类型的“类型属性”对话框，复制一个新的类型并重命名为“50 mm 踏板 13 mm 踢面—混凝土”，在“构造”中的“梯段类型”中，分别单击“踏板材质”，“踢面材质”后的隐藏按钮，将材质设置为“混凝土—现场浇注混凝土”，勾选“使用渲染外观”。

绘制楼梯：在属性面板中，如图 3.89 所示，选择楼梯类型为“室外楼梯”，设置楼梯的“底部标高”为“-1F-1”，“顶部标高”为“F1”，“所需踢面数”为“20”，“实际踏板深度”为“280”。

单击“绘制”面板单击“梯段”命令，选择“直梯”绘图模式，在建筑外任意一处单击一点作为第一跑起点，垂直向下移动光标，直到显示“创建了 10 个踢面，剩余 10 个”时，单击鼠标左键捕捉该点作为第一跑终点，创建第一跑草图，按“Esc”键结束绘制命令。鼠标移动到箭头然后垂直下拉，出现数字后输入“1100”，继续垂直向下移动光标，直到显示“创建了 10 个踢面，剩余 0 个”时,单击鼠标左键完成楼梯绘制。框选刚绘制的楼梯梯段草图,单击工具栏“移动”命令,将草图移动到轴外边缘,位置如图 3.90 所示,删除靠墙的栏杆,最终效果图如图 3.91 所示。

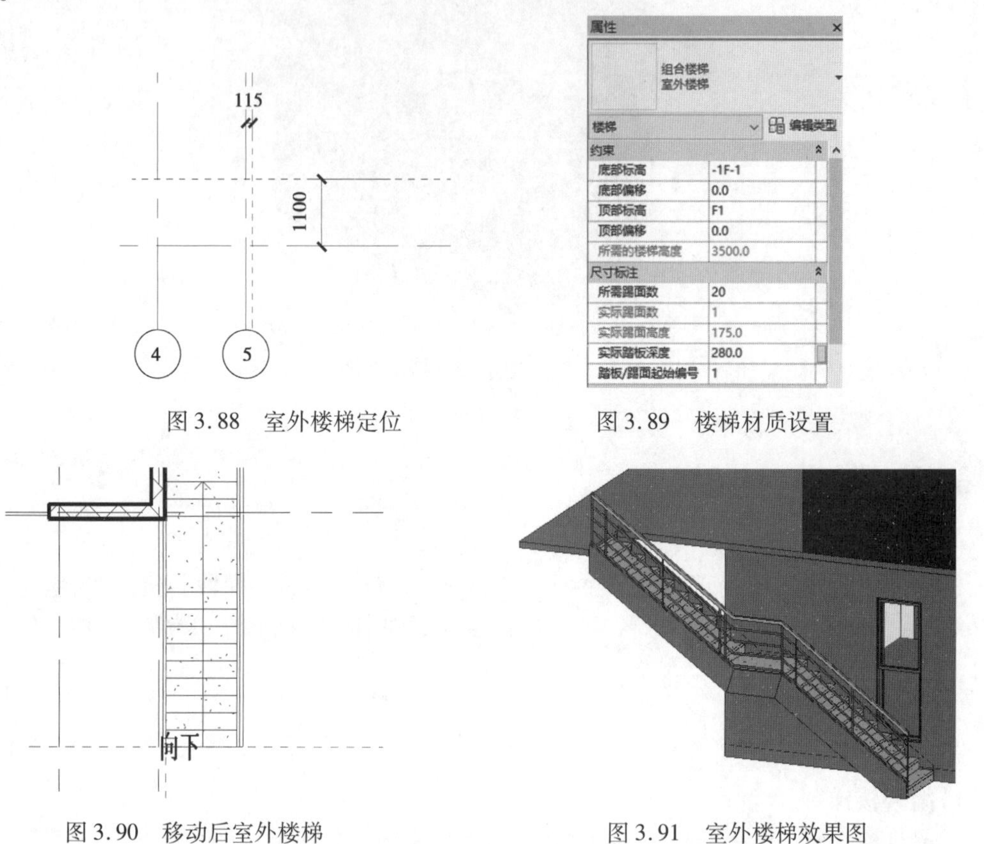

图 3.88　室外楼梯定位

图 3.89　楼梯材质设置

图 3.90　移动后室外楼梯

图 3.91　室外楼梯效果图

2)屋顶平台放置栏杆

使用栏杆扶手工具,可以添加独立式栏杆扶手或是附加到楼梯、坡道和其他主体上。

在栏杆扶手类型属性对话框中可以编辑扶手(可以设置各扶手的高度、偏移、轮廓、材质等)、栏杆位置(可以设置栏杆和支柱的位置、对齐方式等)、顶部扶栏等内容,如图 3.92 所示。

构造	
栏杆扶手高度	900.0
扶栏结构(非连续)	编辑...
栏杆位置	编辑...
栏杆偏移	0.0
使用平台高度调整	否
平台高度调整	0.0
斜接	添加垂直/水平线段
切线连接	延伸扶手使其相交
扶栏连接	修剪
顶部扶栏	
使用顶部扶栏	是
高度	900.0
类型	圆形 - 40mm

图 3.92　栏杆扶手编辑对话框

创建室外栏杆:一般情况下,可以单击“建筑”选项卡,在“楼梯坡道”面板中选择“栏杆扶手”下拉按钮中的“绘制路径”命令进行绘制栏杆扶手。在此处,用户可以直接双击刚开始创建的室外楼梯扶手进入绘制栏杆扶手的草图,利用“直线”命令绘制如图 3.93,图 3.94 所示路径。

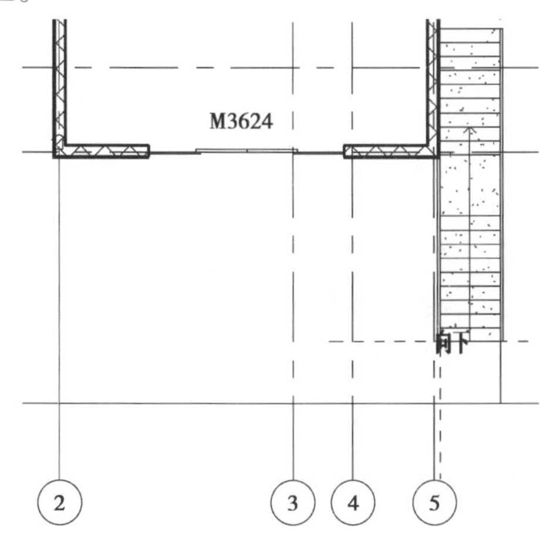

图 3.93　室外楼梯扶手绘制路径一

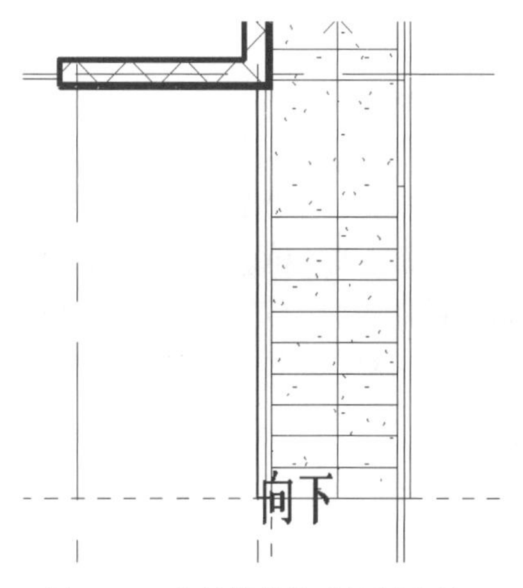

图 3.94　室外楼梯扶手绘制路径二

室外栏杆编辑:完成路径绘制后,在三维视图中单击已经创建好的栏杆扶手,在栏杆扶手类型属性对话框中设置用户所需要的类型,此处用户只需修改栏杆顶部扶手作为示例。单击顶部扶栏“类型”后的隐藏按钮,在弹出的“类型属性”对话框中单击复制并重命名为“室外楼梯顶部扶手”,单击“轮廓”,选择“矩形扶手:50 mm×50 mm”,并将其材质改为“樱桃木”,勾选“使用渲染外观”,单击确定完成编辑,最终效果图如图 3.95 所示。

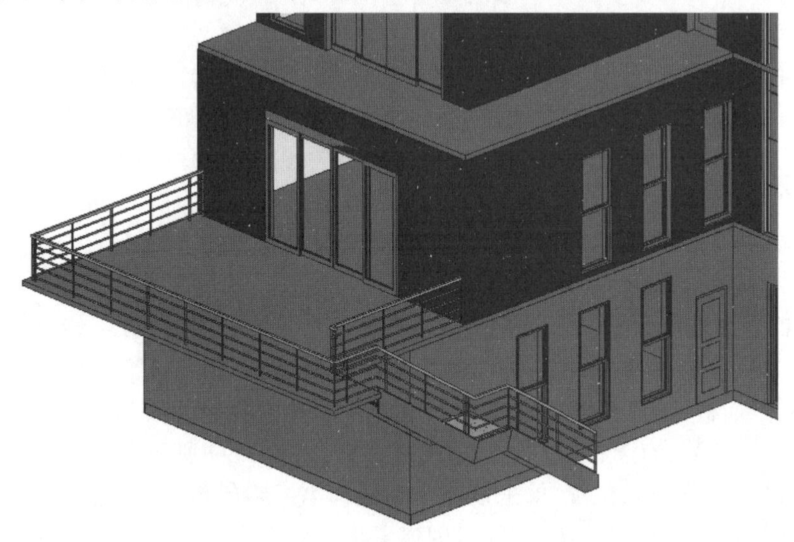

图 3.95　室外栏杆扶手完成三维图

【**注意**】在同一个草图中,栏杆扶手的绘制必须连续,不能够分段进行,例如在上述过程中,用户绘制如图 3.93 及图 3.34 所示的路径,需要先完成图 3.93 的路径绘制,然后再进入草图模式绘制图 3.94 的路径(或者两者绘制顺序颠倒),否则软件将提示错误,无法完成绘制。

▶ 3.5.2 室内楼梯

1)双跑楼梯

“梯段”命令是创建楼梯最常用的方法,本节以绘制案例中的双跑楼梯为例,详细介绍楼梯的创建方法。

在项目浏览器中双击“楼层平面”项下的“-1F”,打开地下一层平面视图。单击“建筑”选项卡,在“楼梯坡道”面板中选择“楼梯”命令,进入绘制草图模式。

室内楼梯定位:单击“参照平面”命令,如图3.96所示在地下一层楼梯间绘制4条参照平面线,并用临时尺寸精确定位参照平面线与墙边线的距离。其中,左右两条垂直参照平面线到墙边线的距离为“575 mm”;下水平参照平面到下墙边线的距离为“1380 mm”,且为第一跑起跑位置;上水平参照平面距离下参照平面的距离为“1820 mm”。

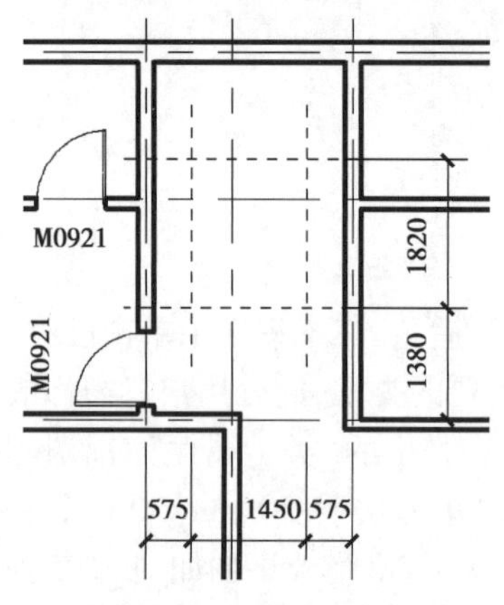

图3.96 室内楼梯定位

创建室内楼梯:单击“建筑”选项卡,在“楼梯坡道”面板中选择“楼梯”命令,进入绘制草图模式。在类型选择器下拉列表中选择“整体浇筑楼梯”,单击“编辑类型”按钮,打开“类型属性”对话框,复制一个新的类型,名称为“室内楼梯”。单击“梯段类型”后的隐藏按钮打开该梯段类型的“类型属性”对话框,复制一个新的类型并重命名为“150 mm 结构深度—混凝土”,在“整体式材质中”中,将材质设置为“混凝土—现场浇注混凝土”,勾选“使用渲染外观”。单击确定关闭,如图3.97所示。

绘制楼梯:在属性对话框中,设置楼梯的“底部标高”为“-1F”,“顶部标高”为“F1”,“所需踢面数”为“19”、“实际踏板深度”为“260”,如图3.98所示。

单击“构件”面板中的“梯段”—“直梯”,在选项栏中选择定位线为“梯段:右”,设置“实际梯段宽度”为“1100”,勾选“自动平台”前的复选框,如图3.99所示。

移动光标至右下角起点位置,单击该点作为楼梯第一跑起跑位置,向上移动光标至参照平面右上角交点位置,下方出现灰色显示“创建了8个踢面,剩余11个”的提示字样和蓝色的临时尺寸,如图3.100所示。单击捕捉该交点作为第一跑终点位置,软件自动绘制了第一跑的踢面。

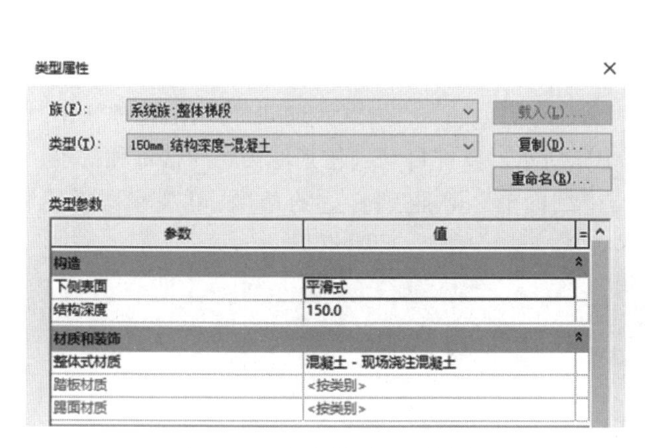

图 3.97 室内楼梯材质设置

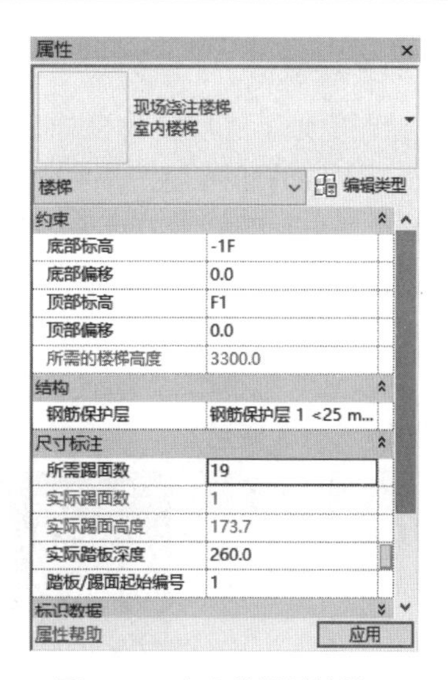

图 3.98 室内楼梯属性设置

图 3.99 室内楼梯绘制设置

移动光标到左上角参照平面与墙体的交点位置，单击捕捉作为第二跑的起点位置，向左移动光标到参照平面端点外，下方出现灰色显示“创建了 11 个踢面，剩余 0 个”的提示字样和蓝色的临时尺寸，单击捕捉一点，软件会自动创建休息平台和第二跑楼梯，如图 3.101 所示。单击选择刚绘制完成的楼梯平台，若休息平台未与墙壁贴合，可通过拖曳右侧的小箭头，使其与墙体内参边界重合。

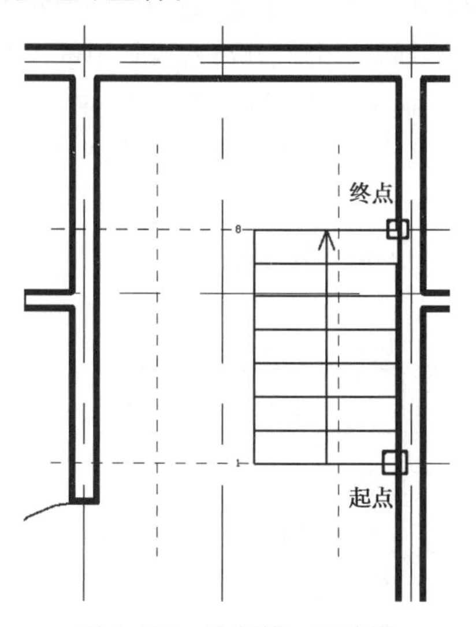

图 3.100 绘制第一跑楼梯

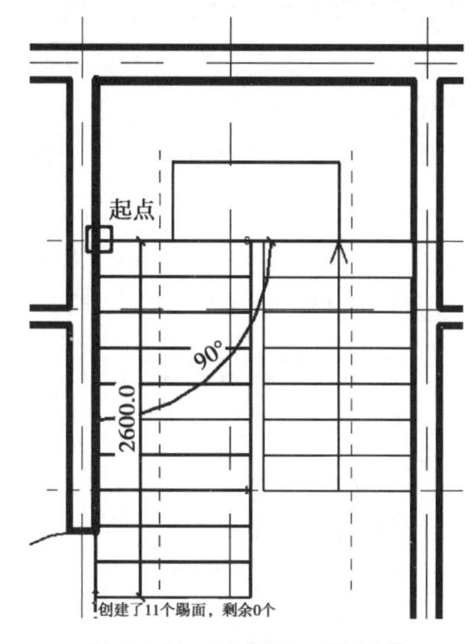

图 3.101 绘制第二跑楼梯

单击“完成编辑模式”按钮，完成室内楼梯的绘制。

【注意】楼梯绘制完成后，有可能出现扶手栏杆没有落到楼梯踏步上。此时可以在视图中选择此扶手单击鼠标右键，选择“翻转方向”命令，扶手自动调整使栏杆落到楼梯踏步上。

2)多层楼梯

绘制完地下一层室内楼梯后,可以通过多层楼梯快速绘制其他层楼梯。进入“-1F”视图,选择本层的楼梯,在“修改楼梯”上下文选项卡内的“多层楼梯”面板中单击“选择标高”命令,弹出“转到视图”对话框,选择“立面:东”,单击“打开视图”(此时,“多层楼梯”面板中变为“连续标高+”和“断开标高-”两个命令,其中“连续标高+”为默认选项,可用框选和“Ctrl”键进行多选),选择“F2”,单击“完成”,如图3.102所示。软件自动创建其他楼层的楼梯和扶手。

切换到三维视图,在属性面板中勾选“剖面框”,调整到合适的角度,可观察楼梯绘制情况,如图3.103所示。

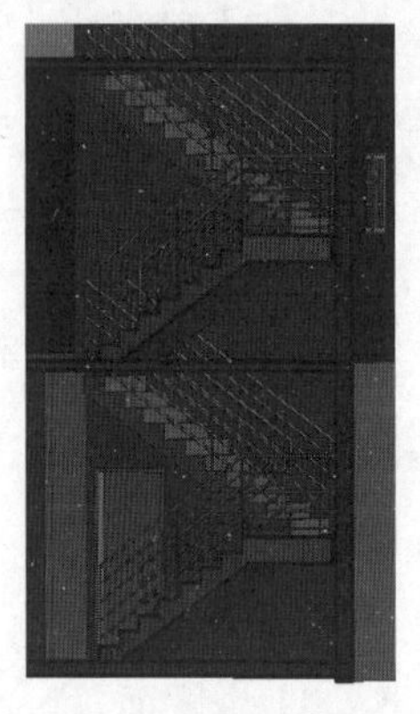

图3.102　多层楼梯绘制

图3.103　剖面框

3)洞口

根据图3.103可以看出,楼梯在二层、三层楼板处不可见,需在楼梯间开设洞口。使用“竖井”命令可以创建一个跨多个标高的垂直洞口,对贯穿其间的屋顶、楼板和天花板进行剪切。

进入“F1”视图,单击“建筑”选项卡,在“洞口”面板中选择“竖井”命令,在“修改创建竖井洞口草图”上下文选项卡内的“绘制”面板中选择“直线”,沿楼梯间内墙绘制如图3.104所示的图形,在属性面板中将竖井“底部限制”设置为“-F1”,顶部限制设置为“F1”,单击“完成编辑模式”完成竖井绘制。同理,在“F2”视图,竖井绘制如图3.105,竖井“底部限制”设置为“F1”,“顶部限制”设置为“F2”。

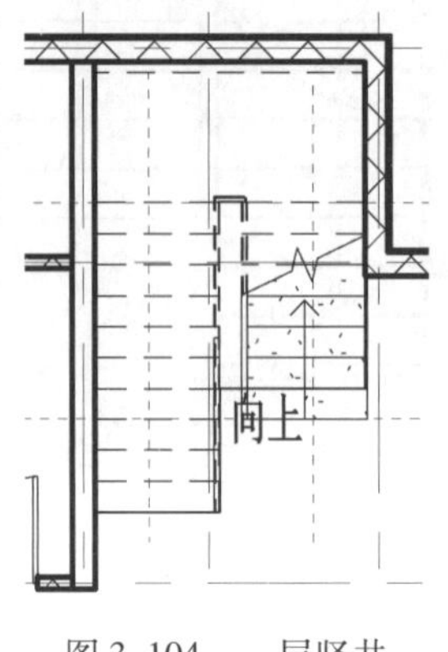

图3.104　一层竖井

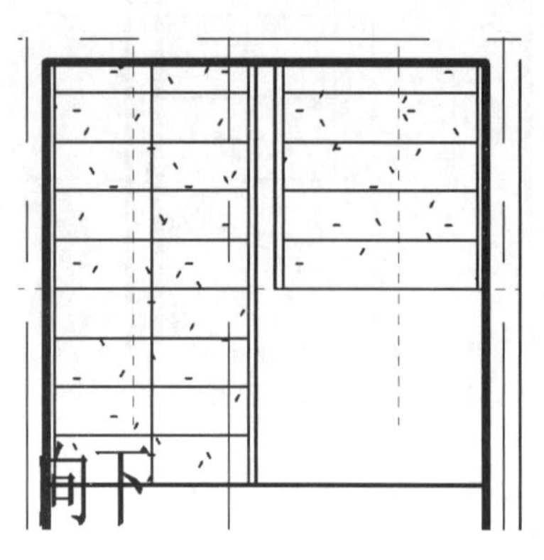

图3.105　二层竖井

4)**栏杆扶手**

在绘制楼梯的过程中,软件将自动生成栏杆,但一些栏杆的绘制不符合实际情况,需要进一步完善室内扶手的绘制。

删除贴墙栏杆:双击项目浏览器中的"-1F",进入地下一层平面视图,双击栏杆扶手,进入草图绘制界面,删除贴墙的栏杆。其余各层的贴墙栏杆也会被一同删除。

从图3.106、图3.107可以看出,伴随着楼梯绘制自动生成的转角处的栏杆扶手并不连续,针对上述两种情况,此处采用以下两种方法进行处理。

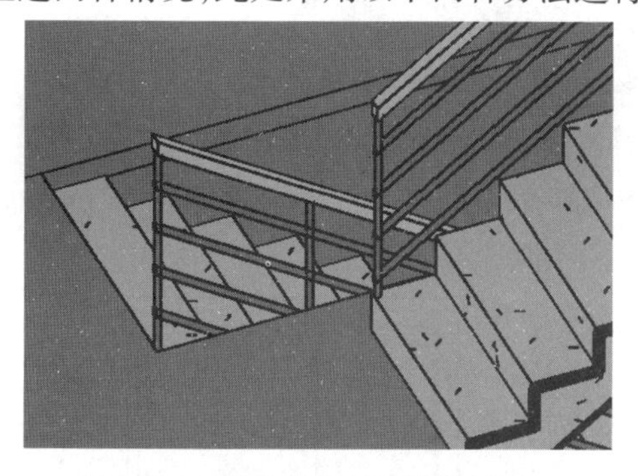

图3.106　转角处栏杆不连续情况一

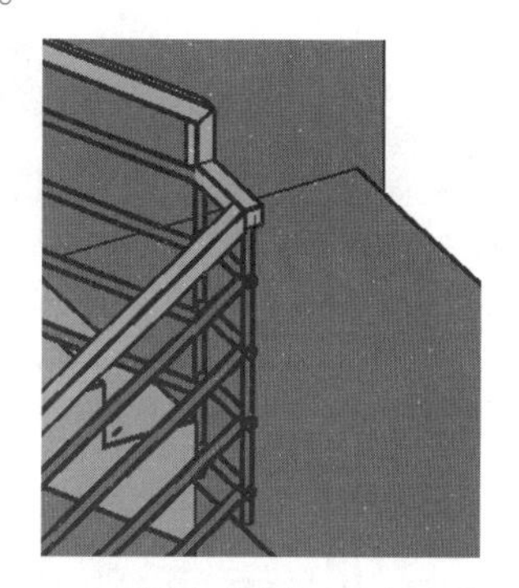

图3.107　转角处栏杆不连续情况二

针对图3.108所示情况:双击项目浏览器中的"F1",进入一层平面视图。单击"栏杆扶手"—"绘制路径"命令,进入草图绘制界面。在属性面板中单击"编辑类型",复制并重命名一个"转角"的栏杆,单击"直线"绘制命令,绘制路径如图3.109所示。

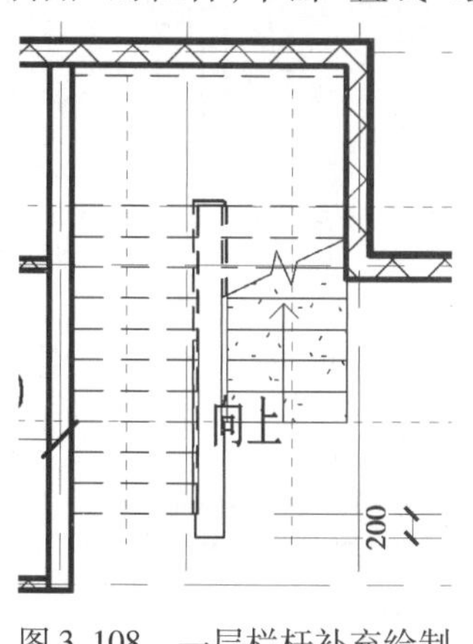

图3.108　一层栏杆补充绘制

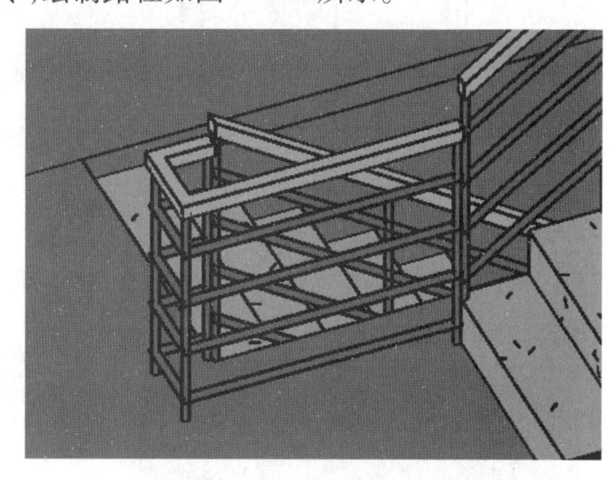

图3.109　补充绘制后示意图

为了解决如图3.106所示的不连续问题,将进行如下操作:选中刚刚绘制的栏杆,将顶部扶栏高度改为"977"(默认是"900")。双击栏杆,进入绘制路径的草图模式,选中连接"F2"的栏杆,在"修改|绘制路径"选项栏中,"坡度"选择"带坡度","高度校正"选择自定义为"100",如图3.110,最终结果如图3.111所示。

修改 | 绘制路径	坡度: 带坡度	高度校正: 自定义	100.0

图3.110　栏杆参数设置

图 3.111　修正后转角处栏杆示意图一

针对图 3.107 所示情况:通常的做法是将转角处的横向栏杆向移动一定的距离,此处将其移动“300 mm”,如图 3.112 所示,最终示意图如图 3.113 所示。

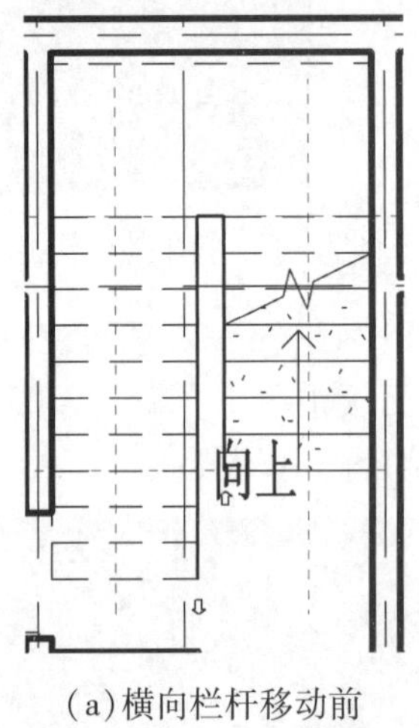

(a)横向栏杆移动前

300
向上

(b)横向栏杆移动后

图 3.112　转角处栏杆不连续处理

在“F2”平面视图中,由于缺少栏杆防护,用户可以利用之前建立的转角栏杆,沿纵向延伸 200 mm 后水平绘制至墙体,如图 3.114 所示。

图 3.113　修正后转角处栏杆示意图二

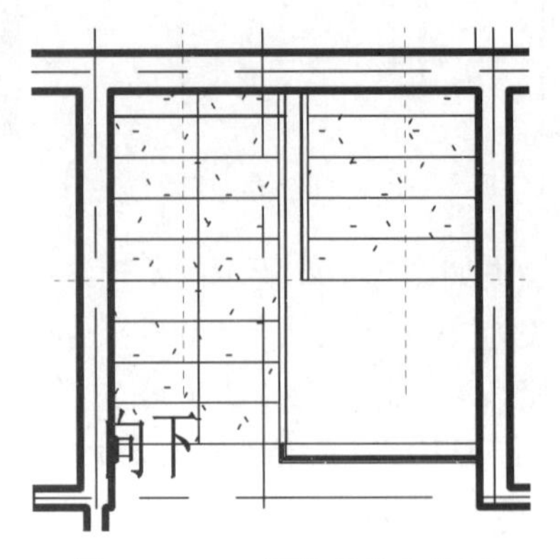

图 3.114　二层扶手补充绘制

3.6　坡道、台阶

3.6.1　坡道

坡道的创建方法和楼梯非常相似,本章将进行简要讲解。

1)普通坡道

坡道参数设置:双击项目浏览器中的“-1F”,进入地下一层平面视图,单击“建筑”选项卡,在“楼梯坡道”面板中选择“坡道”命令,进入绘制模式;在属性面板中,设置“底部标高”为“-1F-1”、“顶部标高”为“-1F-1”、“顶部偏移”为“200”、“宽度”设置为“2500”,如图3.115所示。单击“编辑类型”按钮,打开“类型属性”对话框,复制并重命名为“室外坡道”,设置“造型”为“实体”。单击“工具”面板中的“栏杆扶手”命令,设置“栏杆扶手”类型为“无”。

绘制坡道:单击“绘制”面板中的“梯段”命令,选择“线”,移动光标到绘图区域,以M1824门中心为原点,从左到右拖曳光标绘制坡道梯段,输入数字2400完成绘制,单击“完成编辑模式”命令,创建坡道,如图3.116所示。单击“向上翻转楼梯的方向”箭头,如图3.117所示,至此,普通坡道绘制完成,三维示意图如图3.118所示。

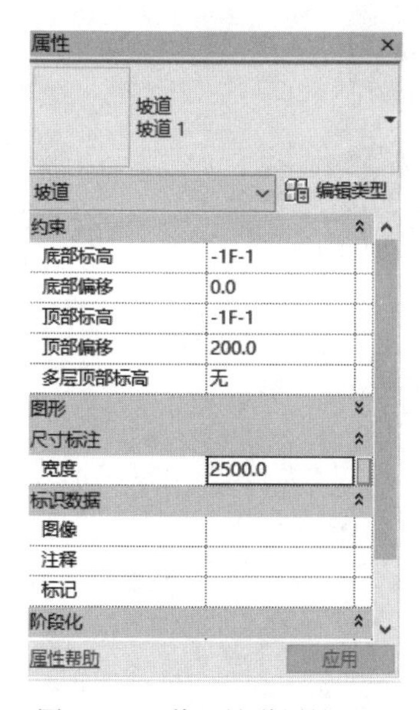

图3.115　普通坡道属性设置

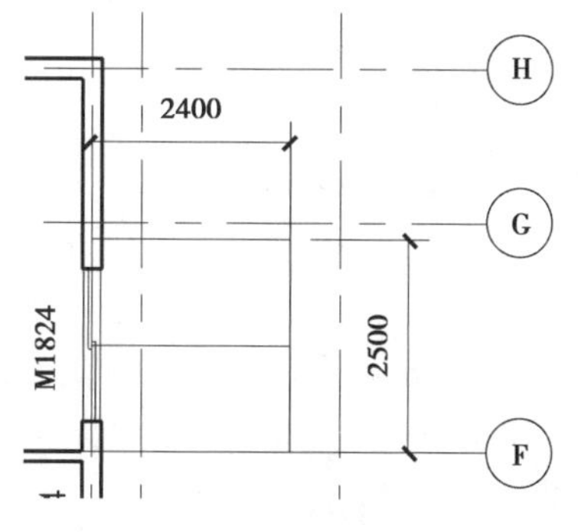

图3.116　普通坡道绘制

2)带边坡的坡道

前述“坡道”命令不能创建两侧带边坡的坡道,本教程推荐使用“楼板”命令来创建。

在项目浏览器中双击项下的“-1F”,打开“-1F”平面视图。单击“楼板”命令,单击“编辑类型”,在类型属性选择“结构”栏的“编辑”键,勾选“可变”,如图 3.119 所示,在右下角入口处绘制如图 3.120 所示楼板的轮廓。选择刚绘制的平楼板。“形状编辑”面板显示几个形状编辑工具:添加点,添加分割线,拾取支座等。

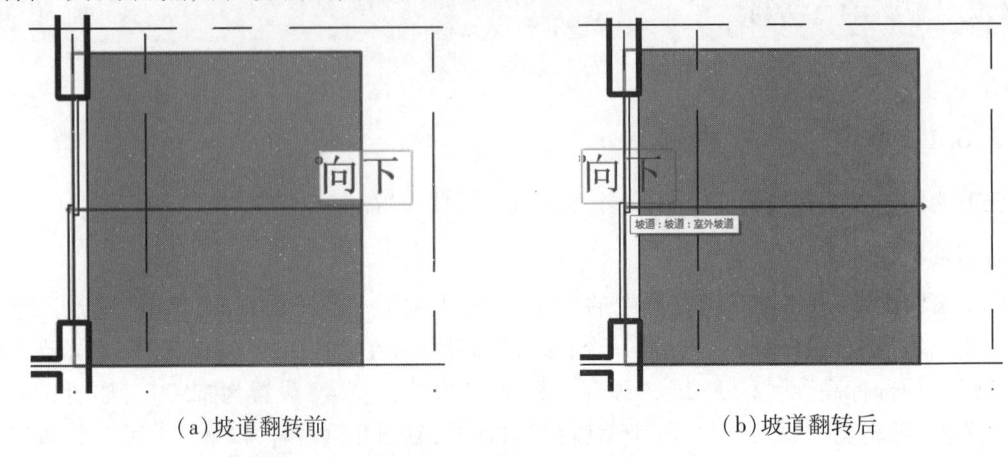

(a)坡道翻转前　　(b)坡道翻转后

图 3.117　坡道方向翻转

图 3.118　普通坡道示意图

编辑部件

族:　楼板
类型:　常规-100mm
厚度总计:　100.0 (默认)
阻力(R):　0.0000 (m²·K)/W
热质量:　0.00 kJ/K

层

	功能	材质	厚度	包络	结构材质	可变
1	核心边界	包络上层	0.0			
2	结构 [1]	<按类别>	100.0	☐	☑	☑
3	核心边界	包络下层	0.0			

图 3.119　勾选“可变”选项

选项栏选择“修改子图元”工具,如图 3.121 所示,单击“添加点”,增加两个点。按一次“Esc”后,分别单击其中一个点,出现蓝色临时相对高程值(默认为 0),单击文字输入“200”后按“Enter”键,将该边界线相对其他线条抬高 200 mm,两个点的高程抬高后如图 3.122 所示。

按照相同的方法,在楼板 4 个角点依次完成上述操作,在相对高程选项中输入“-100”(本例中楼板厚度为 100 mm,故选择输入-100),完成后按“Esc”键结束编辑命令,平楼板变为带边坡的坡道,结果如图 3.123 所示。

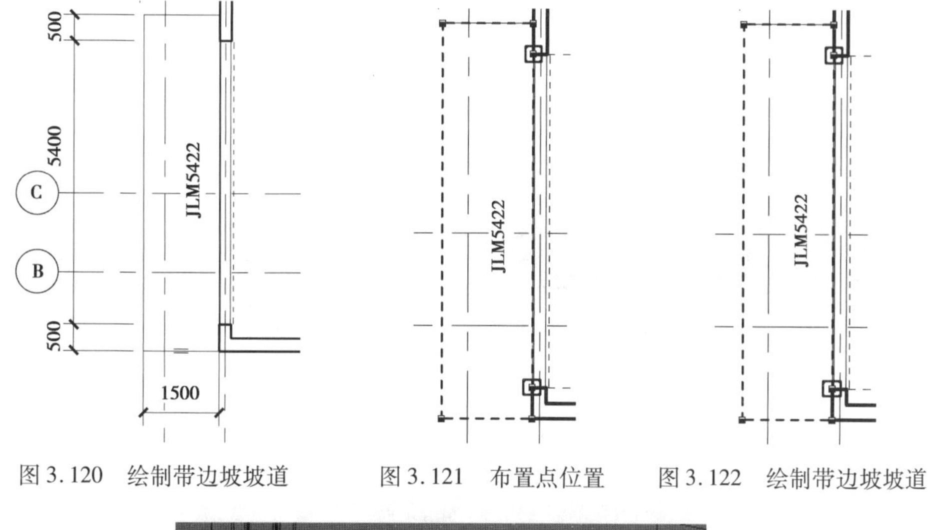

图 3.120　绘制带边坡坡道　　图 3.121　布置点位置　　图 3.122　绘制带边坡坡道

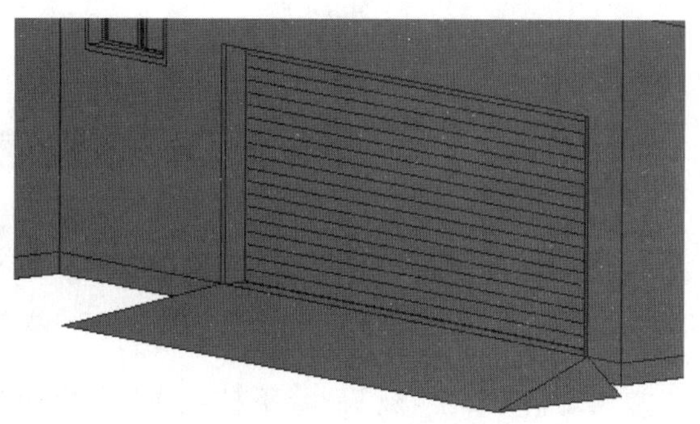

图 3.123　带边坡坡道示意图

▶ 3.6.2 台阶

Revit 中没有专用的“台阶”命令,可以采用创建在位族、外部构件族、楼板边缘、楼梯等方式创建各种台阶模型。本节讲述用楼板边缘命令创建台阶的方法。

绘制北侧主入口处的室外楼板:在项目浏览器中双击“楼层平面”项下的“F1”,打开“F1”平面视图。单击“楼板”命令,在属性对话框中单击“编辑属性”,复制并重命名为“室外—450 mm”,单击结构中的“编辑”,结构层厚度改成“450 mm”,单击“确定”关闭对话框。选择“直线”命令绘制如图 3.124 所示楼板的轮廓。

添加楼板两侧台阶:这里采用自定义轮廓族来绘制台阶。

单击“文件”—“新建”—“族”,在文件中找到“公制轮廓”。单击打开后,绘制台阶剖面形状,如图 3.125 所示。

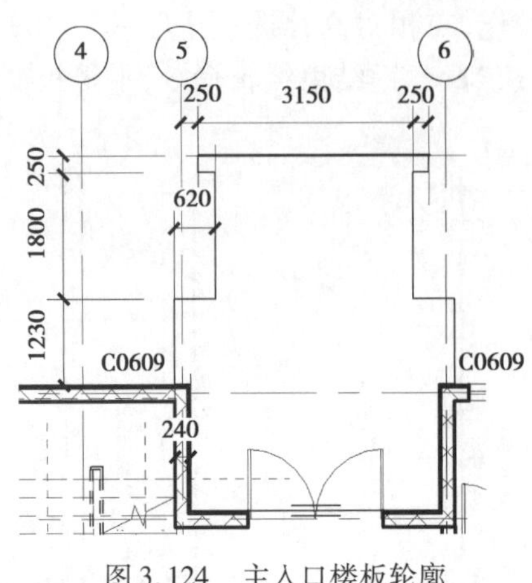

图 3.124　主入口楼板轮廓

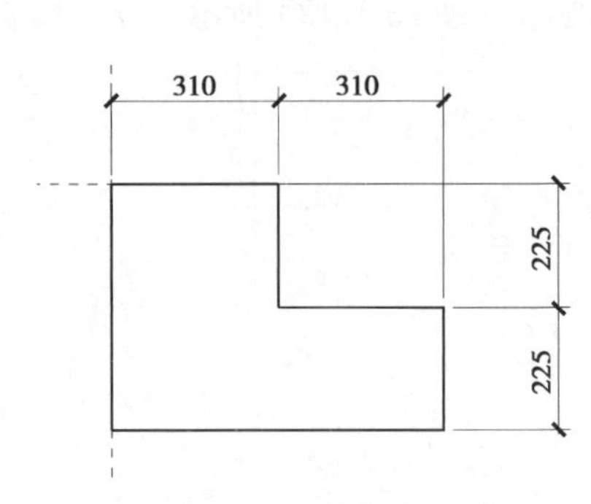

图 3.125　轮廓族一

单击“族类别和族参数”，如图 3.126 所示，将“轮廓用途”改为“楼板边缘”，如图 3.127 所示。如不进行此步而使用“楼板边缘”命令时无法识别该族。单击“族编辑器”中的“载入到项目并关闭”，保存文件并命名为“室外台阶 1”。

图 3.126　族类别和族参数

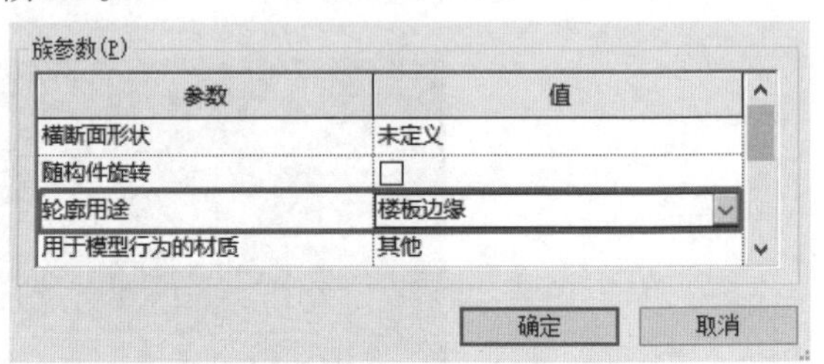

图 3.127　族参数设置

打开三维视图，单击“常用”选项卡“楼板”命令下拉菜单“楼板边缘”命令，单击“编辑类型”，复制并重命名为“室外台阶 1”，在“轮廓”中选择刚刚创建的“室外台阶 1”类型。

移动光标到楼板一侧凹进部位的水平上边缘，边线高亮显示时单击鼠标放置楼板边缘。最终完成效果图如图 3.128 所示。

下面来创建地下一层台阶，完成效果图如图 3.129 所示。这里采用相同的方法，用“楼板边缘”命令给地下一层南侧入口处添加台阶。

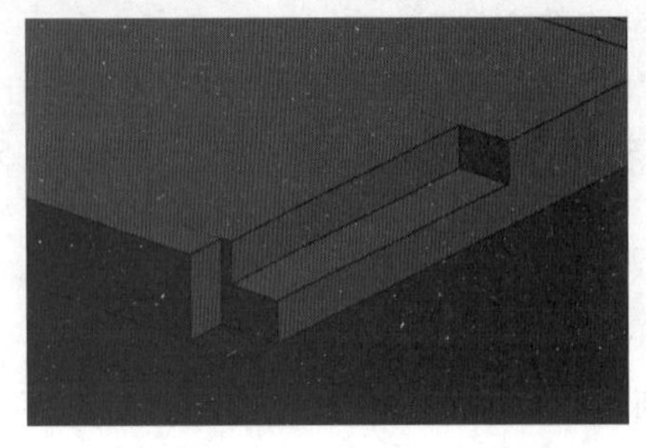

图 3.128　主入口台阶示意图

图 3.129　地下一层台阶示意图

自定义轮廓族：利用前述的方法，单击“文件”—“新建”—“族”，在文件中找到“公制轮廓”。绘制如图3.130所示的轮廓族,将“轮廓用途”改为“楼板边缘”,保存并命名为“室外台阶2”。

台阶的创建:选择“楼板边缘”命令,在类型选择器中选择“室外台阶2”,在三维视图中拾取楼板的上边缘单击放置台阶,如图3.131所示。

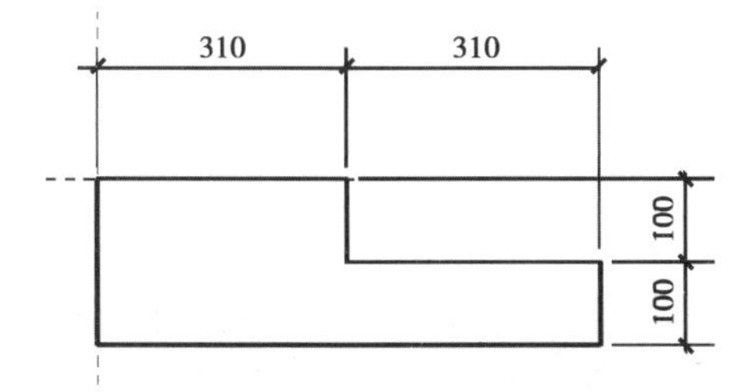

图3.130　轮廓族二

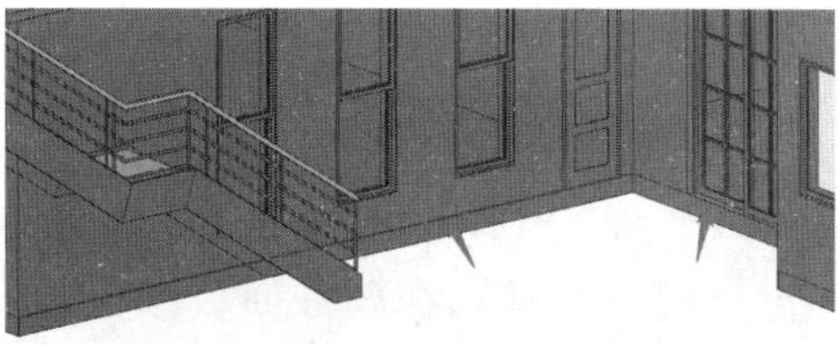

图3.131　楼板的上边缘位置

完成楼板边缘命令后,单击如图3.132所示的高亮部分台阶,拖曳线段端点,使其长度变为“1 200 mm”,如图3.133所示。

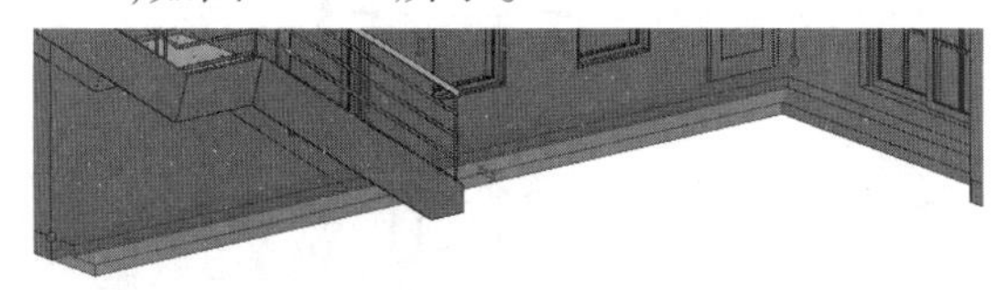

图3.132　拖曳前台阶

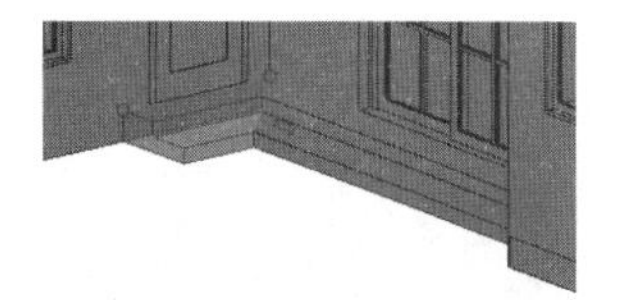

图3.133　拖曳后台阶

进入“-1F”楼层平面,利用“基本墙:常规-100 mm”,在短边台阶边缘,绘制如图3.134所示的墙体,在属性面板中将“底部约束”设置为“-1F-1”,“顶部约束”设置为“-1F-1”,“顶部偏移”设置为“400”。

进入三维视图,双击刚创建的墙体,编辑其轮廓。利用“直线”命令连接边框上边和右边的中点,如图3.135所示,至此完成室外台阶的绘制。

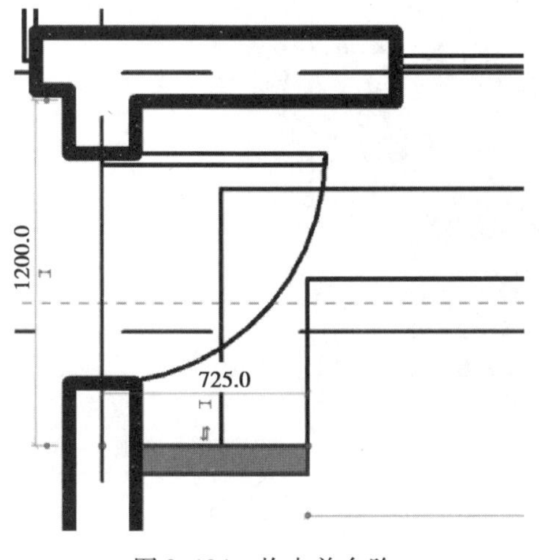

图3.134　拖曳前台阶

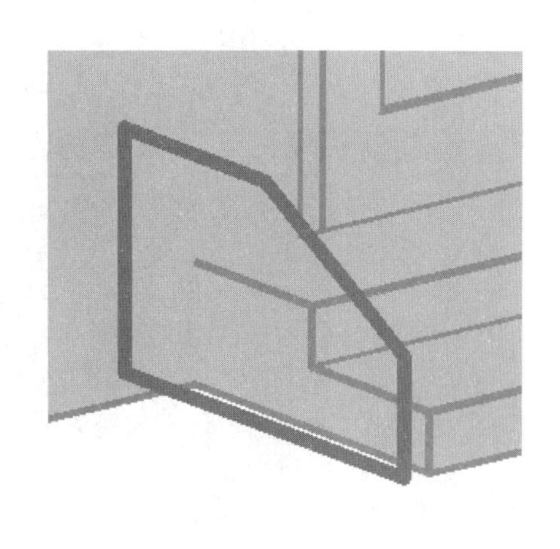

图3.135　拖曳后台阶

3.7 柱

▶ 3.7.1 结构柱

1)地下一层平面结构柱

在项目浏览器中双击"楼层平面"项下的"-1F-1",打开"-1F-1"平面视图。单击"建筑"—"柱"—"结构柱",在属性面板中单击"编辑类型",载入"混凝土—矩形—柱 300 mm×450 mm",复制并将其改为"结构柱 250 mm×450 mm",底部标高设置为"-1F-1",顶部标高修改为"F1",底部偏移设置为"0"。如图 3.136 所示为单击放置结构柱(可先放置结构柱,然后编辑临时尺寸调整其位置)。

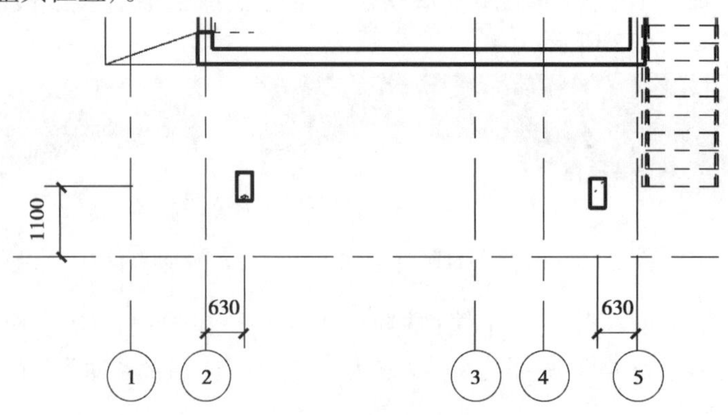

图 3.136 结构柱位置示意图

打开三维视图,选择刚绘制的结构柱,在选项栏中单击"附着"命令,再单击拾取一层楼板,将柱的顶部附着到楼板下面,最终结果如图 3.137 所示。

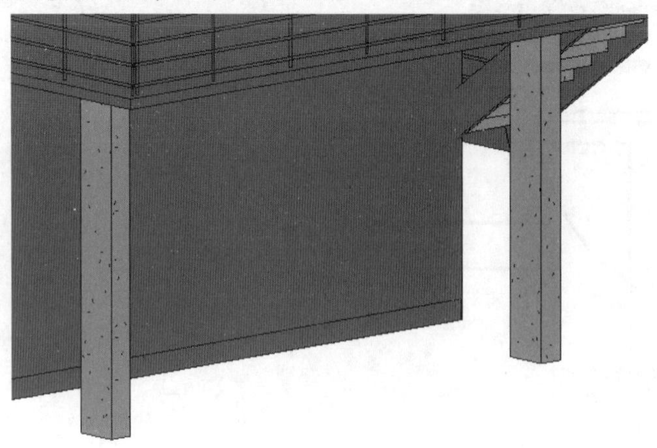

图 3.137 结构柱附着后示意图

2)一层平面结构柱

单击设计栏“结构”—“结构柱”命令,在类型选择器中选择柱类型“混凝土—矩形—柱”,单击“编辑类型”,复制并重命名为“结构柱 350 mm×350 mm”,在类型属性面板中将 b 和 h 均修改为“350”。如图 3.138 所示位置尺寸,在主入口上方单击放置两个结构柱。进入三维视图,选择刚才建立的两根结构柱,在属性浏览器中,设置参数“底部标高”为“0F”,“顶部标高”为“F1”,“顶部偏移”为“2800”。

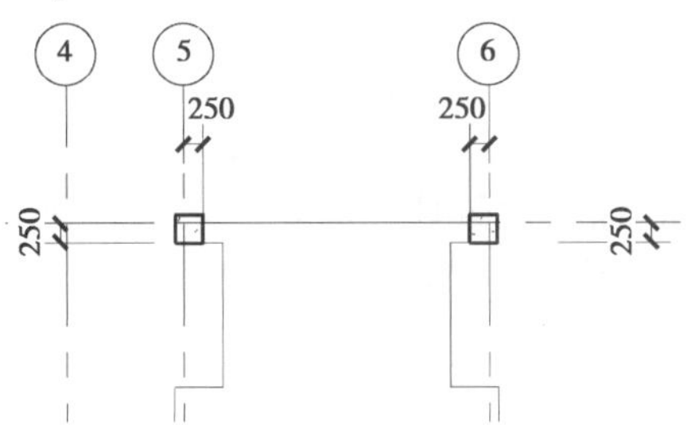

图 3.138 主入口结构柱位置示意图

同理,单击设计栏“建筑”—“柱”命令,在类型选择器中单击“编辑类型”按钮,复制并重命名为“结构柱 250 mm×250 mm”,将 b 和 h 均修改为“250”,设置“底部偏移”为“2800”,单击“确定”按钮。这时“矩形柱 250 mm×250 mm”底部正好在“结构柱 350 mm×350 mm”顶部的中心位置。单击捕捉两个结构柱的中心位置,在结构柱上方放置两个结构柱。并在三维图中选中新建的两根柱子,在属性浏览器中选择“底部标高”为“F1”,“顶部标高”为“F2”,“底部偏移”为“2800”。选择两个矩形柱,选项栏单击“附着”命令,再单击拾取上面的屋顶,将矩形柱附着于屋顶下面。

从图 3.139(a)中可以看出,使用附着命令后,柱顶与屋面不是斜接的,此时用户需要单击两根柱子,在属性面板下的构造栏中,将“顶部附着对正方式”选项改为“最大相交”,单击“应用”即可,最终示意图如图 3.139(b)所示。

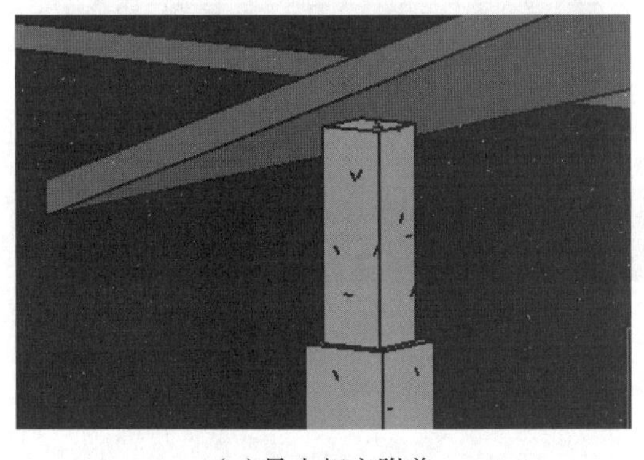

(a)最小相交附着

(b)最大相交附着

图 3.139 结构柱附着屋顶

▶ 3.7.2 建筑柱

建筑柱与结构柱的创建和放置方法类似,单击“建筑”选项卡,在“构建”面板“柱”命令的下拉按钮中选择“柱:建筑”命令进行创建和放置。

在选项栏上有下列内容:

放置后旋转:选择此选项可以在放置柱后立即将其旋转。

标高:(仅限三维视图)为柱的底部选择标高,在平面视图中,该视图的标高即为桩的底部标高。

高度:此设置从柱的底部向上绘制。要从柱的底部向下绘制,请选择“深度”。

标高/未连接:选择柱的顶部标高;或者选择“未连接”,然后指定柱的高度。

房间边界:选择此选项可以在放置柱之前将其指定为房间边界。

设置完成后,在绘图区域中单击以放置柱。通常情况下,通过选择“轴线或墙放置柱”时将使柱对齐轴线或墙。如果在随意放置柱之后要将它们对齐,请单击“修改”选项卡下“修改”面板中的“对齐”工具,然后根据状态栏的提示,选择要对齐的柱。在柱的中间是两个可用于选择对齐的垂直参照平面。

下面来创建案例中的建筑柱。

在项目浏览器中双击“楼层平面”项下的“F2”,打开二层平面视图,创建二层平面建筑柱。单击“建筑”—“柱:建筑”命令,在类型选择器中选择柱类型“矩形柱 475 mm×610 mm”,单击“编辑类型”,复制并修改为“矩形柱—300 mm×200 mm”。移动光标捕捉 B 轴与②轴的交点单击放置建筑柱,C 轴与⑤轴的交点,单击“Enter”键可以调整柱的方向,再单击鼠标左键放置建筑柱,其余柱的位置如图 3.140 所示,选中所有新建的建筑柱,在属性面板中将“顶部偏移”设置为“-400”,最终效果图如图 3.141 所示。

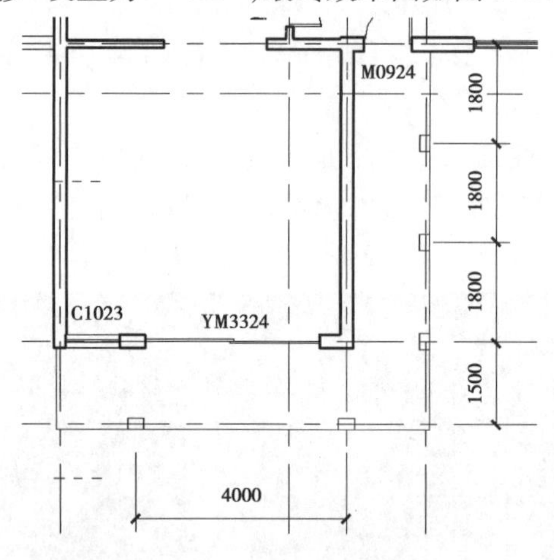

图 3.140　建筑柱布置示意图

图 3.141　建筑柱完成示意图

3.8　雨篷及其他室外构件

3.8.1　雨篷

接下来将创建二层南侧雨篷,该雨篷的创建分为顶部玻璃和工字钢梁两部分。

1)二层雨篷玻璃

顶部玻璃可以用的“玻璃斜窗”快速创建。

绘制雨篷玻璃:双击“楼层平面”项下的“F2”,打开“F2”平面视图。单击“建筑”—“屋顶”—“迹线屋顶”命令,在属性面板中,选择“玻璃斜窗”,单击“编辑类型”,复制并命名为“二层雨篷”,单击确定。选择“线”命令,如图 3.142 所示绘制屋顶轮廓线。在属性面板中,设置“底部标高”为“F3”,“自标高的底部偏移”为“-400”,设置坡度为“0”。单击“完成屋顶”命令,即创建了二层南侧雨篷玻璃,如图 3.143 所示。

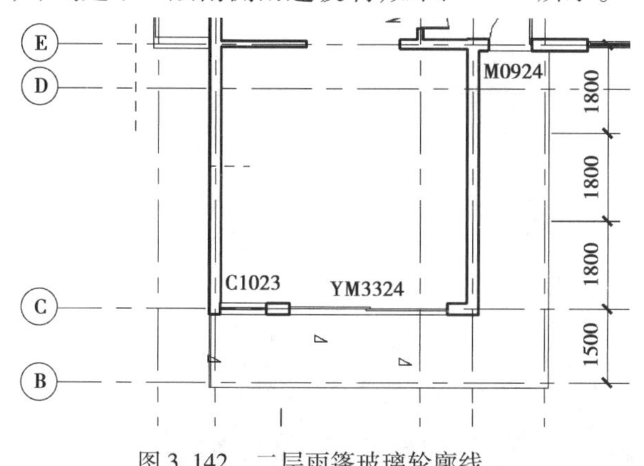

图 3.142 二层雨篷玻璃轮廓线

图 3.143 二层雨篷玻璃完成示意图

2)二层雨篷工字钢梁

二层南侧雨篷玻璃下面的支撑工字钢梁,可以使用在位族方式进行手工创建。在位族是在当前项目的关联环境内创建的族,该族仅存在于此项目中,而不能载入其他项目。通过创建在位族,可在项目中为项目或构件创建唯一的构件,该构件用于参照几何图形。

外围工字梁创建:在项目浏览器中双击“天花板平面”项下的“F2”。单击“建筑”—“构件”—“内建模型”命令,如图 3.144 所示,“放样”命令如图 3.145 所示。

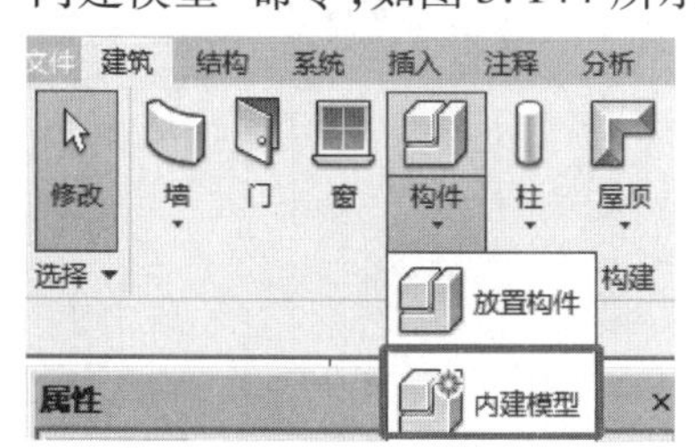

图 3.144 在位族创建

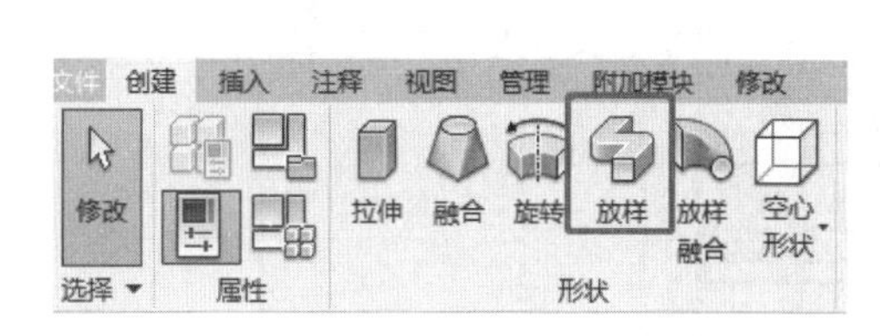

图 3.145 放样

在“族类别和族参数”对话框中选择适当的族类别(案例中为了能将柱附着,新建族类别为“屋顶”或“楼板”),命名为“雨篷工字梁 1”,进入族编辑器模式。单击“放样”—“绘制路径”命令,绘制如图 3.146 路径,单击“完成路径”命令完成路径绘制(两侧开端处延伸至墙体中心)。

单击“编辑轮廓”命令,“进入视图”对话框中选择“立面:北”,切换至北立面。绘制如图 3.147 所示轮廓,该工字梁厚度为“10 mm”,高度为“130 mm”,宽度“200 mm”,单击“Enter”

键。在属性面板中将其材质改为“金属—铝—白色”,勾选“使用渲染外观”,单击完成模型,完成示意图如图 3.148 所示。

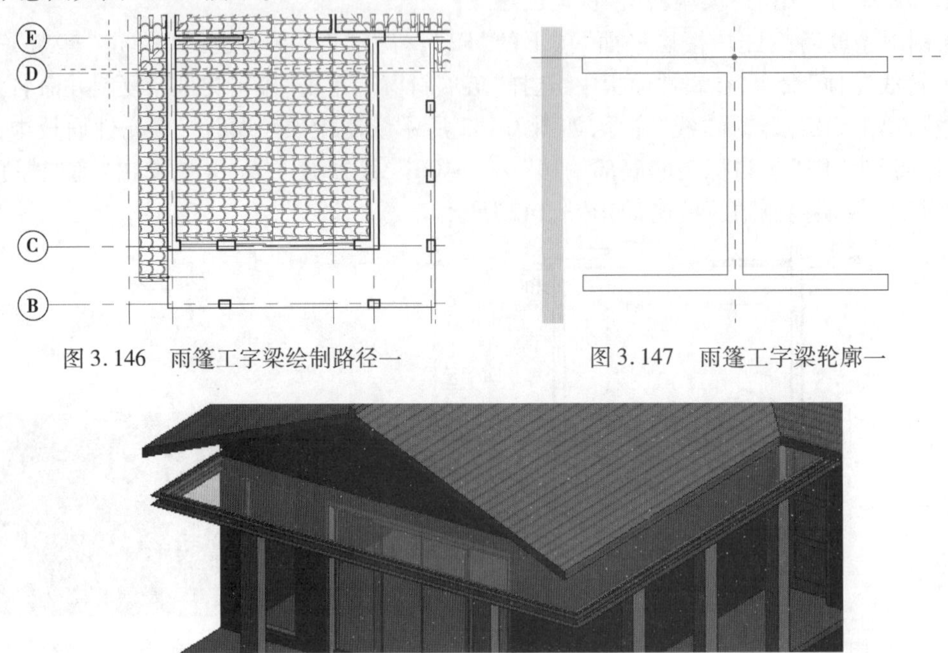

图 3.146　雨篷工字梁绘制路径一

图 3.147　雨篷工字梁轮廓一

图 3.148　雨篷工字梁三维示意图

支撑工字梁创建:和外围工字梁做法一致。在项目浏览器中双击“天花板平面”项下的“F2”。单击“建筑”—“构件”—“内建模型”命令,选择“屋顶”或者“楼板”,命名为“雨篷工字梁 2”,进入在位族编辑。路径位于平行靠近轴建筑柱中心线,如图 3.149 所示,工字梁轮廓图如图 3.150 所示,该工字梁厚度为 10 mm,高度为 110 mm,宽度 100 mm。在属性面板中将其材质改为“金属—铝—白色”,勾选“使用渲染外观”,完成模型。

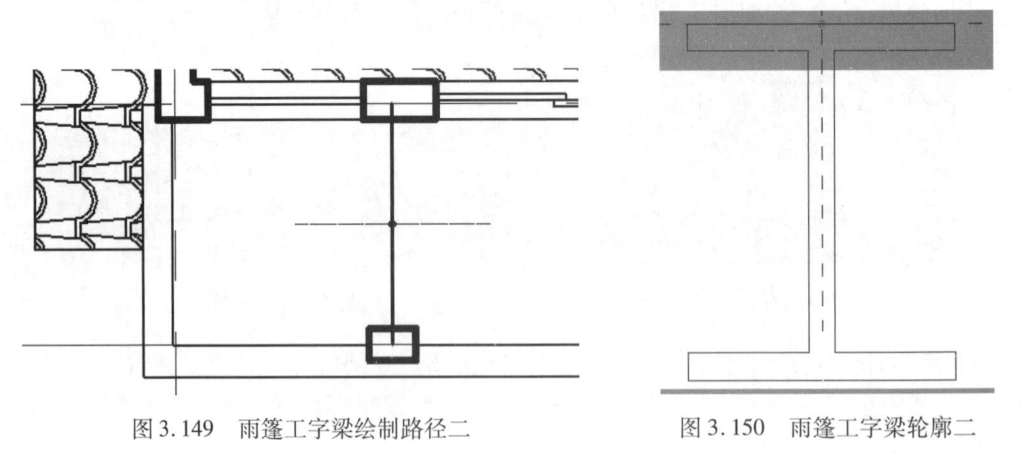

图 3.149　雨篷工字梁绘制路径二

图 3.150　雨篷工字梁轮廓二

利用“复制”和“旋转”命令创建其余支撑工字梁。打开天花板平面下的“F2”,在“修改|放样>绘制路径中”选择“复制”命令,并勾选多个,间距 1000 水平向右复制 4 个支撑工字梁,如图 3.151 所示。

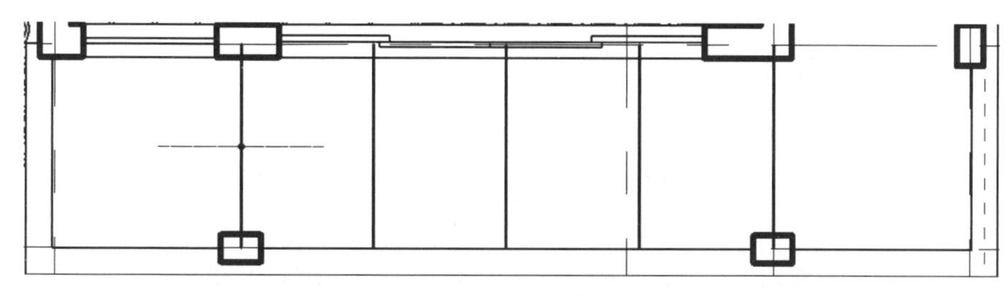

图 3.151　复制工字梁

选择最右边的支撑工字梁,单击“旋转”命令,将旋转点移至轴线相交点,如图 3.152 所示,旋转后示意图如图 3.153 所示。

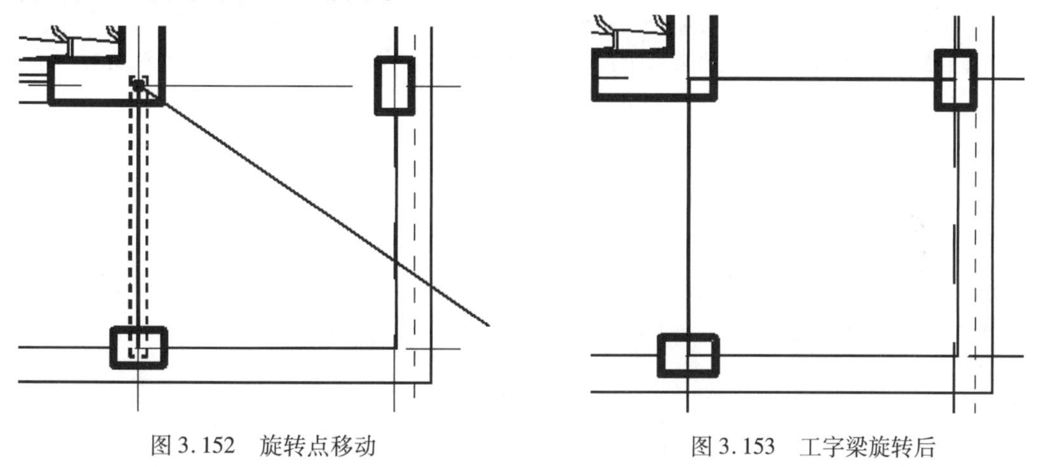

图 3.152　旋转点移动　　　　图 3.153　工字梁旋转后

同理,利用“复制”命令,选择刚旋转后的支撑工字梁,间距“1800”,向上复制两个支撑工字梁,最[illegible]所示。

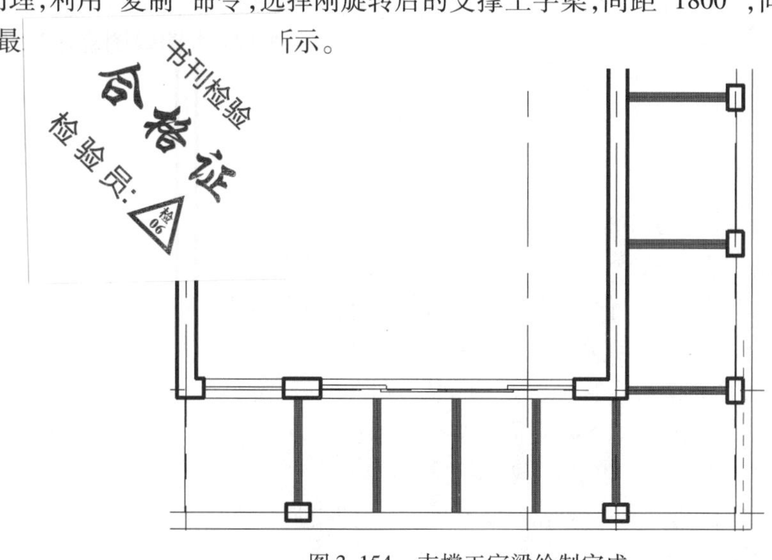

图 3.154　支撑工字梁绘制完成

最后,单击完成模型绘制,返回三维视图,将所有建筑柱附着在支撑工字钢下面,最终示意图如图 3.155 所示。

图 3.155　雨篷工字梁完成示意图

▶ 3.8.2　阳台扶手

前面介绍过部分有关于栏杆扶手的创建方法,这一小节将进一步介绍有关栏杆扶手的创建方法。首先来创建二层阳台拐角处的玻璃栏板扶手。

1)玻璃栏板扶手

新建木扶手轮廓族:单击菜单“文件”—“新建”—“族”命令,选择“公制轮廓-扶栏. rft”为族样板,单击“打开”。族样板如图 3.156 所示。设计栏单击“线”命令,按图 3.157 所示绘制矩形木扶手轮廓。单击菜单栏“文件”—“保存”命令,输入“木扶手”为文件名,单击“保存”。

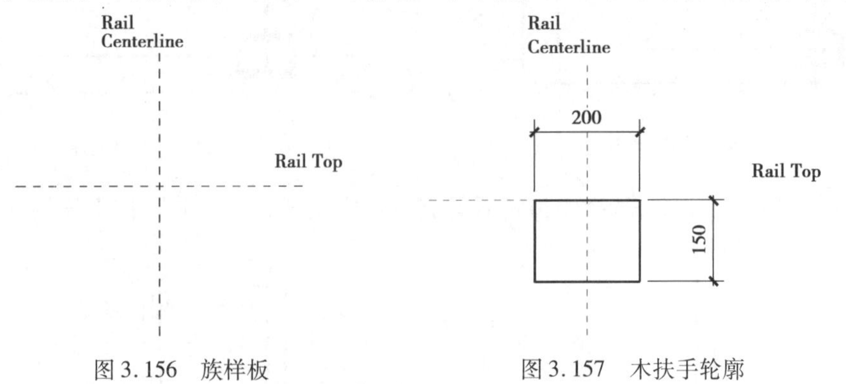

图 3.156　族样板　　　　图 3.157　木扶手轮廓

新建玻璃栏板族:同样的方法,单击菜单“文件”—“新建”—“族”命令,选择“公制轮廓—扶栏. rft”为族样板。绘制如图 3. 158 所示轮廓,单击菜单栏“文件”—“保存”命令,输入“玻璃栏板”为文件名,单击“保存”。

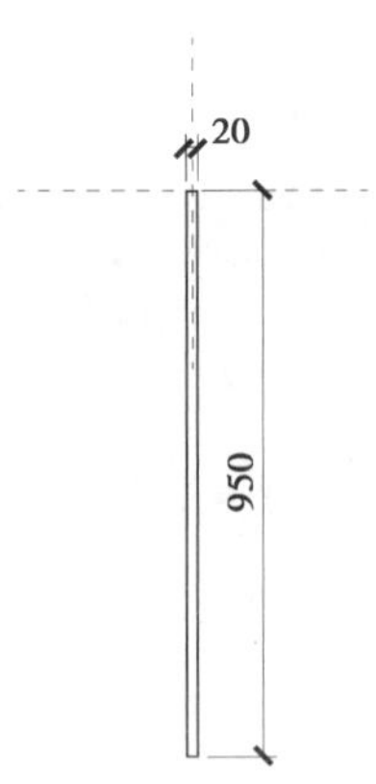

图 3.158　玻璃栏板轮廓

回到别墅项目文件中,单击菜单“插入”—“载入族”命令,定位到刚创建的两个族文件,在按住“Ctrl”键同时选择“木扶手. rte”和“玻璃栏板. rte”族文件,单击“打开”将其载入项目文件中。

编辑阳台扶手:在项目浏览器中双击“楼层平面”项下的“F2”,打开“F2”平面视图。

单击设计栏“建筑”—“栏杆扶手”—“绘制路径”命令,进入绘制扶手路径草图模式,在属性面板中单击“类型属性”,复制并重命名为“阳台扶手”。单击参数“扶手结构”右侧“编辑”按钮,打开“编辑扶手”对话框。单击“栏杆结构”右边的“编辑按钮”,出现如图 3.159 所示对话框,设置如下,在“扶栏”列表中将序号 1 的名称改为“木扶手”、高度设置为“1100”、轮廓选择“木扶手:木扶手”,材质选择“木材—樱桃木”;将序号 2 的名称改为“玻璃栏板”、高度为“950”、轮廓选择“玻璃栏板:玻璃栏板”、材质选择“玻璃”,其余项目删除。单击“确定”,返回“类型属性”对话框。

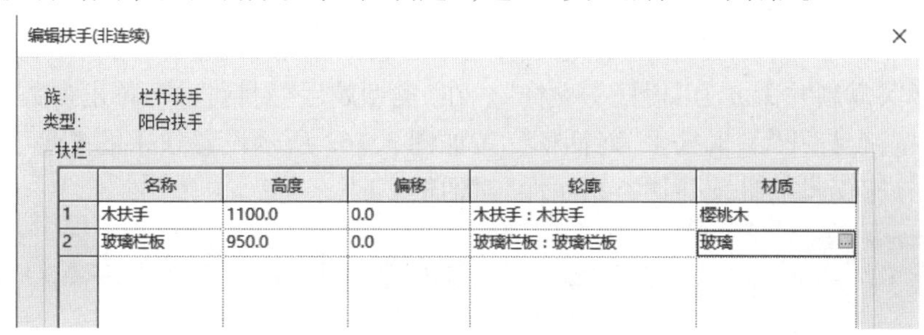
编辑扶手(非连续)

族: 栏杆扶手
类型: 阳台扶手

扶栏

	名称	高度	偏移	轮廓	材质
1	木扶手	1100.0	0.0	木扶手:木扶手	樱桃木
2	玻璃栏板	950.0	0.0	玻璃栏板:玻璃栏板	玻璃

图 3.159　阳台扶手结构参数设置

使用“栏杆扶手”—“绘制路线”命令,单击设计栏“线”命令,在阳台左下角和右下角两个柱子之间绘制直角线,如图 3.160 所示。单击设计栏“完成绘制”命令,创建右下角玻璃栏板扶手。最终效果图如图 3.161 所示。

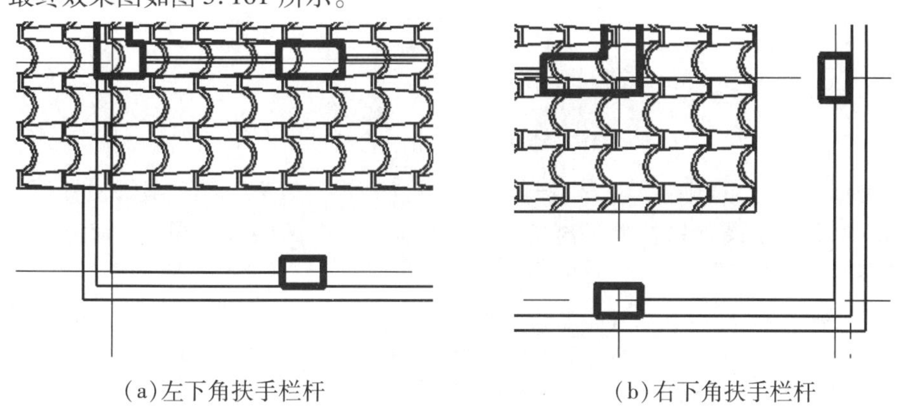

(a)左下角扶手栏杆　　(b)右下角扶手栏杆

图 3.160　阳台扶手绘制路径

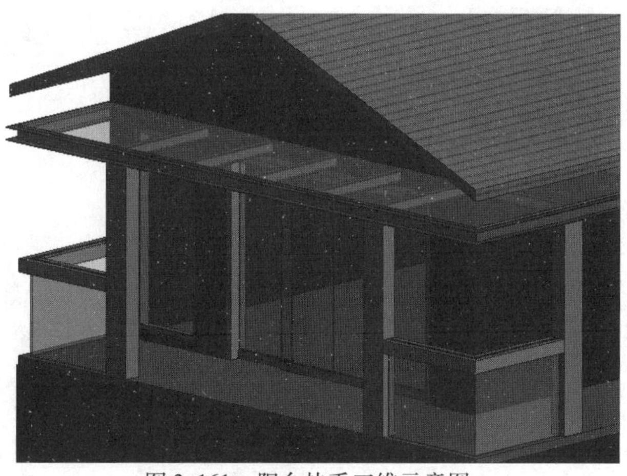

图 3.161　阳台扶手三维示意图

【注意】使用"线"命令绘制扶手时,线必须是连续的,不可以断开,否则将无法生成。因此,以上面绘制的扶手要分两次绘制完成。

2)栏杆—立杆

与阳台扶手创建方法相同,现在介绍绘制其他栏杆扶手的方法。

单击设计栏"建筑"—"栏杆扶手"命令,进入绘制扶手路径草图模式。在属性面板中单击"编辑类型",复制并命名为"栏杆—立杆"。在"类型属性"对话框中,单击参数"扶手结构"右侧"编辑"按钮,打开"编辑扶手"对话框。按如图 3.162 所示设置扶手的高度、轮廓和材质等参数。单击"确定"按钮,返回"类型属性"对话框。

编辑扶手(非连续)

族: 栏杆扶手
类型: 栏杆-立杆

扶栏

	名称	高度	偏移	轮廓	材质
1	木质扶手	1100.0	0.0	椭圆形扶手:40 x 30mm	樱桃木
2	栏杆1	950.0	0.0	矩形扶手:20mm	不锈钢
3	栏杆2	800.0	0.0	矩形扶手:20mm	不锈钢
4	栏杆3	650.0	0.0	矩形扶手:20mm	不锈钢
5	栏杆4	500.0	0.0	矩形扶手:20mm	不锈钢
6	栏杆5	350.0	0.0	矩形扶手:20mm	不锈钢

图 3.162 栏杆—立杆结构参数设置

在"类型属性"对话框中,单击"栏杆位置"右侧"编辑"按钮,打开"编辑栏杆位置"对话框,按如图 3.163 所示设置栏杆族的样式,以及和前一栏杆的距离。单击"确定",完成"栏杆—立杆"参数设置。

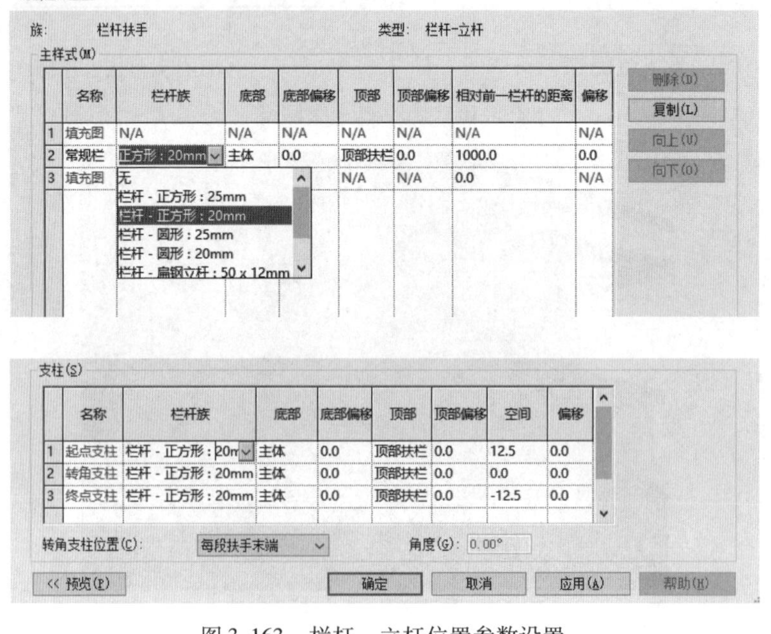

图 3.163 栏杆—立杆位置参数设置

在楼层平面“F2”平面视图中，单击设计栏“线”命令，在阳台以及①轴、⑧轴和 D 轴、E 轴围起来的部分绘制扶手路径线，如图 3.164、图 3.165 所示。需注意的是，每一段栏杆扶手的绘制仍然需要单独绘制，此处为了方便展示，在一个草图中进行绘制。

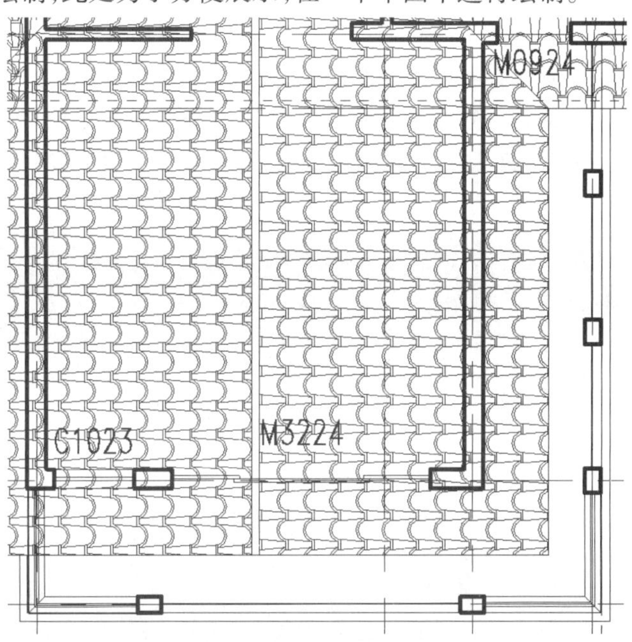

图 3.164　栏杆—立杆绘制路径一

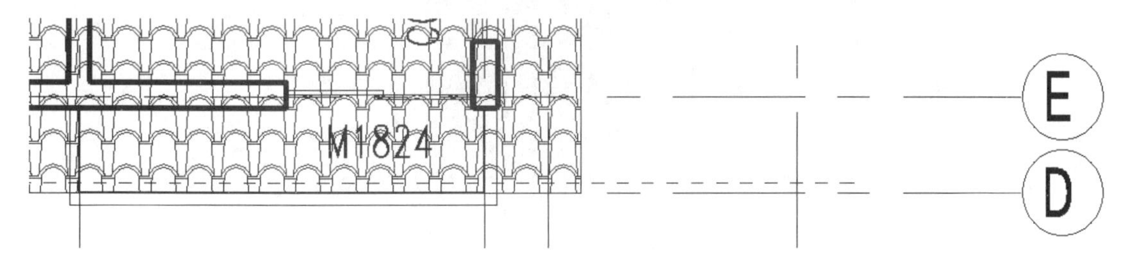

图 3.165　栏杆—立杆绘制路径二

完成绘制后，三维视图如图 3.166 所示。

图 3.166　阳台扶手完成示意图

3.9 场地及其他

地形表面是建筑场地地形或地块地形的图形表示。Revit 中创建地形表面可以使用设计栏“体量和场地”—“地形表面”命令，通过不同高程的点或等高线，连接成用户需要的三维地形表面。默认情况下，楼层平面视图不显示地形表面，可以在三维视图或在专用的“场地”视图中创建。

下面来创建别墅的地形表面。

▶ 3.9.1 地形表面

定位高程点：根据地形需要，可以通过构建参考平面来定位高程点。单击楼层平面下的“场地”，打开场地视图，单击“建筑”—“参照平面”，绘制如图 3.167 所示的参照平面。

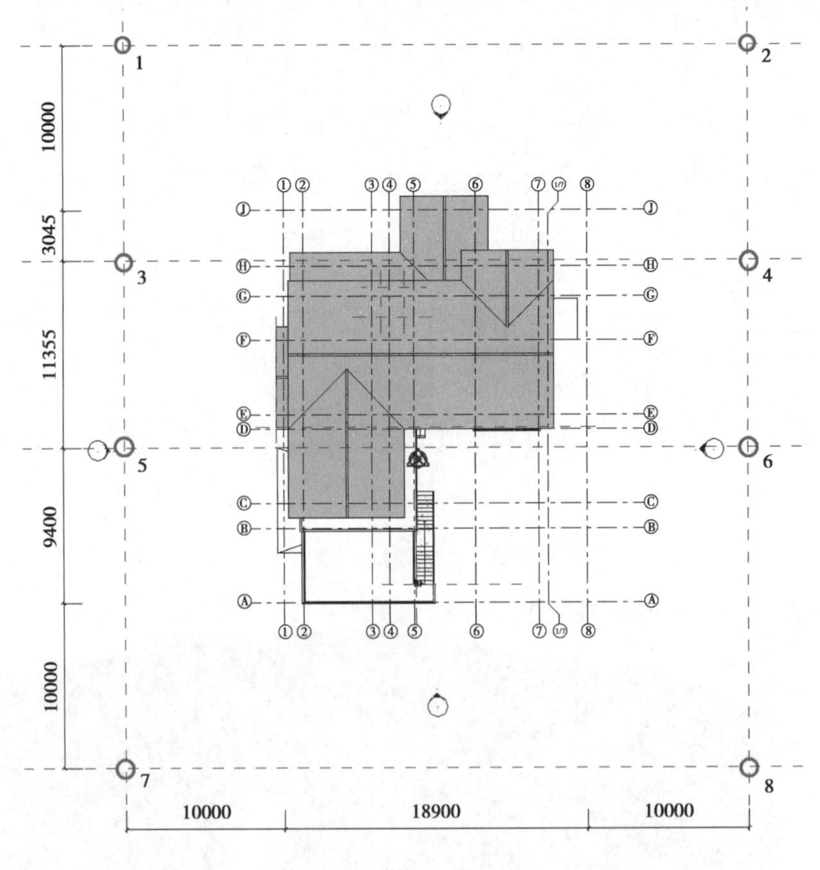

图 3.167 绘制参照平面

确定高程：在项目浏览器中双击“楼层平面”下的“场地”，进入场地平面视图。在“体量和场地”选项卡的“场地建模”面板中选择“地形表面”命令，进入“修改|编辑表面”选项卡，如图 3.168 所示。

在“修改|编辑表面”选项卡内的“工具”面板中选择“放置点”命令,在选项栏中设置高程为“-450”,移动光标至绘图区域,依次单击图3.167中1、2、3、4这4个点,即放置了4个高程为“-450”的点,并形成了以该4点为端点的高程为“-450”的一个地形平面。

同理,再次将光标移至选项栏,双击“高程值”“-450”,设置新值为“-3500”。光标回到绘图区域,依次单击5、6、7、8这4点,放置4个高程为“-3500”的点,单击完成表面设置。

图3.168 体量和场地选项卡

切换至三维视图,选择建成的场地,在属性面板中将材质设置为“场地—草”,关闭所有对话框,此时给场地表面添加了草地材质,如图3.169所示。

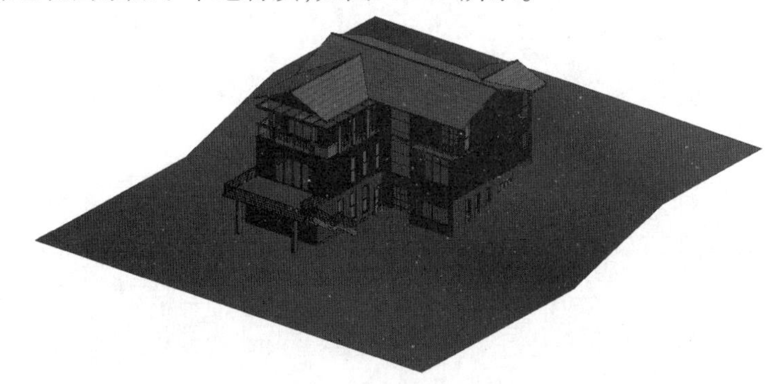

图3.169 别墅地形表面

【注意】地形表面中的“点”和“通过导入创建”两个工具都是创建地形表面的方法。其中“点”即高程点,此工具是利用点的绝对高程来创建地形表面,适用于平面地形或简单的曲面地形;“通过导入创建”是通过导入三维等高线数据或点文件信息来生成地形表面,此方法适用于创建已有真实地形数据的复杂自然地形。

3.9.2 建筑地坪

“建筑地坪”工具适用于快速创建水平地面、停车场、水平道路等,可以为地形表面添加建筑地坪,然后修改地坪的结构和深度。

根据地形需要,首先需要先创建挡土墙。单击“建筑”—“墙”命令,选择“常规—200 mm”基本墙,在属性面板中单击“编辑类型”,复制并重命名“常规—240 mm”,单击“结构”对应的“编辑”按钮,将其结构厚度改为“240 mm”。在楼层平面“-1F”中,按照图3.170所示路径绘制挡土墙,并在属性面板中将其“底部约束”设置为“-1F-1”,顶部约束为“直到标高:F1”,完成设置后效果图如图3.171所示。

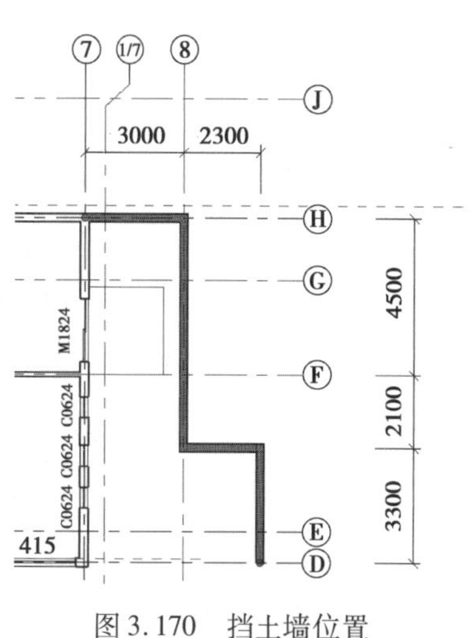

图3.170 挡土墙位置

在项目浏览器中双击“楼层平面”下的“场地”,进入场地平面视图。单击—“体量和场地”—“建筑地坪”命令,进入建筑地坪草图绘制模式,绘制如图3.172所示轮廓。在属性面板中单击“编辑类型”,编辑结构,将其材质修改为“场地—碎石”,完成效果示意图如图3.173所示。

图3.171　别墅地形表面

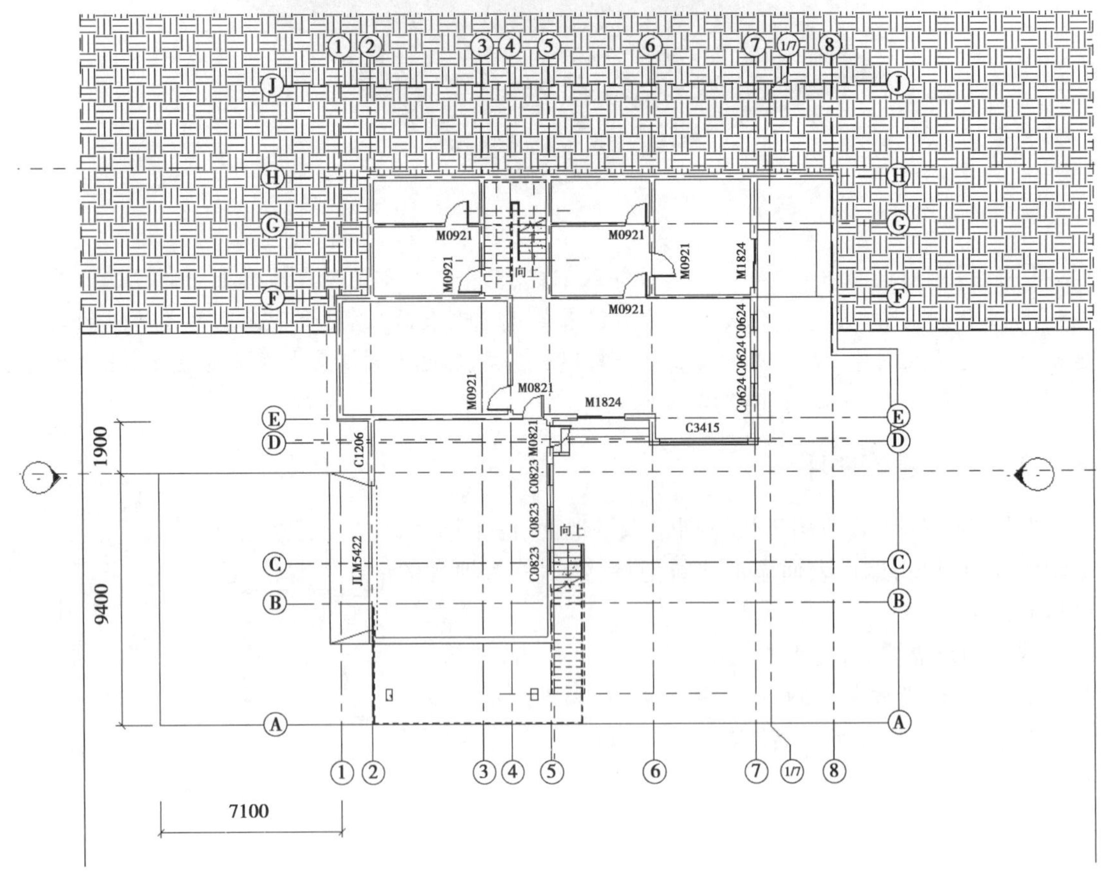

图3.172　建筑地坪草图轮廓

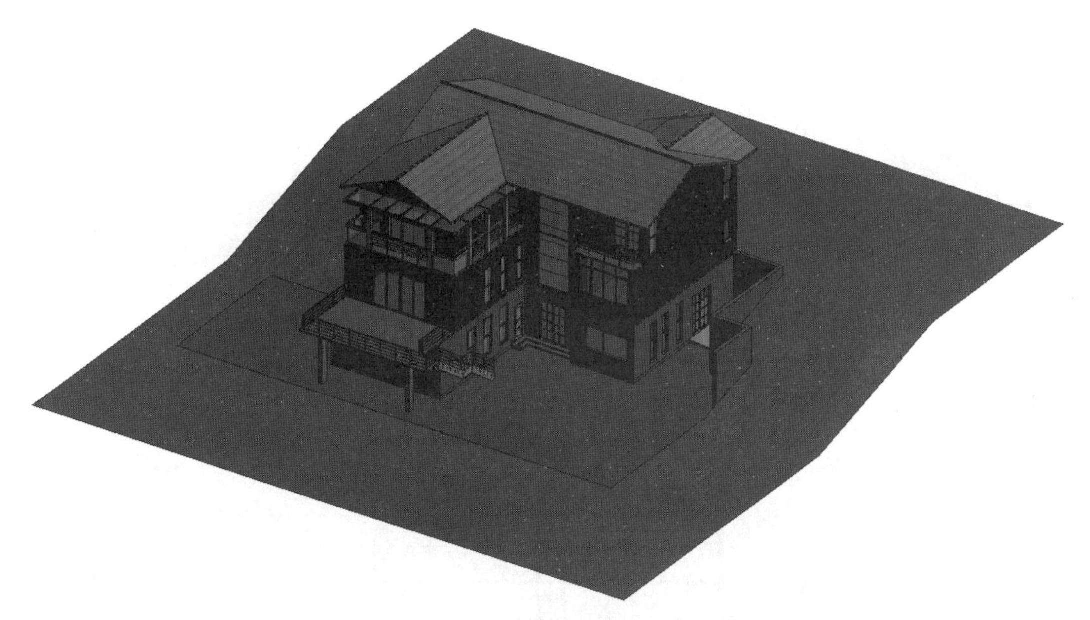

图 3.173 建筑地坪完成效果图

▶ 3.9.3 拆分表面、合并表面、子面域

“子面域”工具是对现有的地形表面绘制一定的区域。例如可以使用子面域在地形表面绘制道路、停车场、转向箭头和禁用标记等内容。“子面域”工具和建筑地坪不同,建筑地坪工程会创造出单独的水平表面,并剪切地形,而创建子面域不会生成单独的地平面,而是在地形表面上圈定了某块可以定义不同属性集(如材质)的表面区域。

创建子面域不会生成单独的表面,若要创建可独立编辑的单独表面,可使用“拆分表面”或“合并表面”工具。

完成绘制建筑地坪后,本小节将使用“子面域”工具在地形表面上绘制道路。

在项目浏览器中双击“楼层平面”下的“场地”,进入场地平面视图。在“体量和场地”选项卡内的“修改场地”面板中使用“子面域”命令,进入草图编辑模式,按图 3.174 所示进行绘制,道路宽“6000 mm”,并将相关直角修改为半径为“4000 mm”的圆弧。

完成子面域草图绘制后,在三维视图中选择刚绘制完成的道路,在属性面板中单击“编辑类型”,将其材质改为“沥青”,完成效果图如图 3.175 所示。

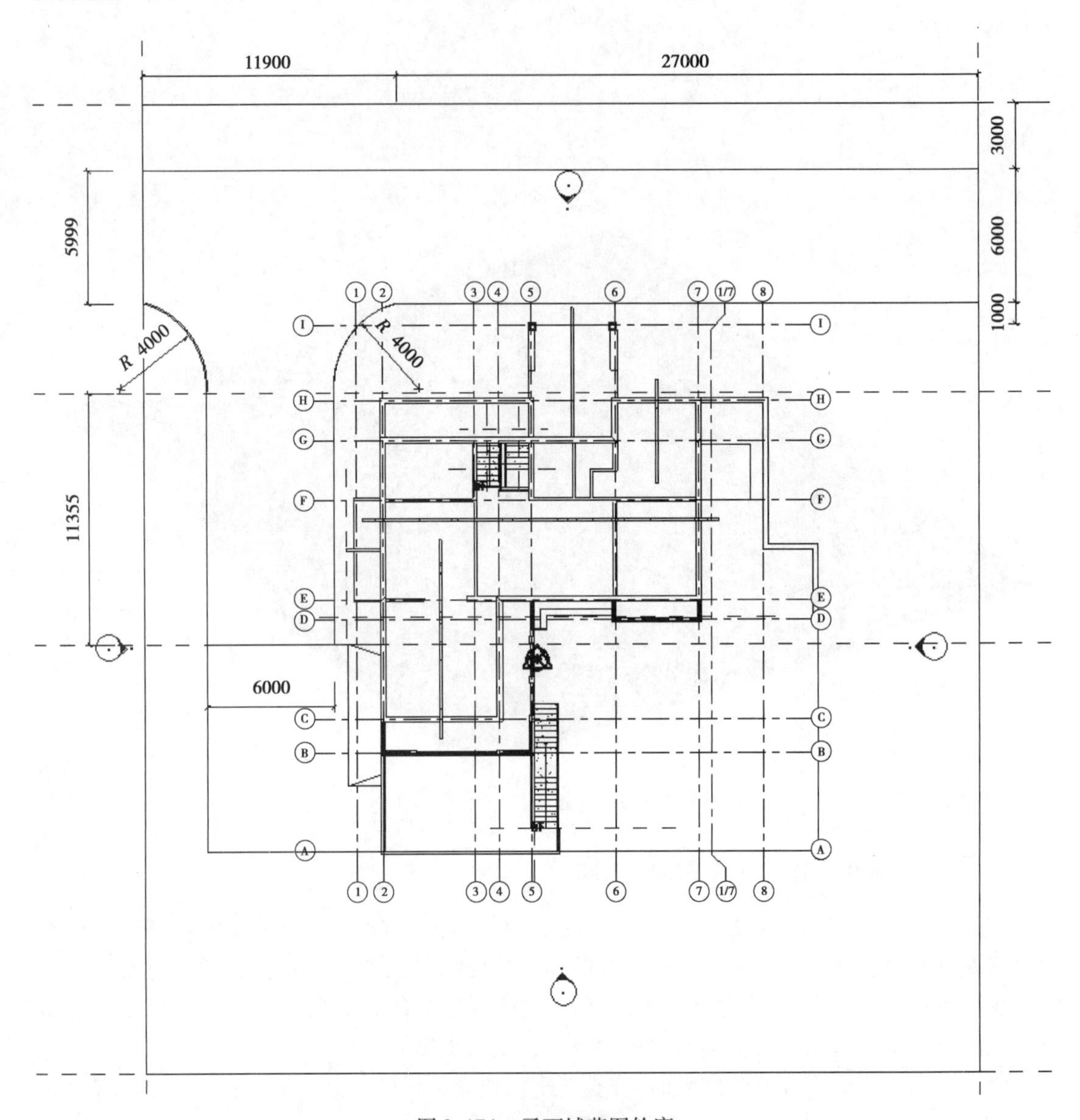

图 3.174　子面域草图轮廓

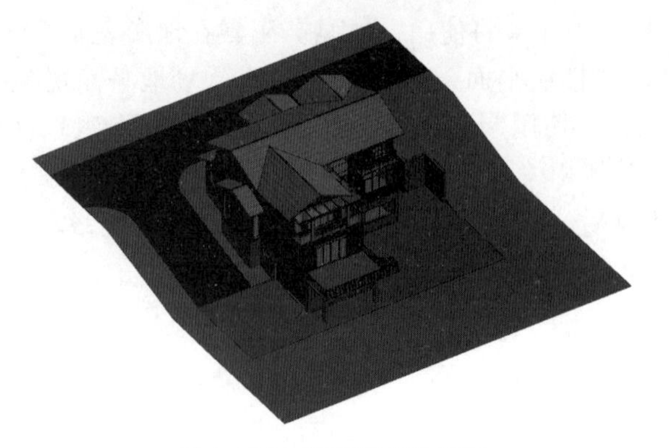

图 3.175　道路完成效果图

▶ 3.9.4 平整区域

“平整区域”工具用于平整地形表面区域、更改选定点处的高程，从而进一步制订场地设计。若要创建平整区域，需选择一个地形表面，该地形表面应为当前阶段一个现有的表面。Revit 会将原始表面标记为已拆除，并生成一个带有匹配边界的副本。Revit 会将此副本标记为在当前阶段新建的图元。

进入场地平面视图。在“体量和场地”选项卡内单击“平整区域”，弹出“编辑平整区域”对话框，Revit 提供两种方式：“创建与现有地形表面完全相同的新地形表面”和“仅基于周界点新建地形表面”，如图 3.176 所示，可以根据工程实际需求选择不同的方式进行场地设计，这里不做详细介绍。

编辑平整区域

请选择要平整的地形表面。您要如何编辑此地形表面?

现有地形表面被拆除，并在当前阶段创建一个匹配的地形表面。

编辑新地形表面以创建所需的平整表面。

→ 创建与现有地形表面完全相同的新地形表面
将复制内部点和周界点。

→ 仅基于周界点新建地形表面
对内部地形表面区域进行平滑处理。

取消

图 3.176 平整区域的两种方式

▶ 3.9.5 场地构件

Revit 可在场地平面中放置场地专用构件（如树、电线杆和消防栓等），还可以通过“载入族”的方式放置构件，这些构件可以使整个场景更加丰富。本案例以放置树木为例展示场地构件的放置方法。

内置场地构件：打开“场地”视图，切换到“体量和场地”选项卡，单击面板中的“场地构件”，从属性面板中的“类型选择器”中选择所需的构件，此处选择“RPC 树—落叶树”，并放置在规划好的位置，如图 3.177 所示。

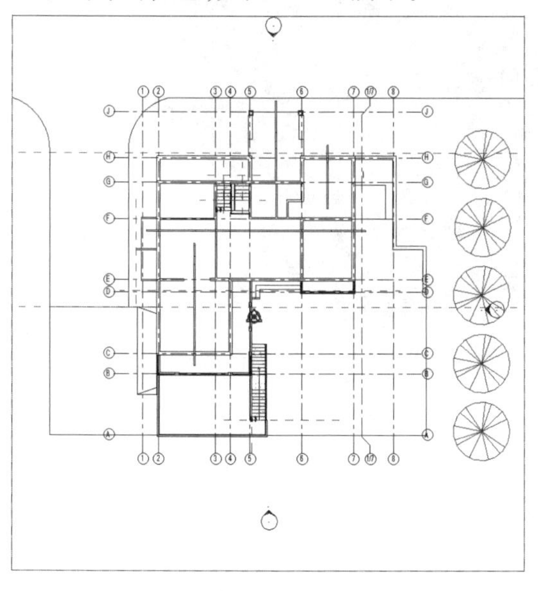

(a)场地平面视图

(b)三维视图

图 3.177 内置树木放置

载入族：单击选项栏“插入”—“载入族”，在“建筑”文件夹中找到“植物”，选择“白杨”。

此时族文件已经载入项目文件中，再次单击“体量和场地”—“场地构件”，在属性面板中的“类型选择器”中便会出现刚刚载入的族，布置位置如图 3.178 所示。

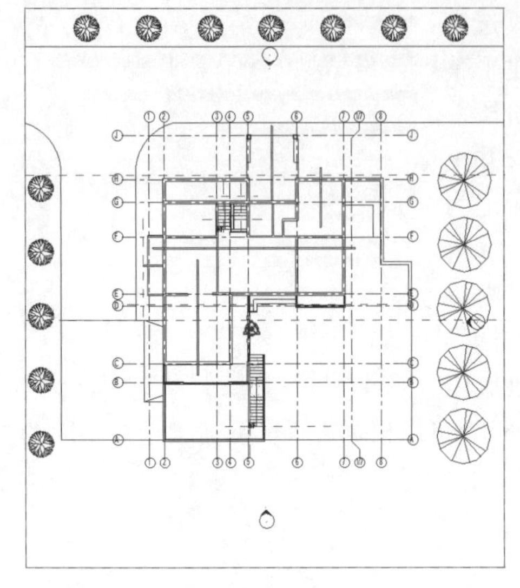

(a)场地平面视图　　(b)三维视图

图 3.178　载入族树木放置

最后可以通过视图控制栏中“视觉样式”选择“光线追踪”，Revit 给用户提供了更加接近真实感受的模型，如图 3.179 所示。

图 3.179　光线追踪下别墅效果图

4 模型的深化与应用

4.1 房间数据及颜色方案

4.1.1 房间的创建

1)房间概述

房间是基于图元对建筑模型中的空间进行细分的部分,主要的图元有:

①墙(幕墙、标准墙、内建墙、基于面的墙)。

②屋顶(标准屋顶、内建屋顶、基于面的屋顶)。

③楼板(标准楼板、内建楼板、基于面的楼板)。

④天花板(标准天花板、内建天花板、基于面的天花板)。

⑤柱(建筑柱、材质为混凝土的结构柱)。

⑥幕墙系统。

⑦房间分隔线。

⑧建筑地坪。

这些图元被定义为房间边界图元,Revit 在计算房间周长、面积和体积时会参考这些房间边界图元。同时,Revit 可以启用/禁用很多图元的"房间边界"参数。当空间中不存在房间边界图元时,还可以使用房间分隔线进一步分割空间。当添加、移动或删除房间边界图元时,房间的尺寸将自动更新。

【注意】任何附着在主体上的图元(包括门、窗及需要在主体上嵌入的洞口),都将受到房间工具的影响。因此,如果在墙体上设置开启,那么相关的房间将不会往该墙体外的其他区域延伸并占据其相邻区域。如果开启通过拆分墙体或编辑墙体剖面形成,那么相关的两个区域或将会被合二为一。

2)创建房间

在创建房间前需要设置房间的边界位置和计算规则。

在“建筑”选项卡内的“房间和面积”面板中,单击下拉菜单,选择“面积和体积计算”选项,打开“面积和体积计算”选项。在“计算”选项卡中确认体积计算方式为“面积和体积”,即不仅要计算面积,还要计算房间体积;设置房间面积计算规则为“在墙面面面层”。完成后单击“确定”按钮,完成相关设置。

下面开始创建房间。

在项目浏览器中双击“楼层平面”下的“-1F”,打开地下一层平面视图,创建地下一层平面房间。

在“建筑”选项卡中单击“房间”命令,在属性对话框中选择带面积的房间标记,将鼠标指针放置于有封闭空间的房间(这里以地下一层左上角的房间为例),单击鼠标左键放置,双击房间名称进入编辑状态,此时房间以红色线段显示,然后输入房间名称为“储藏间”,按“Enter”键确认,在属性面板中,将标记改为有面积的标记,如图 4.1 所示,也可以自定义修改样式,最终效果图如图 4.2 所示。按照相同的方法,放置其他房间并修改各个房间名称。

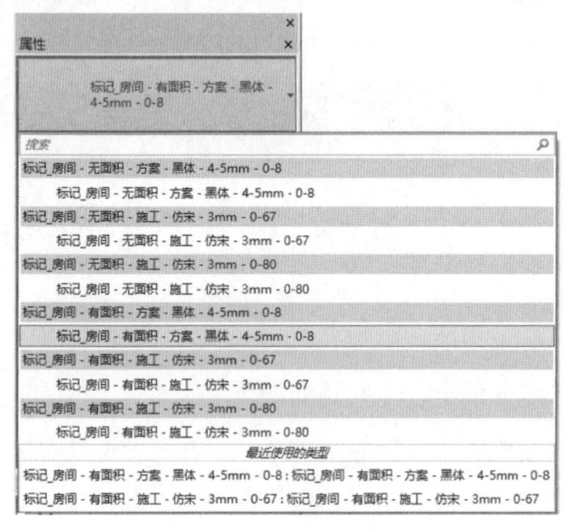

图 4.1　标记修改

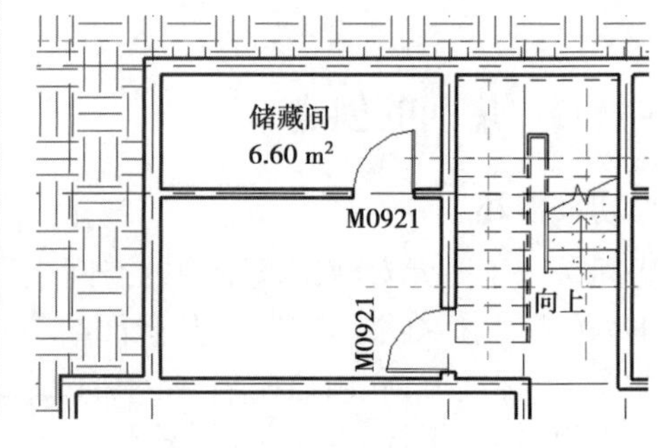

图 4.2　设置房间

3)房间分隔

在很多情况下,多个功能分区并未有明显的物理界限(例如缺少隔墙、门等),此时直接使用上述方法是不可行的。使用“房间分隔线”工具可添加和调整房间边界。房间分隔线是房间边界,在房间内指定另一个房间时,分隔线十分有用,如一般情况下起居室中的就餐区,此时房间之间不需要墙。房间分隔线在平面视图和三维视图中均可见。此外,如果创建了一个以墙作为边界的房间,则在默认情况下,房间面积是基于墙的内表面计算得出的。如果要在这些墙上添加洞口,并且仍然保持单独的房间面积计算,则必须绘制通过该洞口的房间分隔线,以保持最初计算得出的房间面积。

打开地下一层平面视图。单击“建筑”选项栏下的“房间分隔”命令,在室内楼梯间入口处添加房间分隔线,如图4.3所示。

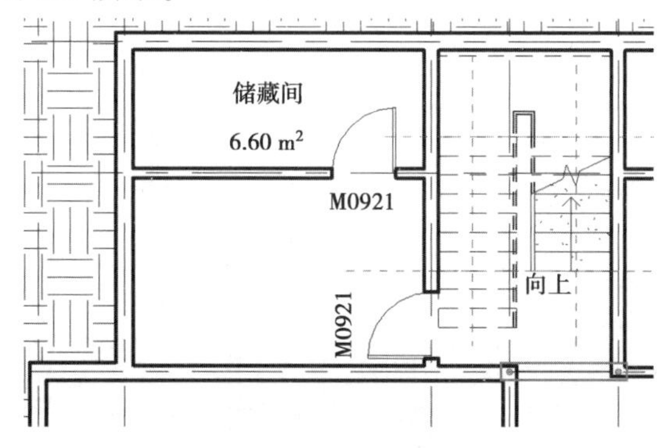

图4.3 补充房间分隔线

此时需要结合第二小节创建房间的方法,创建所有层的房间,每层房间布置如图4.4—图4.6所示。

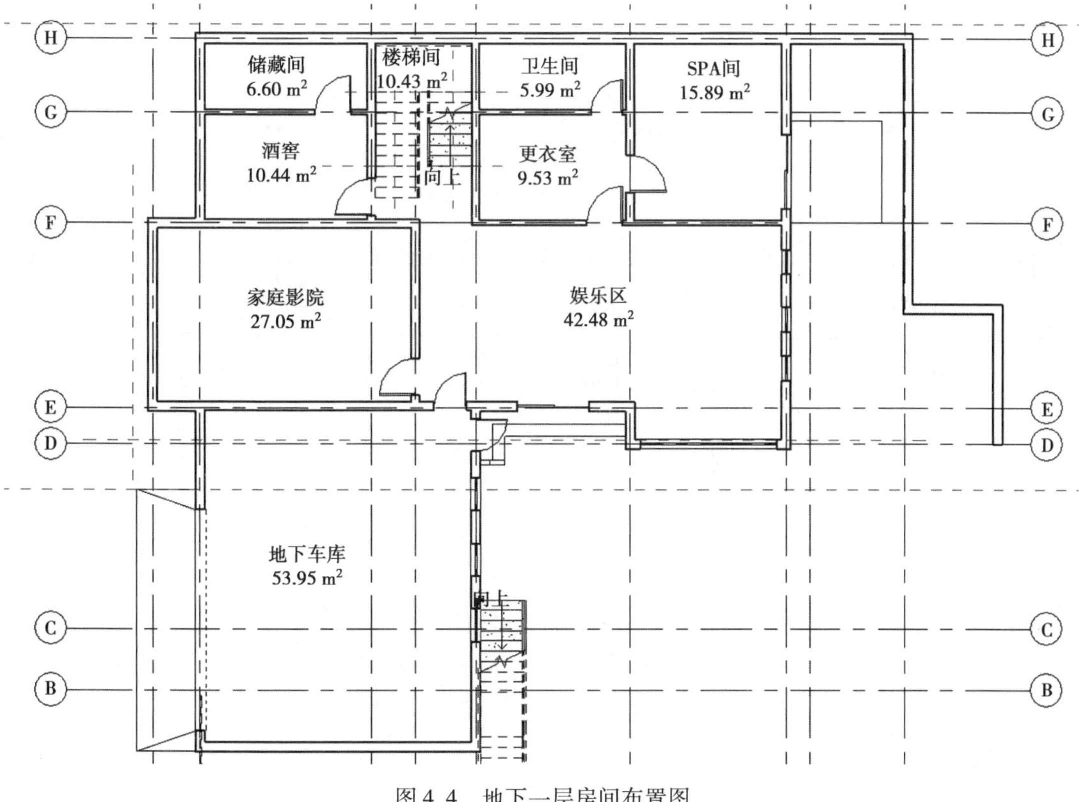

图4.4 地下一层房间布置图

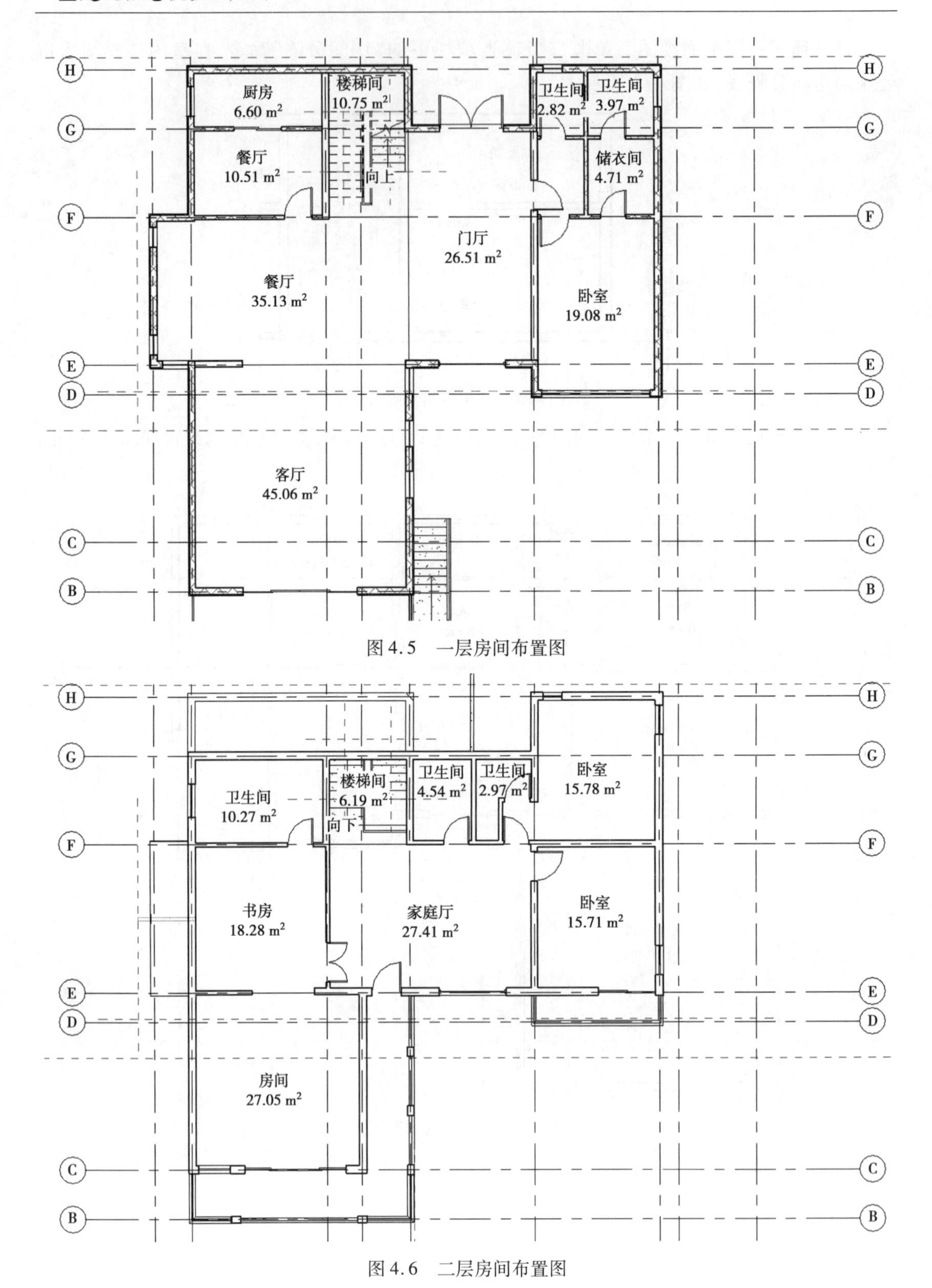

图 4.5　一层房间布置图

图 4.6　二层房间布置图

4)房间标记

如果在创建房间时未使用或忘记选择“在放置时进行标记”选项,可以通过“房间标记”工具进行补充标记。

具体操作方法:在“建筑”选项卡内,单击“标记房间”下拉菜单,选择“标记房间”命令,对未进行标记的房间进行标记。在选项栏中可执行指明所需房间的标记方向(水平、垂直和模型)和是否需要引线等操作。在某些情况下,例如在楼层平面视图中放置房间并对其进行标记,并希望在天花板投影平面视图中可显示这些房间的标记时,该工具十分有用。

▶ 4.1.2 房间颜色方案

使用房间颜色填充,可以增强对房间功能分布的理解。“颜色方案”用于以图形方式表示空间类别。例如,可以按照房间名称、面积、占用或部门创建颜色方案。对于使用颜色方案的视图,颜色填充图例是颜色表示的关键所在。颜色方案可将指定的房间和区域颜色应用到楼层平面视图或剖面视图中。可向已填充颜色的视图中添加颜色填充图例,以标识颜色所代表的含义,可以根据以下内容的参数值应用颜色方案:房间,面积,空间或分区,管道或风管。

要使用颜色方案,必须先在项目中定义房间、面积、空间、外区、管道或风管,可以在属性面板上指定参数值。

本案例以“F1”平面的房间为例,阐述房间颜色的使用方法。

在项目浏览器中选中“F1”,鼠标右键单击“F1”,选择“复制视图”—“带细节复制”,如图4.7所示。使用右键菜单—“重命名”,将该视图重命名为“一层颜色填充方案”。

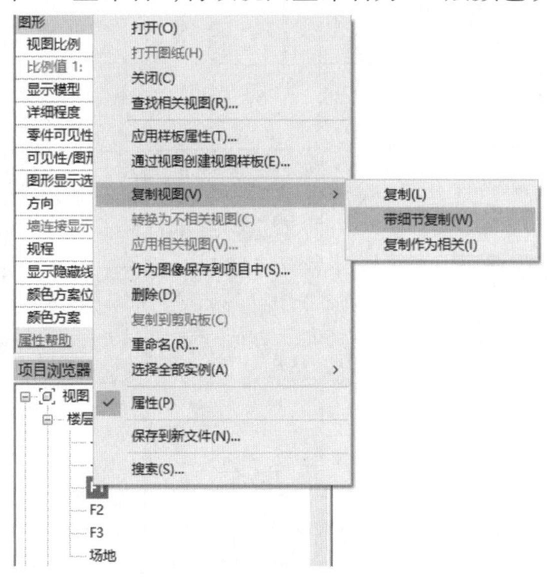

图4.7 复制一层平面视图

在当前视图中,单击“建筑”选项栏,下拉“房间和面积”菜单栏,选择“颜色方案”,将弹出“编辑颜色方案”。此时在“类别”中选择“房间”,“颜色”选择“名称”,软件将自动读取房间信息并着色,如图4.8所示。此处用户可以自定义更改颜色方案,单击“确定”按钮关闭对话框。

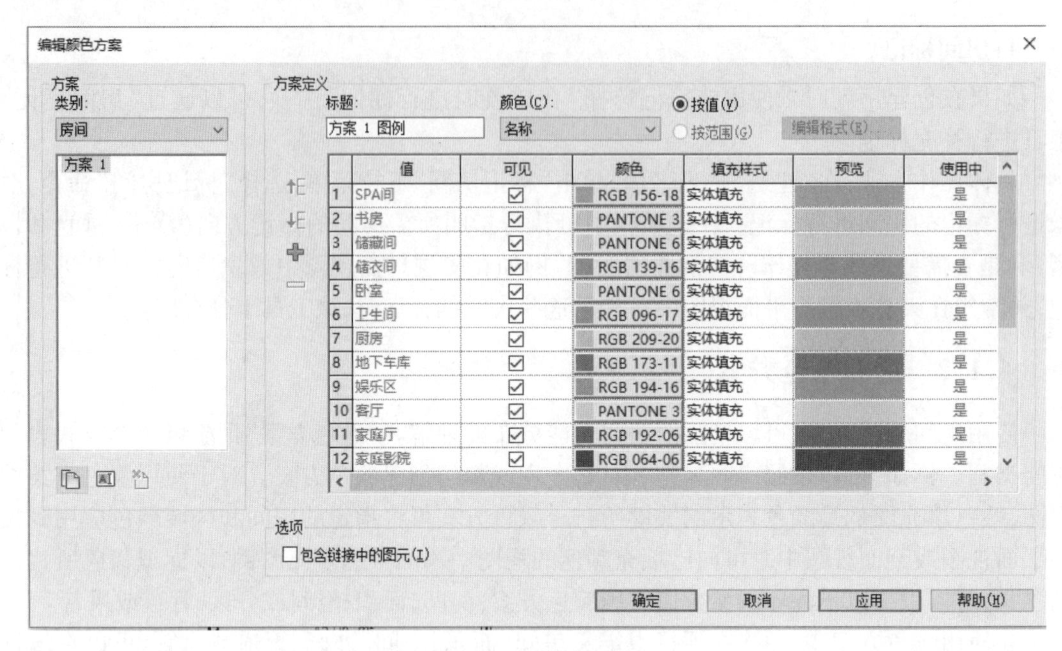

图 4.8　房间颜色方案

关闭对话框后用户可以发现,刚刚复制的一层平面并未着色,此时用户需要单击平面视图空白处,在属性面板中的颜色方案勾选用户刚刚创建的“方案 1”,如图 4.9 所示。单击确定后,平面视图如图 4.10 所示。

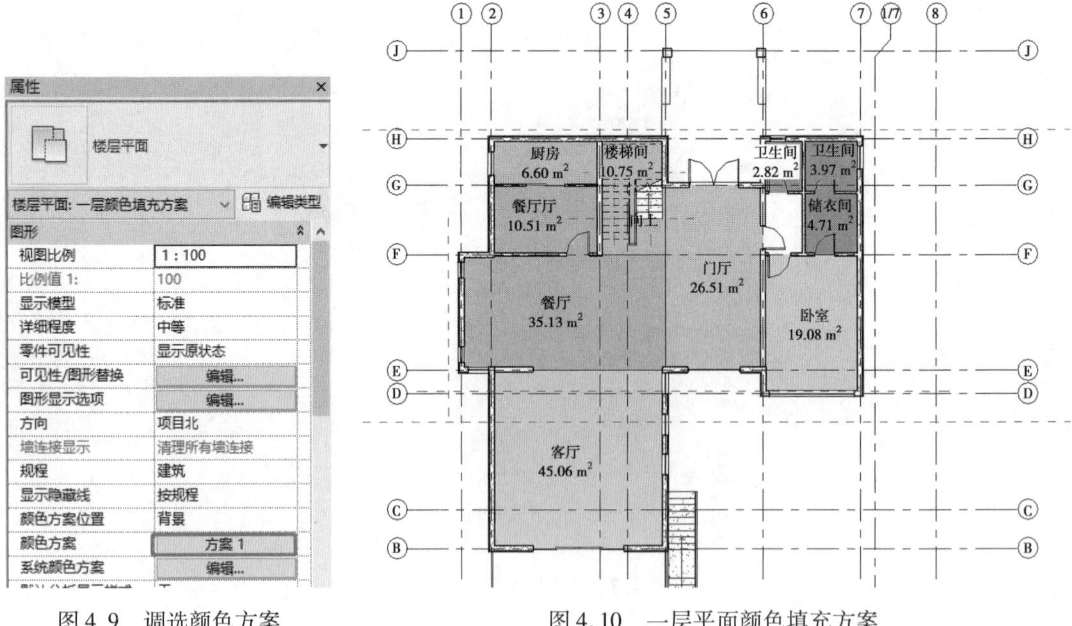

图 4.9　调选颜色方案　　　　图 4.10　一层平面颜色填充方案

添加图例:单击选项栏中“注释”—“颜色填充图例”,单击鼠标将图例放在合适的位置,如图 4.11 所示。

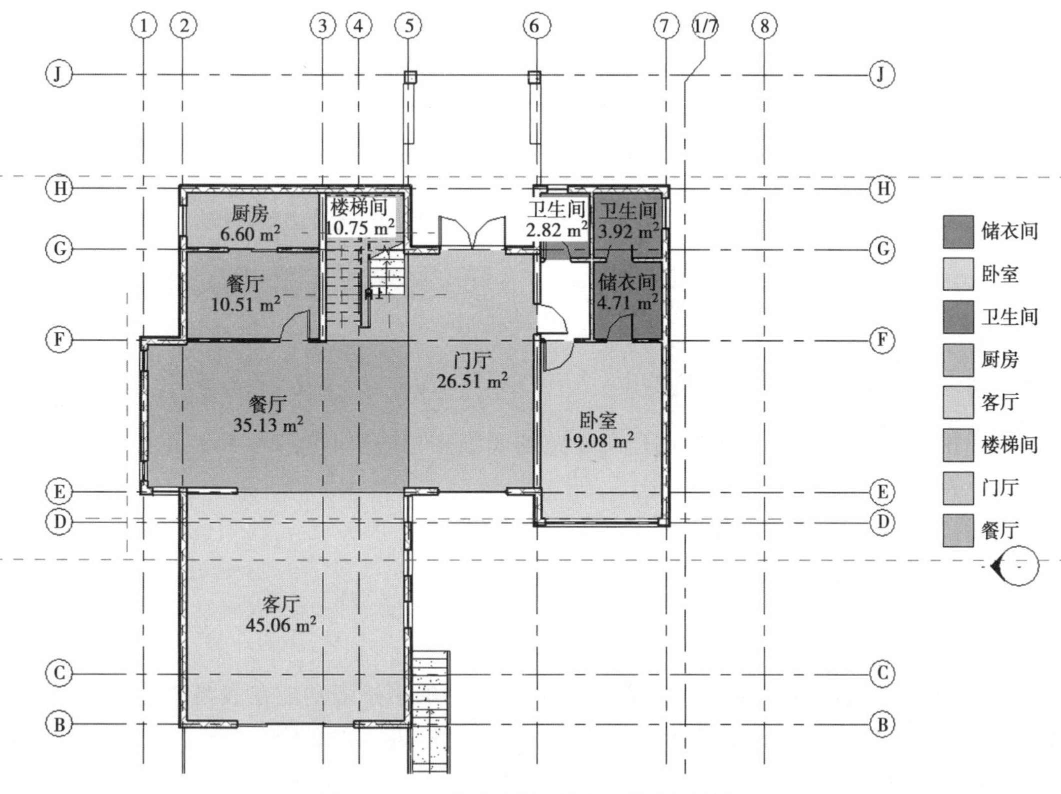

图 4.11 一层平面颜色填充方案(含图例)

▶ 4.1.3 面积分析

通常在建筑图纸上需要表示各层的建筑面积、防火分区面积等内容。在二维绘制中,一般是通过多段线来完成整个区域的面积计算的,如果楼层空间布局有变化,往往需要重新进行计算。Revit 提供了面积分析工具,在建筑模型中定义空间关系后就可以直接根据现有的模型自动计算建筑面积、各防火分区面积等。

Revit 默认可以建立 4 种类型的面积平面,分别是"人防分区面积""净面积""总建筑面积"和"防火分区面积"。除上述 4 种类型的面积平面外,用户还可以根据实际需求,自行新建不同类型的面积平面。此外,还可以创建多个面积测量方案。例如对于利用坡屋顶作为房间的阁楼,需要分析在不同的剖切面高度情况下的房间面积,则可以创建多个面积方案,并应用不同的面积方案来分别创建面积平面,在面积方案不同的面积平面中也可以设置不同的面积边界来进行面积计算。

下面以本别墅的"总建筑面积"为例,介绍该功能。

单击"建筑"—"面积"—"面积平面",如图 4.12 所示。在弹出的对话框中,将"类型"设置为"总建筑面积",按住"Ctrl"键,勾选"-1F""F1""F2",如图 4.13 所示。单击"确定"按钮,Revit 会弹出提示对话框,询问是否要自动创建与所有外墙关联的面积边界线,单击"是"则会开始创建整体面积平面,单击"否"则需要手动绘制面积边界线。这里选择"是",此时刚才被选中的平面视图中会以紫色高亮显示。

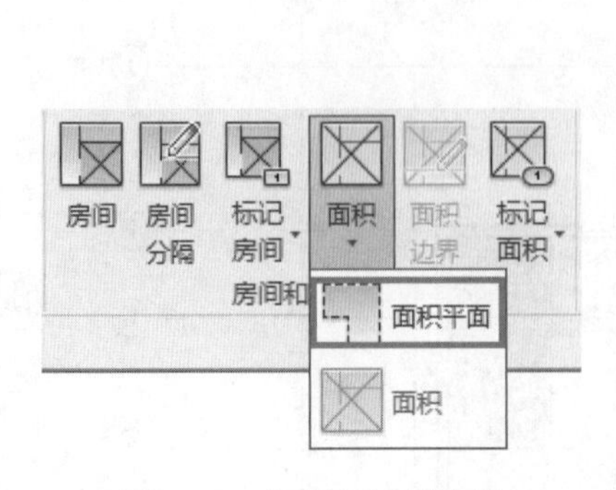

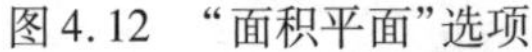

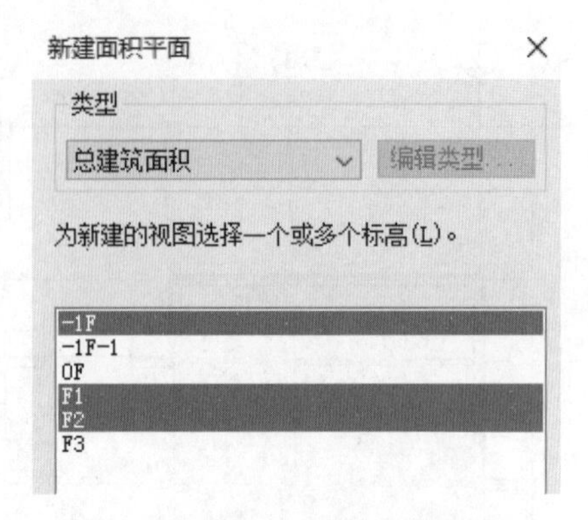

图4.12 "面积平面"选项

图4.13 新建面积平面

完成相关操作后,接下来可以创建总建筑的明细表,其操作可参考4.2节创建明细表的内容。

4.2 创建明细表

除少数构件外,所有类别的构件都可以用Revit中的明细表功能在表格式的报告中予以量化的。这些明细表都表明了Revit信息的双向关联性,即无论是修改视图信息还是明细表信息,与其相对应的信息也随之修改。因此,明细表不仅可用于表示信息,还可用于编辑和控制信息。

Revit中的明细表共分为6种类型,分别是"明细表/数量""图形柱明细表""材质提取""图纸列表""注释块"和"视图列表"。在实际项目中,经常用到的是"明细表/数量"选项,通过"明细表/数量"选项所统计的数值,可以作为项目概预算的工程量使用。本章通过"房间明细表"和"门窗明细表"来介绍"明细表/数量"选项的使用方法。

▶ 4.2.1 房间明细表

如图4.14所示,单击"视图"选项卡,在"明细表"下拉菜单中选择"明细表/数量"命令。在"类别"中选择"房间"(在选择类别时,可以在过滤器列表中勾选"建筑",其他选项不做勾选,减少干扰项)。

单击确定后,会弹出"明细表属性"对话框,用户可以在这里设置明细表的相关内容,如图4.15所示。

在明细表字段中添加"名称""周长""面积""合计"。

在"排序/成组中"设置排序方式为"名称",勾选"总计",并选择"标题、合计和总数"。

在"格式"字段"面积"中的下拉菜单中选择"计算总数"。

在"外观"中取消勾选"数据前的空行"。

完成后效果图如图4.16所示。

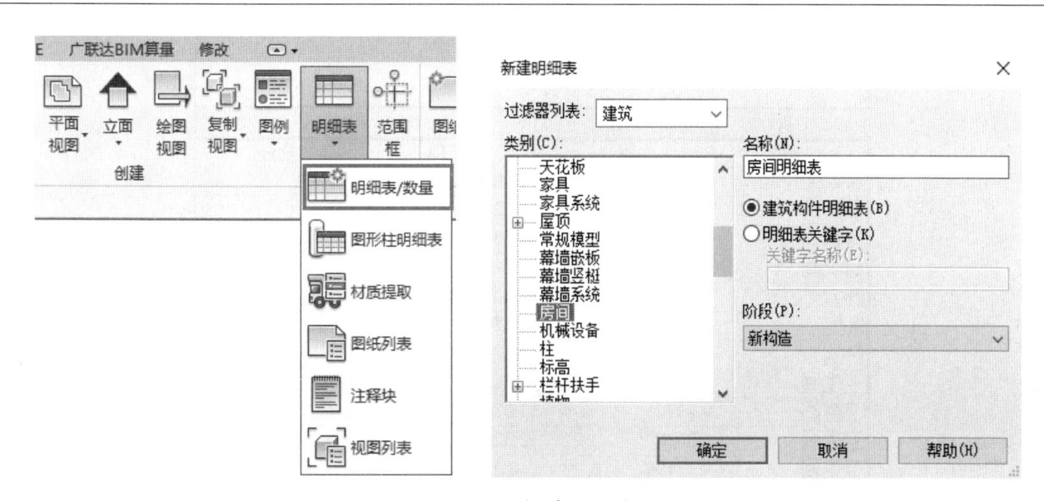

图 4.14　新建明细表

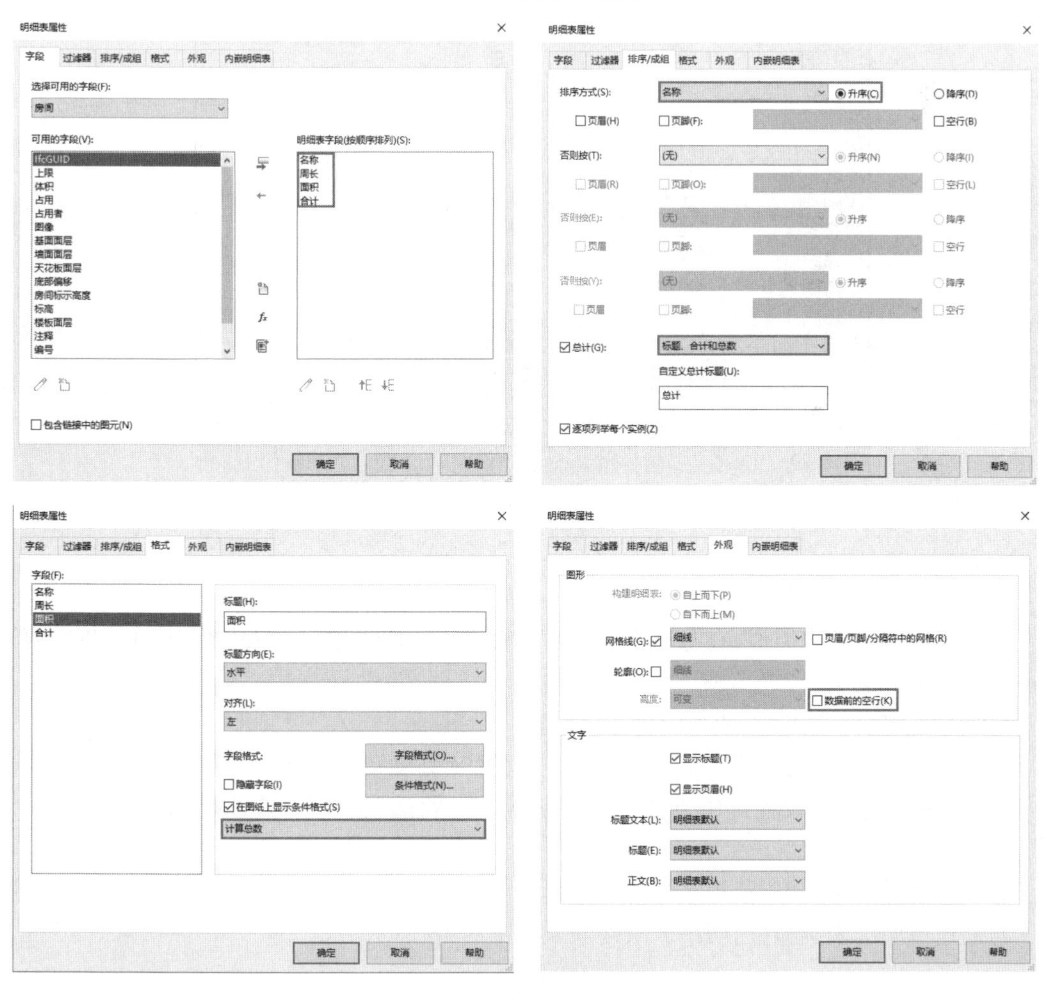

图 4.15　房间明细表设置

<房间明细表>			
A	B	C	D
名称	周长	面积	合计
SPA间	15996	15.89	1
书房	17188	18.28	1
储藏间	11396	6.60	1
储衣间	8688	4.71	1
卧室	17756	19.08	1
卧室	15900	15.71	1
卧室	16100	15.78	1
卫生间	10636	5.99	1
卫生间	7972	3.97	1
卫生间	6772	2.82	1
卫生间	13196	10.27	1
卫生间	8456	2.97	1
卫生间	8616	4.54	1
厨房	11396	6.60	1
地下车库	29520	53.95	1
娱乐区	28720	42.48	1
客厅	26880	45.06	1
家庭厅	21320	27.41	1
家庭影院	21240	27.05	1
房间	20880	27.05	1
更衣室	12552	9.53	1
楼梯间	13560	10.43	1
楼梯间	13760	10.75	1
楼梯间	9960	6.19	1
酒窖	13276	10.44	1
门厅	21520	26.51	1
餐厅	13312	10.51	1
餐厅	24960	35.13	1
总计: 28		475.71	

图 4.16　房间明细表

▶ 4.2.2　门窗明细表

与创建房间明细表类似,在“新建明细表”对话框中勾选“建筑”,在“类别”中选取“窗”,单击“确定”按钮。

对“明细表属性”对话框相关内容进行设置:

在明细表字段中添加“族与类型”“标高”“宽度”“高度”以及“合计”选项。

在“排序/成组”中设置排序方式为“族与类型”,勾选“总计”,并选择“标题、合计和总数”。

完成的效果如图 4.17 所示。

与创建窗明细表类似,门明细表最终效果如图 4.18 所示。

<窗明细表>

A	B	C	D	E
族与类型	标高	宽度	高度	合计
上下拉窗1: C0624	-1F	600	2400	1
上下拉窗1: C0624	-1F	600	2400	1
上下拉窗1: C0624	-1F	600	2400	1
上下拉窗1: C0823	-1F	800	2300	1
上下拉窗1: C0823	-1F	800	2300	1
上下拉窗1: C0823	-1F	800	2300	1
上下拉窗1: C0823	F1	800	2300	1
上下拉窗1: C0823	F1	800	2300	1
上下拉窗1: C0823	F1	800	2300	1
上下拉窗1: C0923	F2	900	2300	1
上下拉窗1: C0923	F2	900	2300	1
固定窗: C0609	F1	600	900	1
固定窗: C0609	F2	600	900	1
固定窗: C0609	F2	600	900	1
固定窗: C0609	F2	600	900	1
固定窗: C0609	F2	600	900	1
固定窗: C0609	F2	600	900	1
固定窗: C0615	F1	600	1500	1
固定窗: C0615	F2	600	1500	1
固定窗: C0625	F1	600	2500	1
固定窗: C0625	F1	600	2500	1
固定窗: C0825	F1	800	2500	1
固定窗: C0915	F1	900	1500	1
固定窗: C0915	F1	900	1500	1
固定窗: C1023	F2	1000	2300	1
推拉窗6: C1015	F2	1000	1500	1
推拉窗6: C1206	-1F	1200	600	1
推拉窗6: C2406	F1	2400	600	1
推拉窗6: C3415	-1F	3400	1500	1
组合窗 - 双层四列(	F1	3400	2300	1
总计: 30				

图 4.17　窗明细表

<门明细表>

A	B	C	D	E
族与类型	标高	宽度	高度	合计
单嵌板木门 2: M0821	-1F	800	2100	1
单嵌板木门 2: M0821	-1F	800	2100	1
单嵌板木门 2: M0821	-1F	800	2100	1
单嵌板木门 2: M0821	F1	800	2100	1
单嵌板木门 2: M0821	F1	800	2100	1
单嵌板木门 2: M0821	F1	800	2100	1
单嵌板木门 2: M0821	F2	800	2100	1
单嵌板木门 2: M0821	F2	800	2100	1
单嵌板木门 2: M0821	F2	800	2100	1
单嵌板木门 2: M0821	F2	800	2100	1
单嵌板木门 2: M0921	-1F	900	2100	1
单嵌板木门 2: M0921	-1F	900	2100	1
单嵌板木门 2: M0921	-1F	900	2100	1
单嵌板木门 2: M0921	-1F	900	2100	1
单嵌板木门 2: M0921	-1F	900	2100	1
单嵌板木门 2: M0921	F1	900	2100	1
单嵌板木门 2: M0921	F1	900	2100	1
单嵌板木门 2: M0921	F2	900	2100	1
单嵌板木门 2: M0921	F1	900	2100	1
单嵌板木门 2: M0924	F2	900	2400	1
卷帘门: JLM5422	-1F	5400	2200	1
双扇推拉门1: M1521	F1	1500	2100	1
双扇推拉门1: M1824	-1F	1800	2400	1
双扇推拉门1: M1824	-1F	1800	2400	1
双扇推拉门1: M1824	F2	1800	2400	1
双面嵌板木门 3: M1221	F2	1200	2100	1
双面嵌板木门 3: M2024	F1	2000	2400	1
四扇推拉门 2: M3624	F1	3600	2400	1
四扇推拉门 3: M3224	F2	3200	2400	1
总计: 29				

图 4.18　门明细表

4.3　相机、渲染、漫游

▶ 4.3.1　相机

在 Revit 中,通过相机选项可以创建透视图三维视图和正交三维视图。

1)透视三维视图

透视三维视图用于显示三维视图中的建筑模型,在透视视图中,越远的构件显示得越小,越近的构件显示得越大。创建或打开透视三维视图时,视图控制栏会显示该视图为透视视图。

具体创建方法如下:

打开一个平面视图、剖面视图或立面视图,这里打开一层平面图,单击"视图"选项卡,在"创建"面板的"三维视图"下拉菜单中选择"相机"选项。在绘图区域单击一次以放置相机,再次单击放置目标点,如图 4.19 所示,两次单击后将自动跳转到透视三维视图,如图 4.20 所示。

需要注意的是,Revit 将创建一个透视三维视图,并为该视图指定名称为三维视图 1、三维视图 2 等。要重命名视图,在项目浏览器中的该视图上单击鼠标右键并选择"重命名"即可。

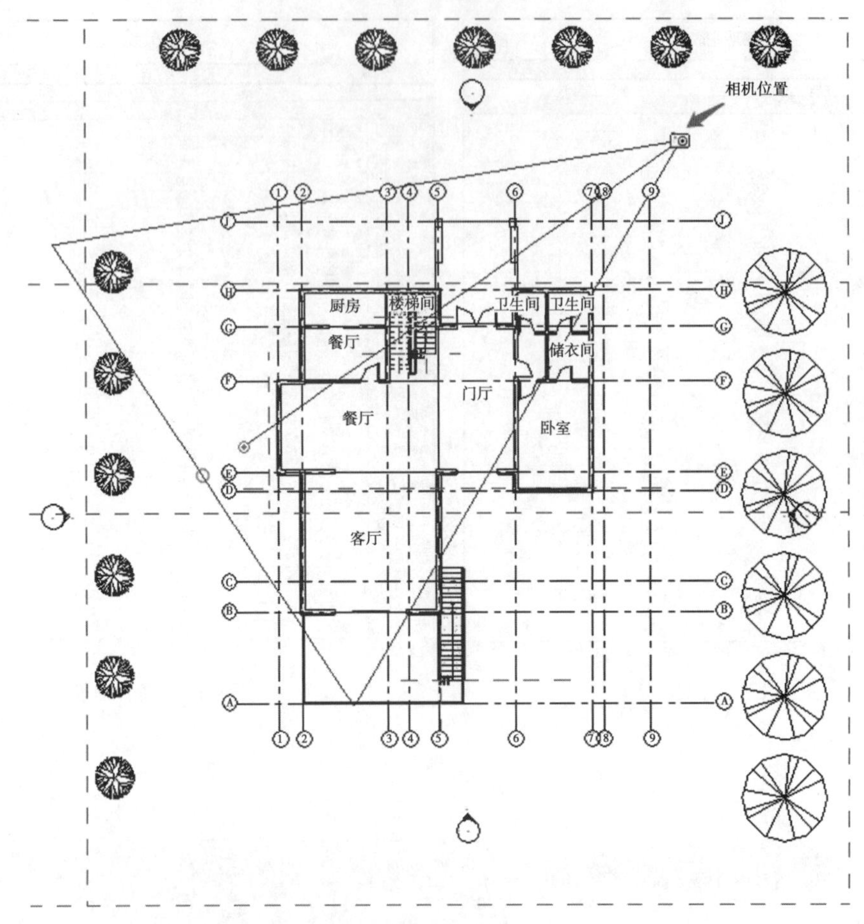

图 4.19　相机位置

图 4.20　透视三维视图

【注意】在启用了工作共享的项目中使用时，三维视图命令会为每个用户创建一个默认的三维视图。程序会为该视图指定｛3D-用户名｝名称。

2）正交三维视图

正交三维视图用于显示三维视图中的建筑模型，在正交三维视图中，不论相机距离的远近，所有构件的大小均相同。

具体步骤如下：

这里仍然以一层为例，打开一层平面视图，单击“视图”选项卡，在“创建”面板的“三维视图”下拉菜单中选择“相机”选项。在选项栏上取消勾选“透视图”选项，如图 4.21 所示。

图 4.21　取消勾选“透视图”

在绘图区域中单击一次以放置相机，然后再次单击放置目标点，如图 4.22 所示，正交三维视图如图 4.23 所示。

当前项目的未命名三维视图将打开并显示在项目浏览器中。由于项目中已经存在未命名视图，“三维”工具将打开该现有视图。

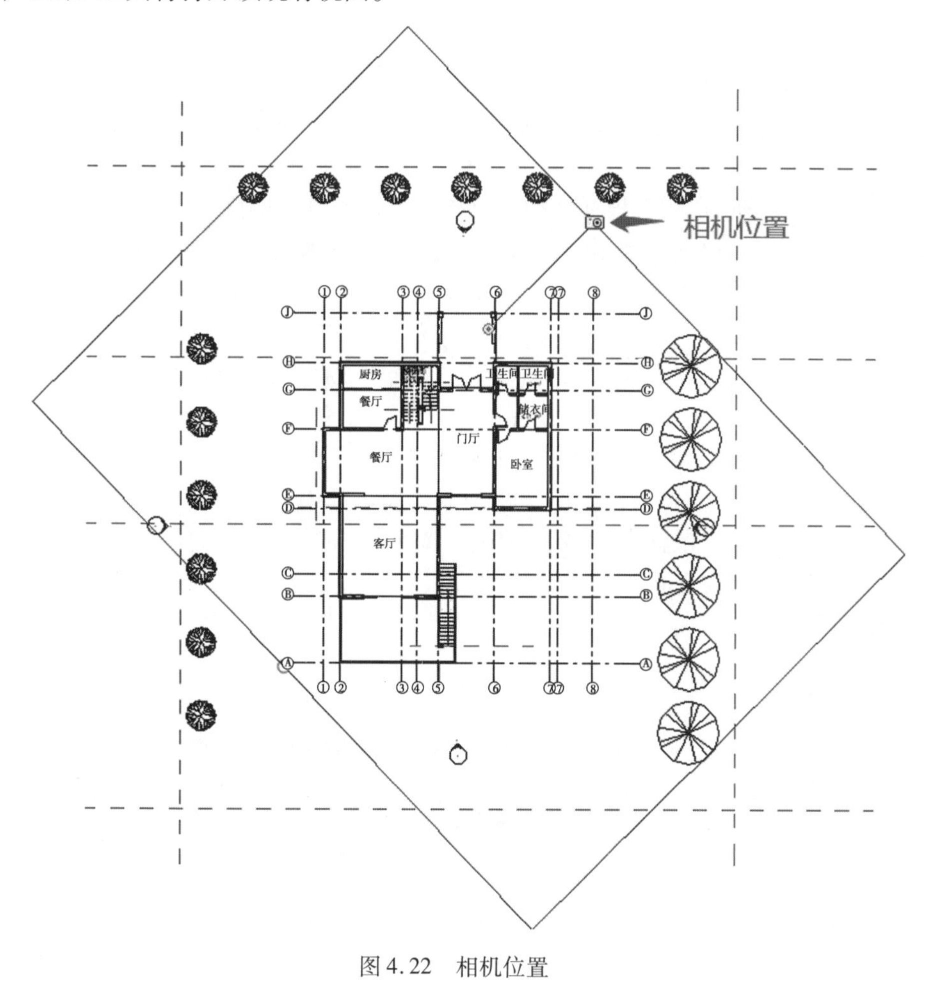

图 4.22　相机位置

图 4.23　正交三维视图

同理,通过在项目浏览器中的视图名称上单击鼠标右键,然后单击“重命名”,可以重命名默认三维视图。重命名的三维视图将随项目一起被保存。如果重命名未命名的默认三维视图,则下次单击“三维”工具时,Revit 将打开新的未命名视图。

3)调整相机位置

用户可以设置相机在三维视图中的位置,下面介绍两种方法。

(1)修改相机位置

在项目浏览器中的三维视图名称上单击鼠标右键,然后选择“显示相机”。在相机可见的所有视图(例如平面、立面和其他三维视图)中,相机均处于选中状态。

在平面视图中,被相机三角形(透视)或正方形(正交)包围的区域就是可视的范围,其中三角形或正方形的底边表示远端视距。双击要在其中修改相机位置的视图,使用立面视图更改相机位置的高度,具体操作如下:

a.拖曳移动该相机,视图将根据新相机位置进行更新,并使用平面视图更改相机位置。

b.拖曳移动目标。视图将根据新的目标点进行更新。使用平面视图更改目标位置;使用立面视图更改目标位置的高度;或在三维视图的“属性”选项卡下修改“目标高度”参数。

(2)指定相机位置

除非保存对三维相机的方向或位置的修改,否则将视此修改为临时修改,具体方法如下:

打开三维视图,在 ViewCube 上单击鼠标右键,然后单击“定向到视图”或“确定方向”。使用“定向到视图”,可以选择其他视图。相机会移动到用户在视图中指定的位置,并在模型周围放置剖面框,该剖面框可以模拟所选视图的范围。如果需要关闭剖面框,可以在项目浏览器中的视图名称上单击鼠标右键,然后选择“属性”。在“属性”选项卡上清除“剖面框”复选框;“确定方向”包括用于将相机定向到北、南、东、西、东北、西北、东南、西南或顶部(将相机放置在模型顶部)的选项。

▶ 4.3.2　渲染

在使用渲染工具时,渲染引擎使用复杂的算法将建筑模型的三维视图生成照片级真实感图像。生成渲染图像所需的时间受到诸多因素影响,如模型图元和人造灯光的数量、材质的复杂性、图像的大小或分辨率等。而且,其他因素的互相作用也会影响渲染性能。例如,反射、折射和柔和阴影会增加渲染时间。

最终,渲染性能是结果图像的质量与可能会用在此工作上的资源(时间、计算功率)之间的一个平衡。通常,低质量图像很快就可以生成,而高质量图像可能会需要更多的时间。

渲染之前，一般要先创建相机透视图，生成渲染场景。相机放置在合适位置后会自动进入透视图对话框，同时按住“Shift”和鼠标中键可以移动视角，将其调整至合适位置即可。

打开透视三维图，在“视图”选项卡中的“演示视图”面板中选择“渲染”命令，打开渲染对话框，如图4.24所示。

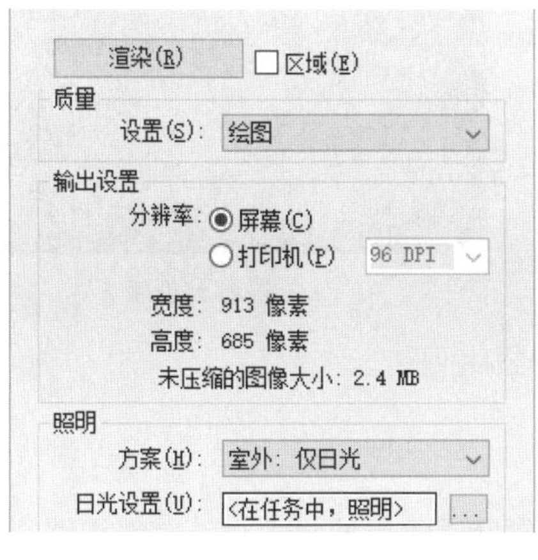

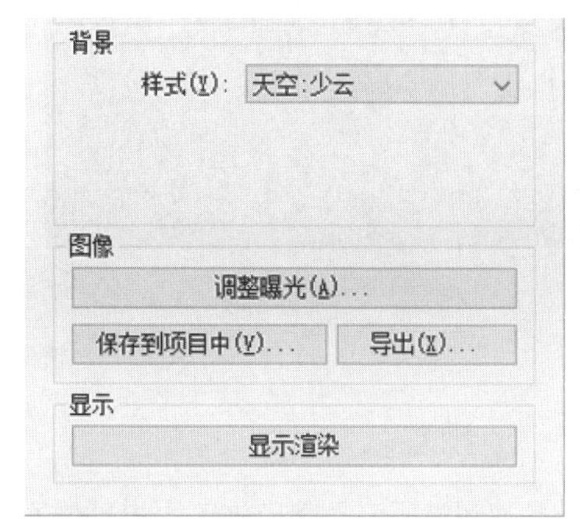

图4.24 渲染设置

渲染：单击“渲染”，将显示一个渲染进度对话框；勾选“区域”，可以进行局部渲染。

质量：设置渲染质量，可选择“编辑”自行设置。

输出设置：设置图形输出的像素，默认屏幕，输出图形的大小等于渲染时在屏幕上显示的大小。

照明：按实际情况选择室内或室外照明方案，比如选择“室内仅日光”，人造光源将不亮；在“日光设置”中，选择已定义好的日光或单击“编辑/新建”，可自定义日光方案。

背景：设置渲染模型的背景颜色或图片。

图像：渲染视图太亮、或太暗、偏暖等问题都可在调整曝光的对话框中解决，而无须重新渲染。

显示：渲染后单击可在渲染图片与显示模型间进行切换。

进行相应的设置后单击渲染，渲染完成后 Revit 将在绘图区域显示渲染图像。渲染之后可以调整曝光设置来改善图像。图4.25为本案例部分渲染前后对比示意图。

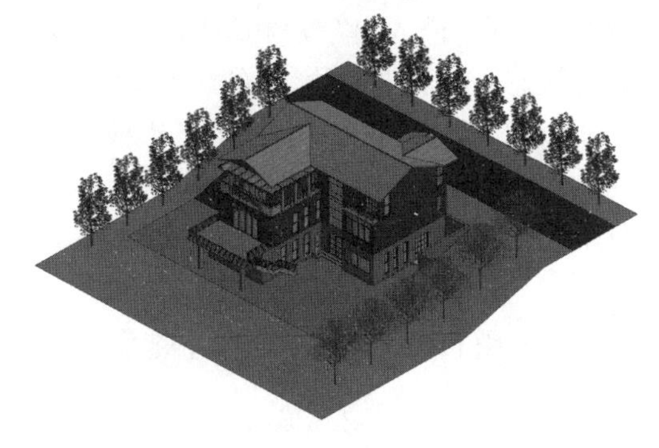

(a)渲染前

(b)渲染后

(c)渲染前

(d)渲染后

图 4.25　渲染前后对比图

▶ 4.3.3 漫游

漫游是使用沿所定义路径放置的相机位置对现场或建筑的模拟浏览。漫游路径由相机帧和关键帧组成。关键帧是可修改的帧,可以更改相机的方向和位置。默认情况下,漫游创建为一系列透视图,但也可以创建为正交三维视图。

1)创建漫游

单击楼层平面下的一层平面,在"视图"选项卡的"创建"面板中单击"三维视图"下拉列表,选择"漫游"命令。在选项栏勾选"透视图"复选框,设置偏移量为"1750mm",设置基准面板为"标高 1",如图 4.26 所示。

图 4.26　漫游创建设置

将光标移至绘图区域,在 F1 视图中别墅左下角单击就可开始绘制路径,即漫游所要经过的路线。光标每单击一个点,即创建一个关键帧。沿别墅外围逐个单击放置关键帧,路径围绕别墅一周后,按"Esc"快捷键完成漫游路径的绘制,如图 4.27 所示。

完成路径的绘制后,项目浏览器中的"漫游"项会自动添加一个"漫游 1",绘制的路径一般还需要进行适当的调整。在一层平面视图中选择漫游路径,进入"修改|相机"选项卡,单击漫游面板上的"编辑漫游"工具,漫游路径变为可编辑状态。修改选项栏中的帧数为"1",按"Enter"键确认,从第一个关键帧开始编辑漫游。如图 4.28 所示,选项栏上提供了 4 种方式用于修改漫游路径,分别为控制活动相机、路径、添加关键帧和删除关键帧 4 个选项。

活动相机:漫游路径上会以红色圆点表示关键帧,沿路径将相机拖曳到所需的帧或关键帧(相机将捕捉关键帧)位置,即可改变相机方向。

路径:漫游路径上会以蓝色圆点表示关键帧,进入路径编辑状态,在平面图中拖曳关键帧来调整路径的位置。

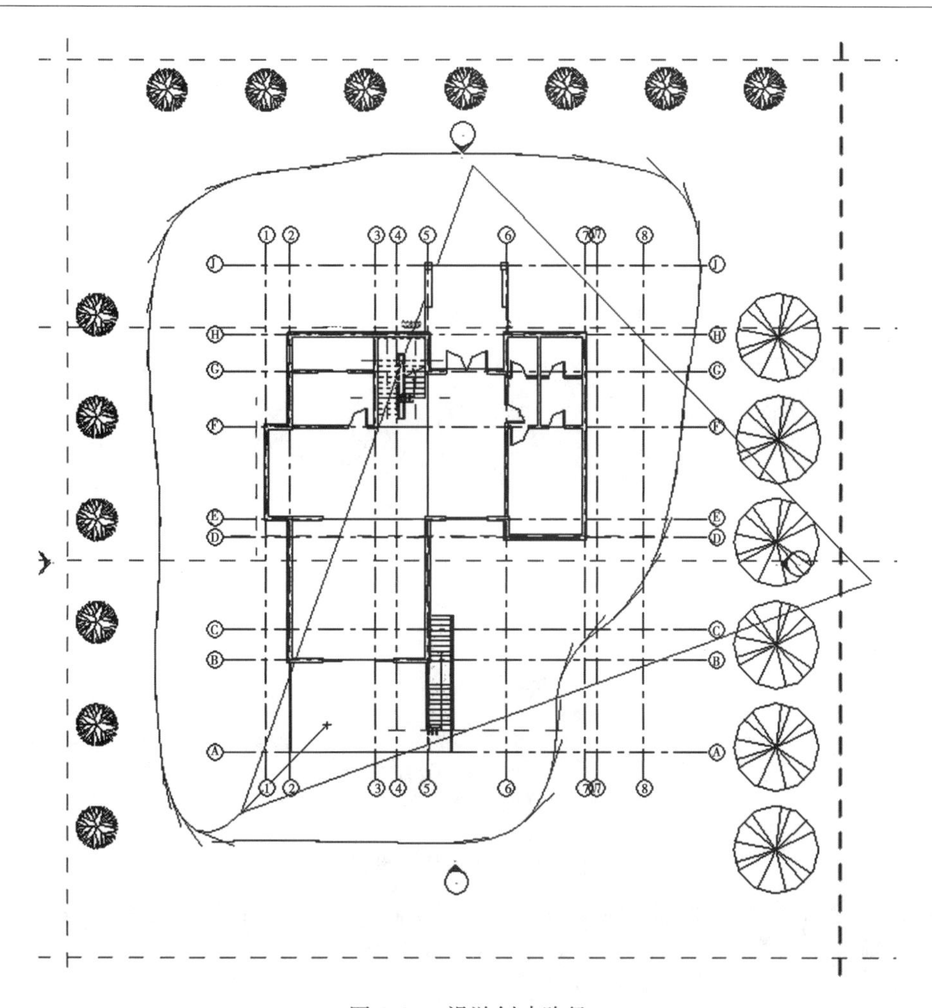

图 4.27 漫游创建路径

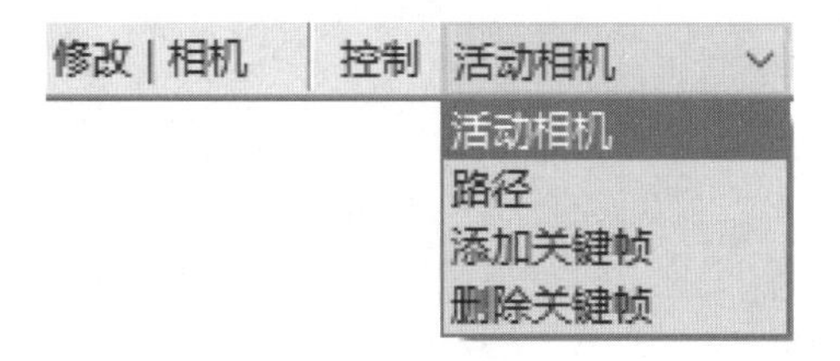

图 4.28 漫游路径编辑

添加/删除关键帧:编辑完成后,单击“漫游”面板上的“下一关键帧”工具,可以逐个编辑关键帧,将每一帧的视线方向和关键帧位置调整到合适的角度,也可根据需求为路径添加或删除关键帧。

【注意】如果用户在创建漫游时,在“选项栏”上清除“透视图”选项,漫游将作为正交三维视图创建,此情况下还需为该三维视图选择视图比例。

如需创建上楼的漫游,如从 F1 到 F2,可在 F2 起始位置绘制漫游路径,沿楼梯平面向前绘制,当路径走过楼梯后,可将选项栏“自”设置为“F2”,路径即从 F1 向上至 F2,同时调整“偏移值”,可以绘制较流畅的上楼漫游。也可以在编辑漫游时,打开楼梯剖面图,将选项栏“控制"设置为"路径",在剖面上修改每一帧位置,创建上下楼的漫游。

2)输出漫游

漫游创建完成后,可以将漫游以AVI格式的动画或者图像文件导出。将漫游导出为图像文件时,漫游的每个帧都会保存为单个文件,所以可以导出所有帧或一定范围的帧。

这里导出AVI文件。如图4.29所示,单击"应用程序菜单"按钮,在列表中选择"导出"—"图像和动画"—"漫游",弹出"长度/格式"对话框,其中"帧/秒"选项用于设置导出后漫游的速度,默认情况下为15帧/s,帧数越大,播放所用的总时间就会越短,播放速度也会越快。视觉样式能更改输出图像的样式,视觉效果越真实,往往输出的时间也就越长。

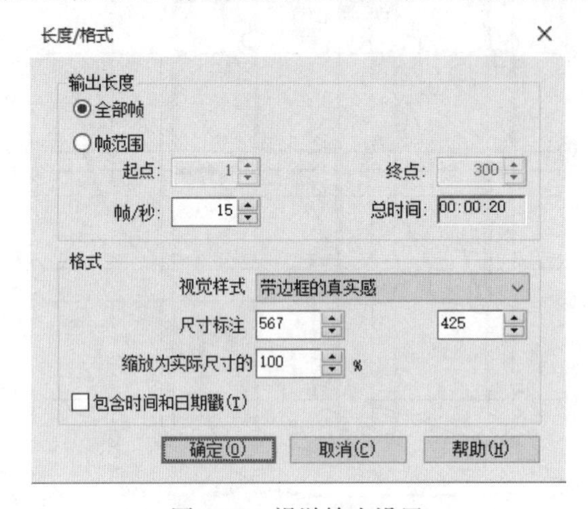

图4.29　漫游输出设置

单击"确定"按钮后会弹出"导出漫游"对话框,输入文件名并设置导出路径,单击"保存"按钮,弹出视频压缩对话框。在"压缩程序"下拉列表中选择"Microsoft Video 1",单击"确定"按钮,将漫游文件导出为外部AVI文件。

4.4　输出图纸

▶ 4.4.1　创建图纸

1)新建图纸

在出图之前,需要先创建施工图图纸。Revit在视图工具中提供了专门的图纸工具来生成项目的施工图纸。每个图纸视图都可以放置多个图形视口和明细表视图。

如图4.30所示,选择"视图"—"图纸"命令,在弹出的"新建图纸"对话框中选择所需要的标题栏,也可通过"载入"使用自定义图框。这里选择通过载入族选择"A0公制",单击"确定"按钮,完成图纸的创建。Revit会自动创建一张图纸视图,在项目浏览器中的"图纸"列表也会添加图纸。

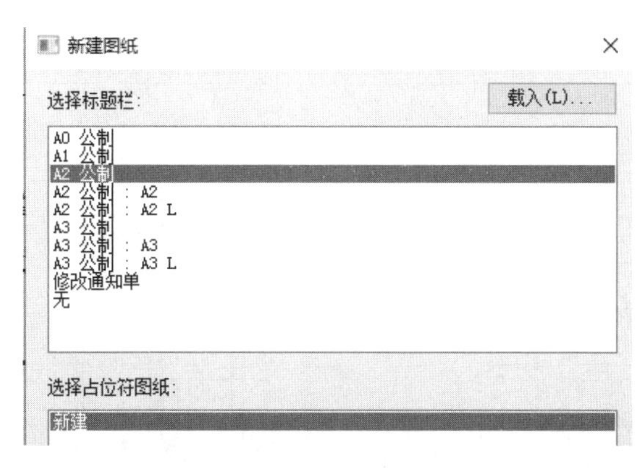

图 4.30 新建图纸

在项目浏览器中展开“图纸”选项,在图纸“Jo-1 未命名”上单击右键,在弹出的列表中选择重命名,输入合适的“编号”和“名称”即可。

2)布置视图

创建了图纸后,即可在图纸中添加建筑的一个或多个视图,包括楼层平面、场地平面、天花板平面、立面、三维视图、剖面、详图视图、绘图视图、渲染视图及明细表视图等。将视图添加到图纸后还需对图纸位置、名称等视图标题信息进行设置。

要将视图添加到图纸中,可使用下列方法之一:

①在项目浏览器中打开“楼层平面”视图列表,选择其中一层视图,按住鼠标左键不放,并移动光标到图纸中松开鼠标,在图纸合适位置单击放置视图。

②单击“视图”选项卡内的“图纸组合”面板中的“视图”,在弹出的“视图”对话框中选择一个视图,然后单击“在图纸中添加视图”,如图 4.31 所示。

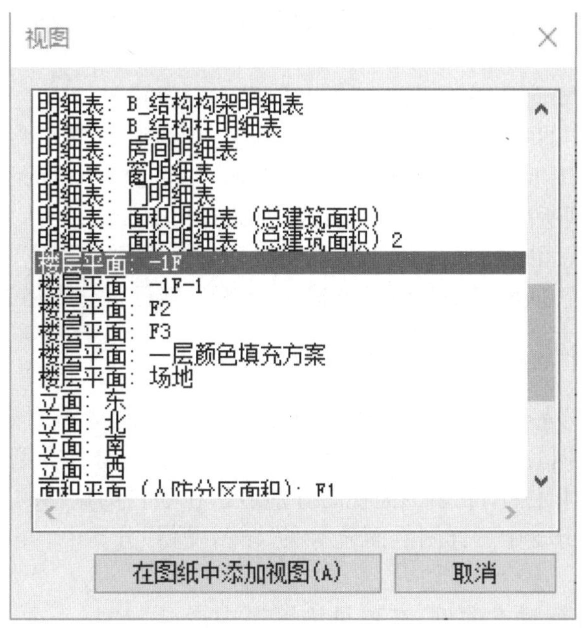

图 4.31 添加图纸

导入楼层平面图纸后如图 4.32 所示,其余图纸采用同样的方法。

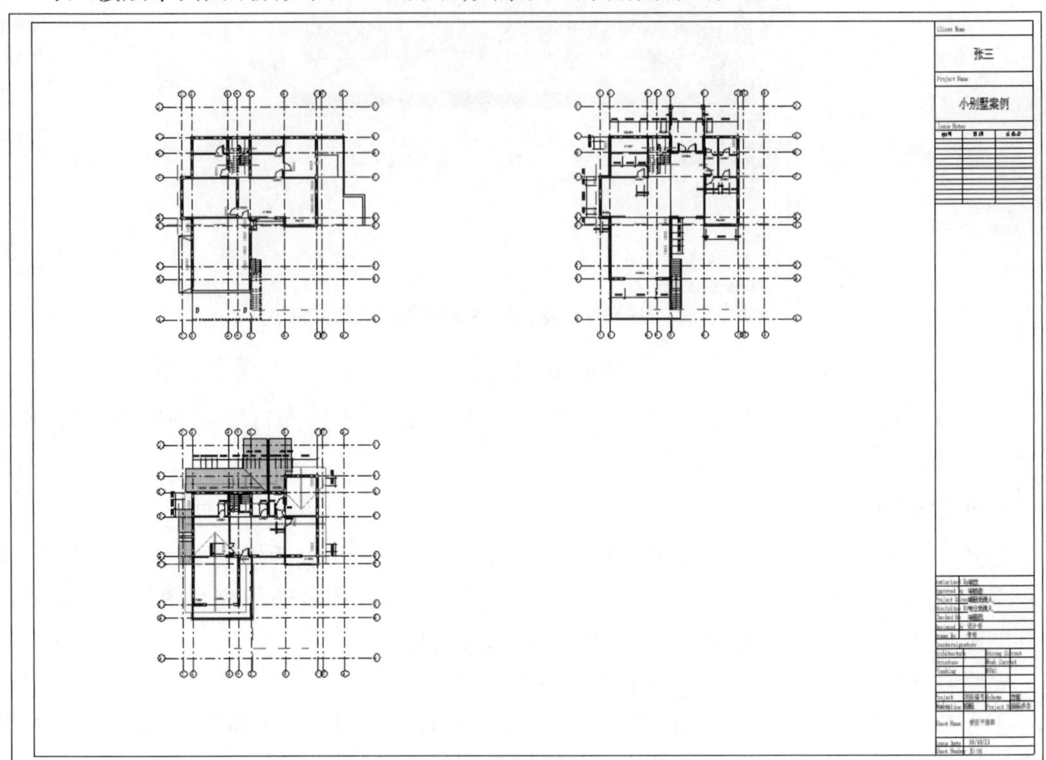

图 4.32　图纸中导入楼层平面图

单击载入的平面图,可以在属性面板中调整视图比例,默认导入视图比例为 1∶100。

除图纸视图外,明细表视图、渲染视图、三维视图等也可以直接拖曳到图纸中,下面以门窗表为例简要说明。

①在项目中,打开要向其添加明细表的图纸,操作步骤同前。

②在项目浏览器中的“明细表/数量”选项卡下选择明细表,然后将其拖曳到绘图区域中的图纸上,当光标位于图纸上时,松开鼠标按键,Revit 会在光标处显示明细表的预览。

③将明细表移动到所需位置,然后单击以将其放置在图纸上。

④单击选择图纸视图中的明细表,蓝色三角形可调整每列的列宽,右边界中间的 Z 形截断控制柄可拆分明细表,四向箭头控制柄可移动、重新连接已拆分表格等操作。

▶ 4.4.2 剖面图纸

创建剖面图纸需要先创建剖面视图,Revit 提供了模型的特定部分的视图,可以创建建筑、墙和详图的剖面视图。每种类型都有唯一的图形外观,且每种类型都显示在项目浏览器下的不同位置。建筑剖面视图和墙剖面视图分别显示在项目浏览器的“剖面(建筑剖面)”分支和“剖面(墙剖面)”分支中。详图剖面显示在“详图视图”分支中。创建剖面视图的具体步骤如下:

①打开一个平面,针对本案例,在项目浏览器中展开“楼层平面”选项,双击视图名称“F1”,进入 F1 平面视图。

②单击“视图”—“剖面”命令;在属性栏的“类型选择器”中,可从列表中选择视图类型,或者单击“编辑类型”以修改现有视图类型或创建新的视图类型,这里选择“剖面—建筑剖面”。

③移动光标至③轴和⑤轴之间,在建筑上方单击确定剖面线上端点,光标向下移动超过A轴后单击确定剖面线下端点,绘制剖面线如图4.33所示。

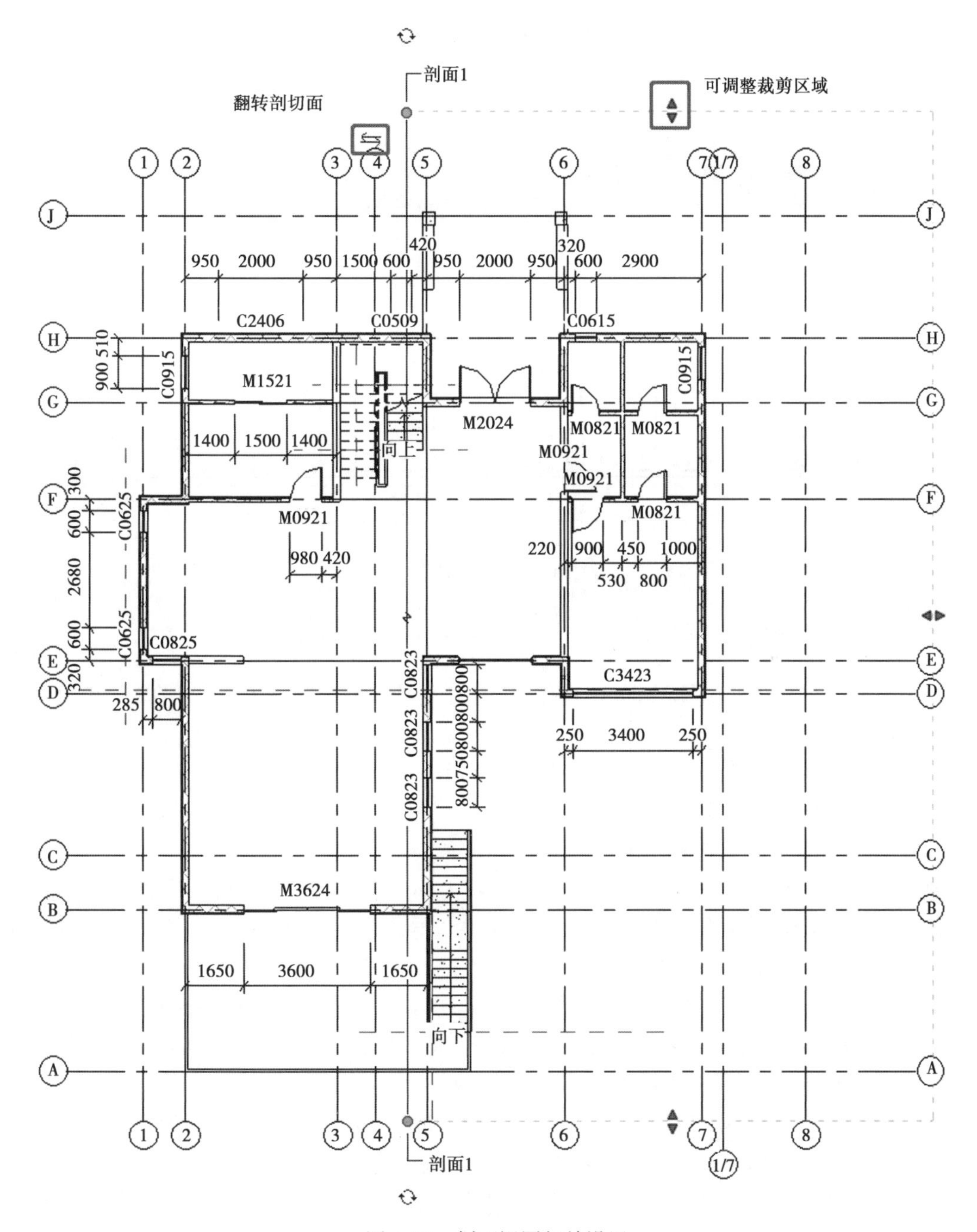

图4.33 剖面视图相关设置

④当到达剖面的终点时单击鼠标,这时将出现剖面线和裁剪区域,并且处于选中状态,如果需要可通过拖曳蓝色控制柄来调整裁剪区域的大小。剖面视图的深度将相应地发生变化。单击“修改”或按“Esc”键退出。

⑤要打开剖面视图,可双击剖面标头或从项目浏览器的“剖面”组选择视图。

⑥当修改设计或移动时,剖面视图将随之改变。

剖面视图创建完成后,可参照上节相关内容将剖面视图布置到图纸中,最终完成效果如图 4.34 所示。

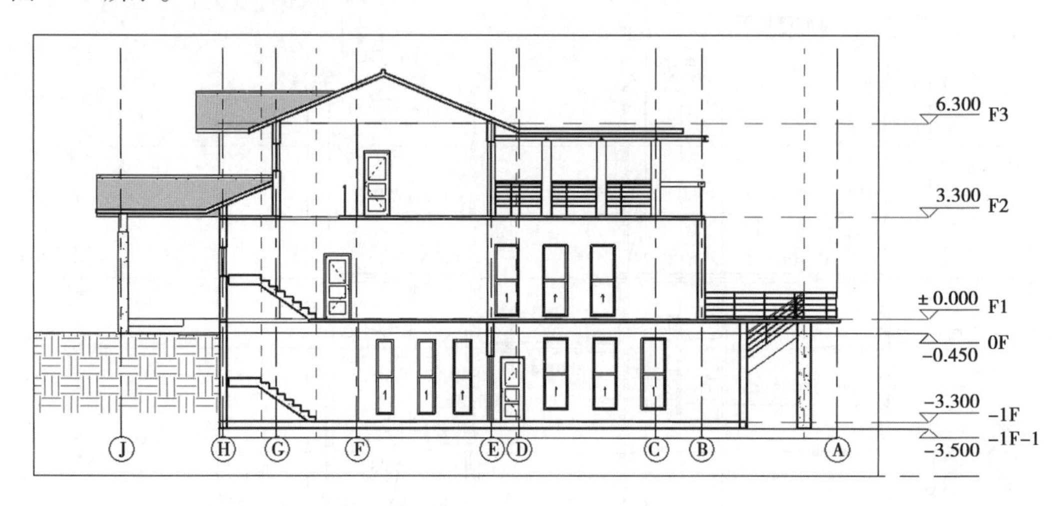

图 4.34 剖切视图

▶ 4.4.3 导出图纸

按上述方法创建多张图纸后,可以直接打印出图。Revit 支持导出 CAD(DWG 和 DXF),ACIS(SAT)和 DGN 文件格式。

如果在三维视图中使用其中一种导出工具,则 Revit 会导出实际的三维模型,而不是模型的二维表达。要导出三维模型的二维表达,应将三维视图添加到图纸中并导出图纸视图,然后可以在 AutoCAD 中打开该视图的二维版本。

这里以导出 DWG 为例,项目浏览器中左键双击图纸名称“JS-01-楼层平面图”,打开图纸视图;单击应用程序“文件”菜单,在列表中选择“导出”—“CAD 格式”—“DWG 文件”工具,弹出“DWG 导出”对话框,如图 4.35 所示。

单击“选择导出设置”右边的按钮,弹出“修改 DWG/DXF 导出设置”对话框,在该对话框中可分别对 Revit 模型导出为 CAD 时的图层、线型、填充图案、文字和字体颜色、实体、单位坐标等内容进行设置,设置完成后单击“确认”按钮,如图 4.36 所示。

在“DWG 导出”对话框中,单击“下一步”按钮,弹出“导出 CAD 格式—保存到目标文件夹”对话框,在该对话框中指定文件保存格式、DWG 版本等内容。

输入文件名称,单击“确定”按钮,即可将所选图纸导出为 DWG 数据格式。勾选对话框中“将图纸上的视图和链接作为外部参照导出”复选框,导出的文件将采用外部参照模式。

至此,文件导出完成。

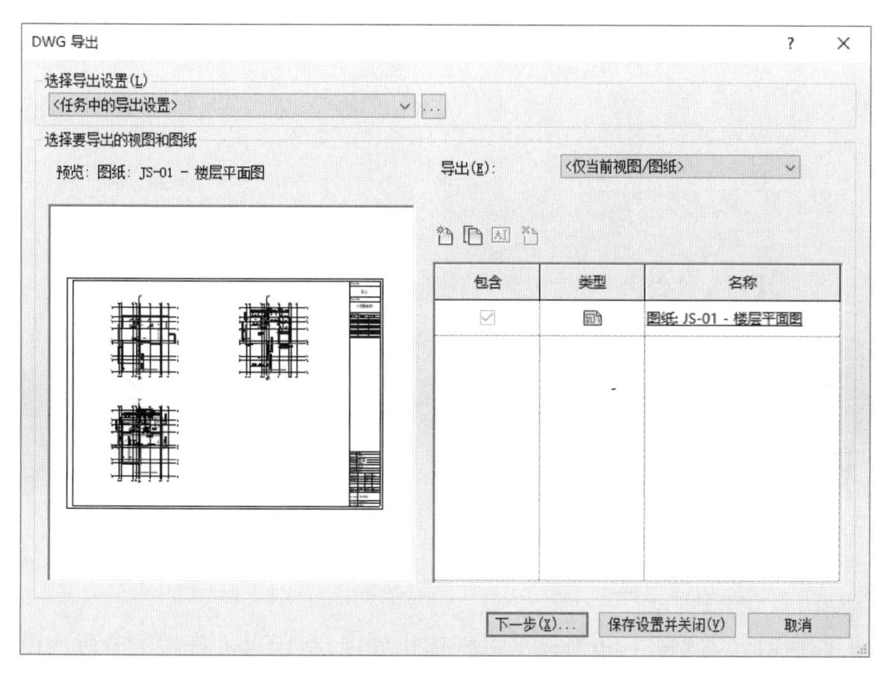

图 4.35　DWG 导出对话框

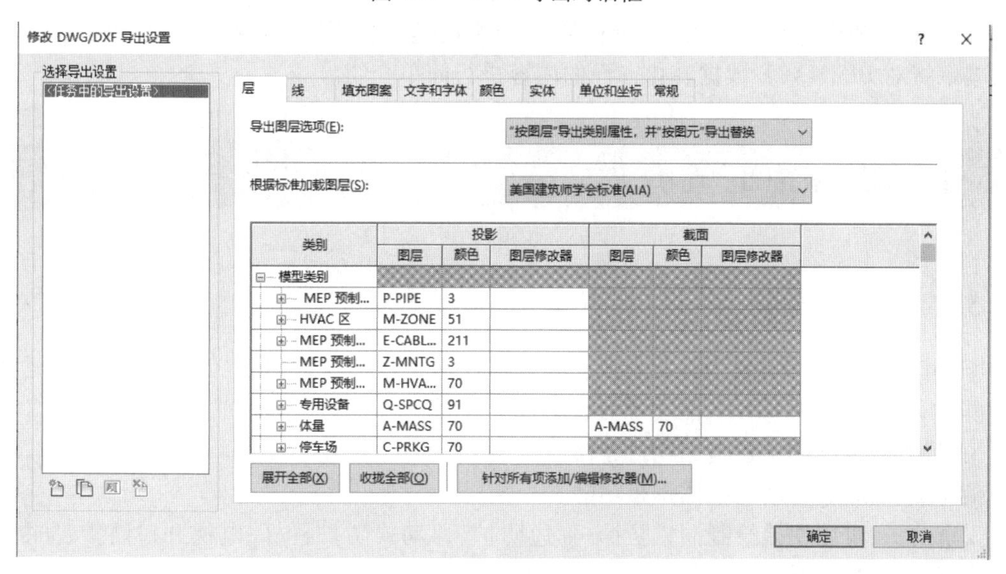

图 4.36　导出设置对话框

【注意】如果导出的是项目的某个特定部分，可在三维视图中使用剖面框，在二维视中使用裁剪区域，完全处于剖面框或裁剪区域以外的图元不会包含在导出的文件中。

5

施工阶段 BIM 建模

完成建筑建模后，需要进一步对模型进行优化处理，然后再进行施工阶段的模拟。BIM-MAKE 是基于广联达自主知识产权的图形和参数化建模技术，为施工企业及项目部的技术工程师打造全新的聚焦施工过程的三维构件级 BIM 建模，它是轻量化、精细化的 BIM 应用的软件。本章将对 BIMMAKE 数据转化方面的内容进行简单介绍。

5.1 BIMMAKE 简介

▶ 5.1.1 软件功能

BIMMAKE 的适用对象为施工企业及项目部技术工程师等，为其提供轻量化 BIM 建模与 BIM 模型应用。BIMMAKE 功能主要有以下几个方面：

土建建模：全新的土建施工项目建模模块。

砌体排布：新增全新的砌体排布功能。

安全防护：可以快捷绘制洞口防护、临边防护、移动式防护栏杆、电梯井口防护、防护棚、加工棚等安全防护构件。

施工设施：专有的施工设施构件分类使模型创建更加便捷。

数据转换：支持导入 Revit、GTJ、GCL、CAD 文件，可以导出 IGMS 格式到 BIM5D，可以导出 CAD 图纸、3DS 等格式的文件。

通用编辑与精细编辑：利用模型快速编辑手段，将设计模型快速转化为施工模型，消除设计模型与施工模型之间的鸿沟，使模型符合施工阶段的应用要求。

三维可视化展示：提供平面、立面、剖面、三维、透视等多种视图，搭配灵活的模型可见性控制能力，可方便快捷地对模型进行检查、编辑、出图。

二维出图:基于视图可直接导出二维图(dw,dxt),将三维模型真实表达在二维图中,满足二维交底需求。

▶ 5.1.2　软件特点

BIMMAKE 软件具有下述 3 个特点。

(1)轻量化

BIMMAKE 能够有效降低硬件成本。软件本身所占内存较小,能够快速安装,适用于多数环境。

能够有效降低学习成本。软件操作方法与 Revit 类似,可使相关从业者快速上手。

能够有效降低 BIM 应用成本。软件获取模型速度快,可给相关使用者预留充分时间示范 BIM 应用。

(2)低成本

支持多种格式导入 BIMMAKE,一模多用,减少重复建模、支持多种格式导出,实现模型更多应用的延展。此外,算量模型进入 BIMMAKE,可一键处理为构件级施工 BIM 模型,减少重复建模,从而实现了降低建模成本,提升模型价值的功能。

(3)本地化

BIMMAKE 符合本地化的操作习惯,拥有简单易懂的交互界面,还能流畅准确地进行 CAD 翻模、族创建和项目建模。

▶ 5.1.3　界面介绍

如图 5.1 所示,BIMMAKE 的界面主要包含 5 个大板块,分别是功能区、构件工具栏、视图管理器、属性面板以及显示/拾取过滤。

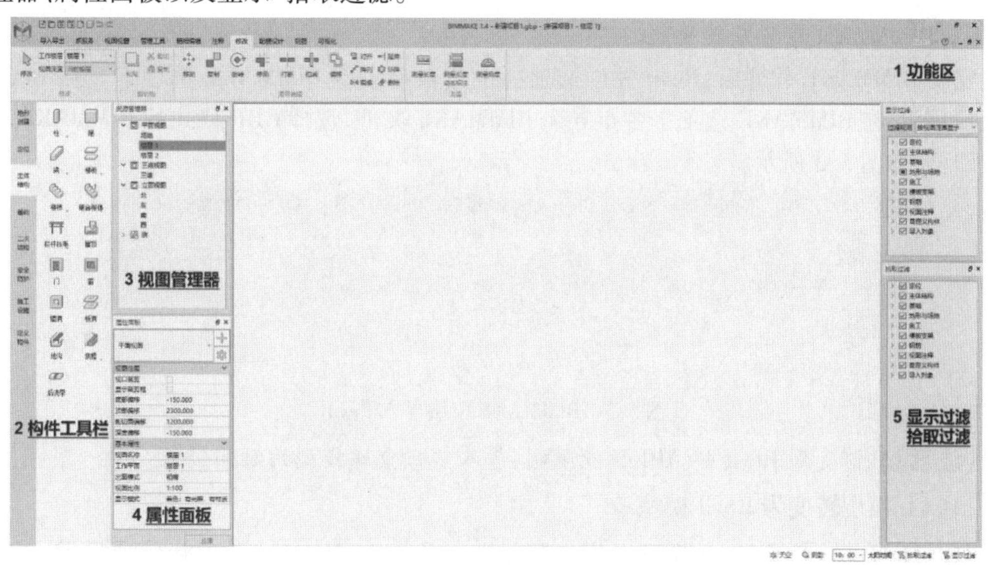

图 5.1　BIMMAKE 界面及相关功能区

5.2 格式转换

BIMMAKE 具有强大的数据转换功能,能够给从业者带来极大方便,下面介绍在 BIMMAKE 中常用格式的转换。

5.2.1 算量模型转化为 Revit 模型

1)GTJ 模型转化为 Revit 模型

模型的转化主要分为两个步骤,第一步是将算量 GTJ 模型导入 BIMMAKE,第二步是将 BIMMAKE 模型导入 Revit。具体步骤如下:

(1)算量 GTJ 模型导入 BIMMAKE

首先需要在 GTJ 中单击"导出 GFC",使其生成 gfc2 格式文件。打开 BIMMAKE 软件,单击新建项目后,在"导入导出"中单击导入 GTJ(图 5.2),载入 gfc2 格式文件,勾选需导入的构件内容,并保存为 BIMMAKE 的项目文件,得到 GBP 格式文件。

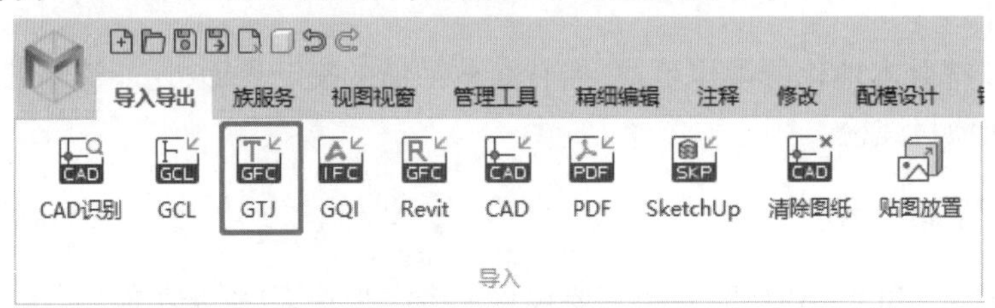

图 5.2　载入 gfc2 格式文件

(2)BIMMAKE 模型导入 Revit

安装 BIMMAKE 软件后,Revit 软件选项栏上会自动出现 BIMMAKE 选项卡。在 Revit 中新建项目后,在 BIMMAKE 选项卡中点导入 BIMMAKE 文件,选择 GBP 格式的 BIMMAKE 项目文件即可,如图 5.3 所示。

图 5.3　BIMMAKE 模型导入 Revit

【注意】目前受到 Revit 的 API 性能限制,导入项目重建模型的时间较长。

2)GCL 模型转变为 Revit 模型

与 GTJ 模型转变为 Revit 模型操作步骤类似。首先在 BIMMAKE 中新建项目后,单击导入 GCL,载入 GCL 格式文件,勾选需导入的构件内容,并保存 BIMMAKE 的项目文件,得到 GBP 格式文件;然后在 Revit 中新建项目后,在 BIMMAKE 选项卡中单击导入 BIMMAKE,选择 GBP 格式的 BIMMAKE 项目文件,即可完成模型转变。

▶ 5.2.2 Revit 族文件版本降级

用高版本 Revit 绘制的族文件，在低版本中是无法打开的，这会给相关从业人员带来一定的不便。用户可通过 BIMMAKE 解决这个问题，具体方法如下：

在高版本的 Revit 中打开需要转换的族文件，然后单击 Revit 中的 BIMMAKE 选项卡中的导出 BIMMAKE，导出一个中间格式:2gac 格式文件。

打开 BIMMAKE，因为导入的是公制常规模型，所以新建一个对应的“点式族”。单击导入 Revit，导入“2gac”格式的文件，然后单击保存，此时保存的是 gac 格式文件。

打开低版本的 Revit，新建公制常规模型，单击导入 BIMMAKE，导入刚刚由 BIMMAKE 保存的 gac 格式的族文件即完成了 Revit 族文件降级。

▶ 5.2.3 其他格式转化

BIMMAKE 还支持其他格式的转化，具体见表 5.1。

表 5.1 其他格式转换方法

支持的格式转换		方 法
Revit 项目	在 BIMMAKE 中，导入 Revit 项目	1. 在 Revit 的广联达 BIM 算量选项卡中对工程设置后，导出全部图元后生成 GFC2 格式文件 2. BIMMAKE 新建项目后，单击导入 Revit，载入 GFC2 格式文件，并勾选需导入的构件内容即可
	在 Revit 中，导入 BIMMAKE 项目	在 Revit 中新建项目后，在 BIMMAKE 选项卡中单击导入 BIMMAKE，选择 GBP 格式的 BIMMAKE 项目文件即可
Revit 族	在 BIMMAKE 中，导入 Revit 族	1. 在 Revit 的 BIMMAKE 选项卡中点导出 BIMMAKE 后生成 2gac 格式文件 2. 在 BIMMAKE 中，按对应的族模板新建族后，单击导入 BIMMAKE，选择 2gac 文件即可
	在 Revit 中，导入 BIMMAKE 族	Revit 按对应的族模板新建族后，在 BIMMAKE 选项卡中点导入 BIMMAKE，选择 gac 格式的 BIMMAKE 族即可
BIM5D	BIMMAKE 导出 IGMS 格式	1. BIMMAKE 单击导出 IGMS，设置楼层与构件对应关系 2. BIM5D 单击数据导入添加模型，选择 IGMS 文件即可
3DS	BIMMAKE 导出 3DS 格式	BIMMAKE 单击导出 3DS 即可
CAD/DXF	BIMMAKE 导出 CAD/DXF	BIMMAKE 中单击导出 CAD/DXF，选择要导出的视图和保存的位置即可
图像	BIMMAKE 导出图像	BIMMAKE 单击导出图像即可

续表

支持的格式转换		方　法
SKETCHUP	BIMMAKE 中导入 SKP	BIMMAKE 中单击导入 SKP 即可
BIMFACE	BIMMAKE 导出 BIMFACE	BIMMAKE 中单击上传模型,完成后单击浏览即可在网页端浏览模型

5.3　CAD 识别翻模

BIMMAKE 能够快速识别图纸创建三维模型,CAD 图纸一键自动分割整理,识别快,整体识别率高。用户需要通过图纸的导入、整理图纸、图纸定位、识别楼层表、匹配楼层以及构件类型(识别其他构件)这 6 个环节来实现 CAD 识别翻模。下面简单介绍 BIMMAKE 的 CAD 翻模操作方法。

▶　5.3.1　导入 CAD

在"导入导出"选项卡下选择"CAD 识别"按钮,如图 5.4 所示。

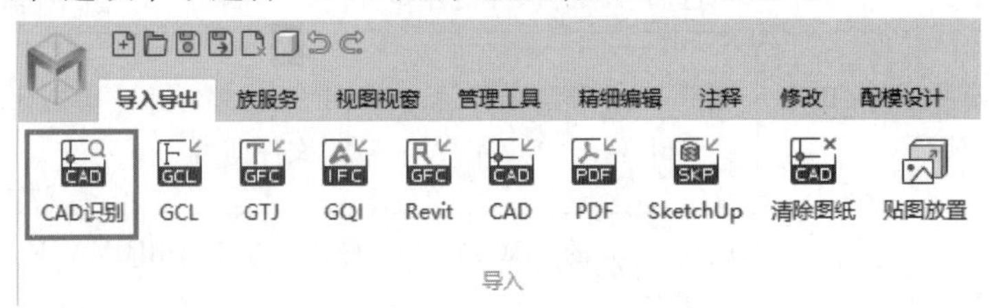

图 5.4　CAD 识别

此时可在弹出的选择文件对话框中选择"dwg""dxf""GTJ""gad"格式文件。选好文件后单击"确定"按钮,此时会弹出一个新的界面,如图 5.5 所示。

▶　5.3.2　图纸管理

1)分割图纸

一个工程的多个楼层、多种构件类型可能放在一张 CAD 图纸中,为了方便识别,在用户将 CAD 图纸导入 BIMMAKE 后,需要把各个楼层图纸单独拆分出来,再在相应的楼层分别选择这些图纸进行识别操作。这时就需要运用"分割"工具,其操作步骤如下所述。

单击"图纸管理"选项卡下的"分割"选项,下拉选择"自动分割",软件会在自动查找照图纸边框线和图纸名称后自动分割图纸,若找不到合适名称便会自动命名。

也可以选择手动分割,单击"手动分割"后框选需要分割的 CAD 图纸,单击鼠标左键进行框选,单击右键确认,也可以根据软件下方的状态栏提示进行操作。

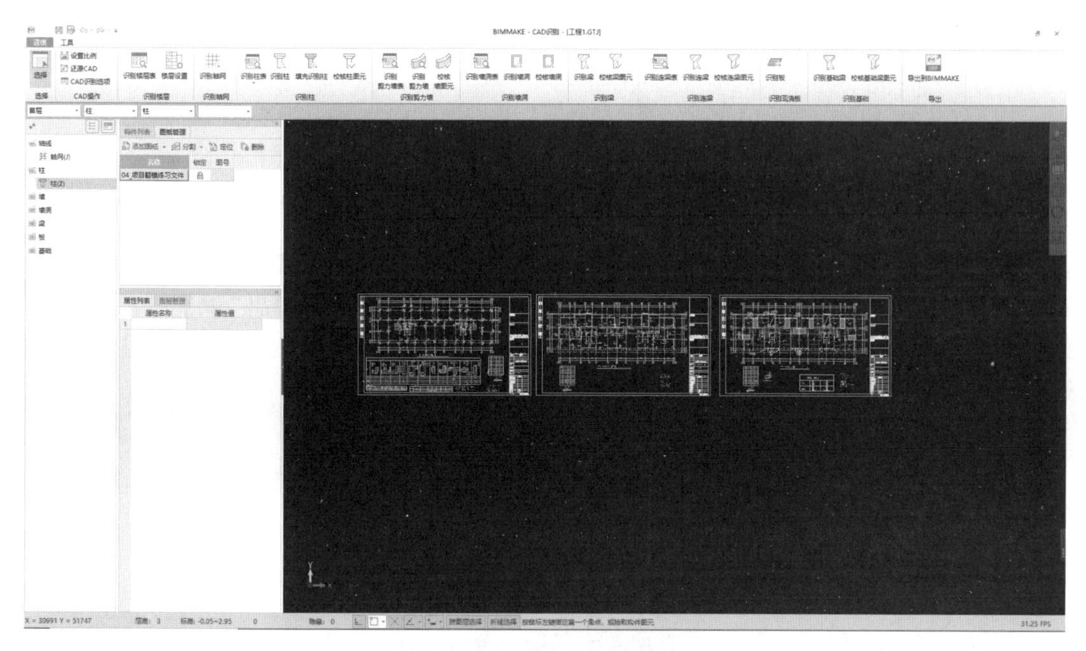

图 5.5　导入 CAD 识别后界面

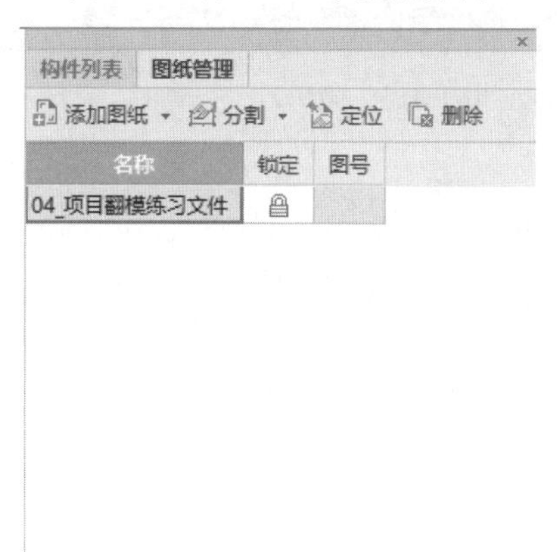

图 5.6　图纸管理选项栏

2)定位图纸

在分割图纸后,需要定位 CAD 图纸,使构件之间以及上下层之间的构件位置重合。单击“定位”,在 CAD 图纸上选中定位基准点,然后选择定位目标点,或打开动态输入选项输入坐标原点(0,0)完成定位,即可快速完成所有图纸中构件的对应位置关系。

3)删除图纸

对不需要的 CAD 图纸,可以使用“删除图纸”功能,即从列表中移除选中的 CAD 图纸。单击“图纸管理”选项下的“删除”按钮即可删除选中的图纸,在弹出的界面中单击“是”即可删除 CAD 图形。

▶ 5.3.3 CAD 识别

1)识别楼层板

识别楼层板命令用于识别 CAD 图中的楼层表,识别完成后,软件自动生成楼层,达到快速建立楼层的目的。

把视图缩放到能够显示完整的楼层表,然后单击“识别楼层”中的“识别楼层表”,如图 5.7 所示,在图中拉框中选中楼层表,单击鼠标右键确认,软件将弹出“识别楼层表”对话框,如图 5.8 所示,用户可将无用行或列删除,只需单击识别即可。如果需要更改识别的楼层信息,还可以在“楼层设置”选项中进行修改。

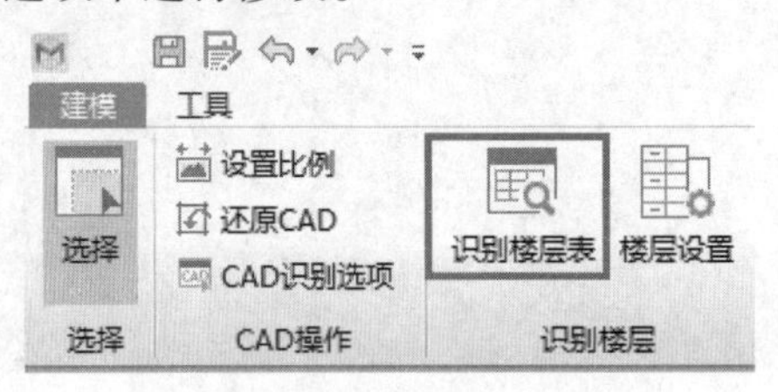

图 5.7 识别楼层表

编码	底标高	层高
屋面	屋面标高	
7	19.700	变数
6	16.400	3300
5	13.100	3300
4	9.800	3300
3	6.500	3300
2	3.200	3300
1	-0.150	3350
-1	基础顶	变数
层号	标高(m)	层高(m)

图 5.8 识别楼层表对话框

2）识别轴网

识别轴网的操作步骤如下：

单击“建模”—“识别轴网”—“提取轴线”，此时会出现“单图元选择”“按图层选择”“按颜色选择”3 种选项出现在状态栏，如图 5.9 所示。

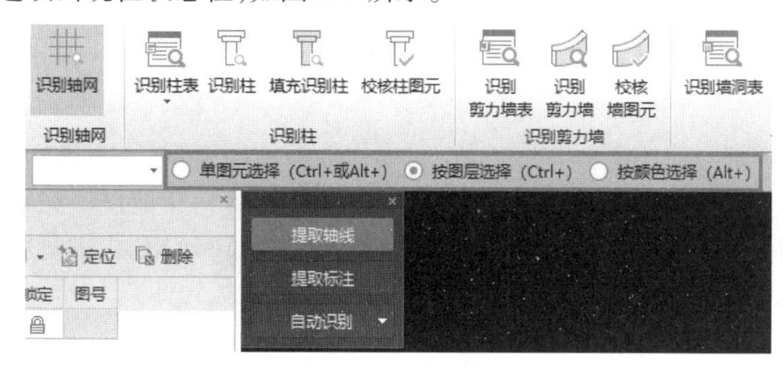

图 5.9 识别轴网

勾选后在图中单击鼠标左键选择，被选中的轴网会变成高亮的蓝色，单击右键确认选择，被选择的 CAD 图元自动消失，并存放在“已提取的 CAD 图层”中，可在“图层管理”选项中进行查看。

单击“提取轴线”下面的“提取标注”选项，单击鼠标右键确认选择，选择的 CAD 图元自动消失，并存放在“已提取的 CAD 图层”中。

完成提取轴网轴线、提取轴网标注操作后，单击“提取轴线”下面的“提取标注”下“自动识别”选项，则提取的轴网轴线和轴网标注被自动识别为软件的轴网，并且存放在“已提取的 CAD 图层中”。

3）识别柱

识别柱中包含“识别柱表”“识别柱”“识别填充柱”3 种识别方式，下面介绍“识别柱”的使用方法。

与前面的操作方法类似，单击“建模”—“识别柱”，出现如图 5.10 所示的选项框，选择“提取边线”，利用“单图元选择”“按图层选择”或者“按颜色选择”的功能点选或框选需要提取的柱边线 CAD 图元；单击鼠标右键确认选择，则选择的 CAD 图元自动消失，并存放在“已提取的 CAD 图层”中。

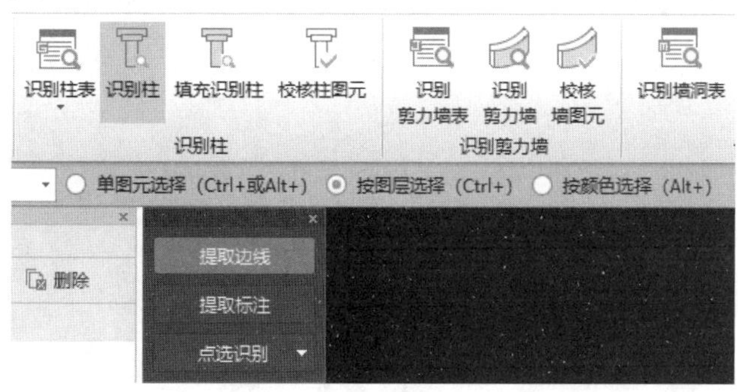

图 5.10 识别柱

单击“提取标注”,点选或框选需要提取的柱标注 CAD 图元;单击鼠标右键确认选择,选择的 CAD 图元自动消失,并存放在“已提取的 CAD 图层”中。

完成提取柱边线和提取柱标注操作后,单击 “点选识别”的下拉菜单,下拉菜单包含“自动识别”“框选识别”“点选识别”“按名称识别”4 个选项,选择“自动识别”对整个区域进行识别。后面 3 种方式能够快速实现对部分柱的识别。

识别完成后,会弹出“校核柱图元”对话框,显示有问题的柱图元,用户可对问题柱进行修改。

其他构件的识别与前述 3 种方法类似,完成构件类型的匹配后,框选“已提取的 CAD 图层”,单击“工具”—“复制到其他层”,可以快速将构件复制到其他层。完成 CAD 图形识别后,单击“导出到 BIMMAKE”,可以将刚刚创建的模型在 BIMMAKE 中进行精细化编辑,以进一步完善模型。

6 BIM 一级考试真题解析

本章选取历年全国 BIM 技能一级考试经典例题进行实操分析。通过分析真题，发现题目主要分为轴网、参数化建模、体量建模、小型建筑 4 个部分。在近几年真题中，标高轴网题往往出现在第一题的位置，且具有一定难度。故本章将分别对轴网、参数化建模、体量建模、小型建筑部分以真题解析的形式进行详细介绍，以便读者熟悉该考试的试题题型、难度以及解题方法。

6.1 轴网

【真题 1】根据图 6.1 给定数据创建标高与轴网，显示方式参考图 6.1。请将模型以“标高轴网”为文件名保存到考生文件夹中。(10 分)

【解析】新建项目，选择建筑样板。首先，绘制标高轴网，切换窗口到任意立面中，更改对应标头名称，调整为下标头形式，线形为虚线，并且左侧标头不显示。在视图选项卡的楼层平面中添加三层、四层、地坪标高的楼层平面。

在任意平面视图中，绘制相应的平面视图轴网。首先绘制数字轴线部分，在建筑选项卡中找到轴网命令，然后在编辑类型中，轴线中段选择连续，且只显示上标头不显示下标头。采用轴线复制命令，选择连续多个，距离依次为 3 700、2 300、3 300、2 500、3 500。此时可以发现，7 号轴线和 6 号轴线之间的夹角为 30°。首先把 6 号轴线解锁伸长，使用轴网命令—直线轴网绘制 7 号 30°角轴线。使用同样方法绘制 8 号轴线。拾取 8 号轴线，使用复制命令，选择约束多个，并以此键入 3 900、4 100、3 000 绘制 9、10、11 号轴线，数字轴线即绘制完成，如图 6.2—图 6.4 所示。

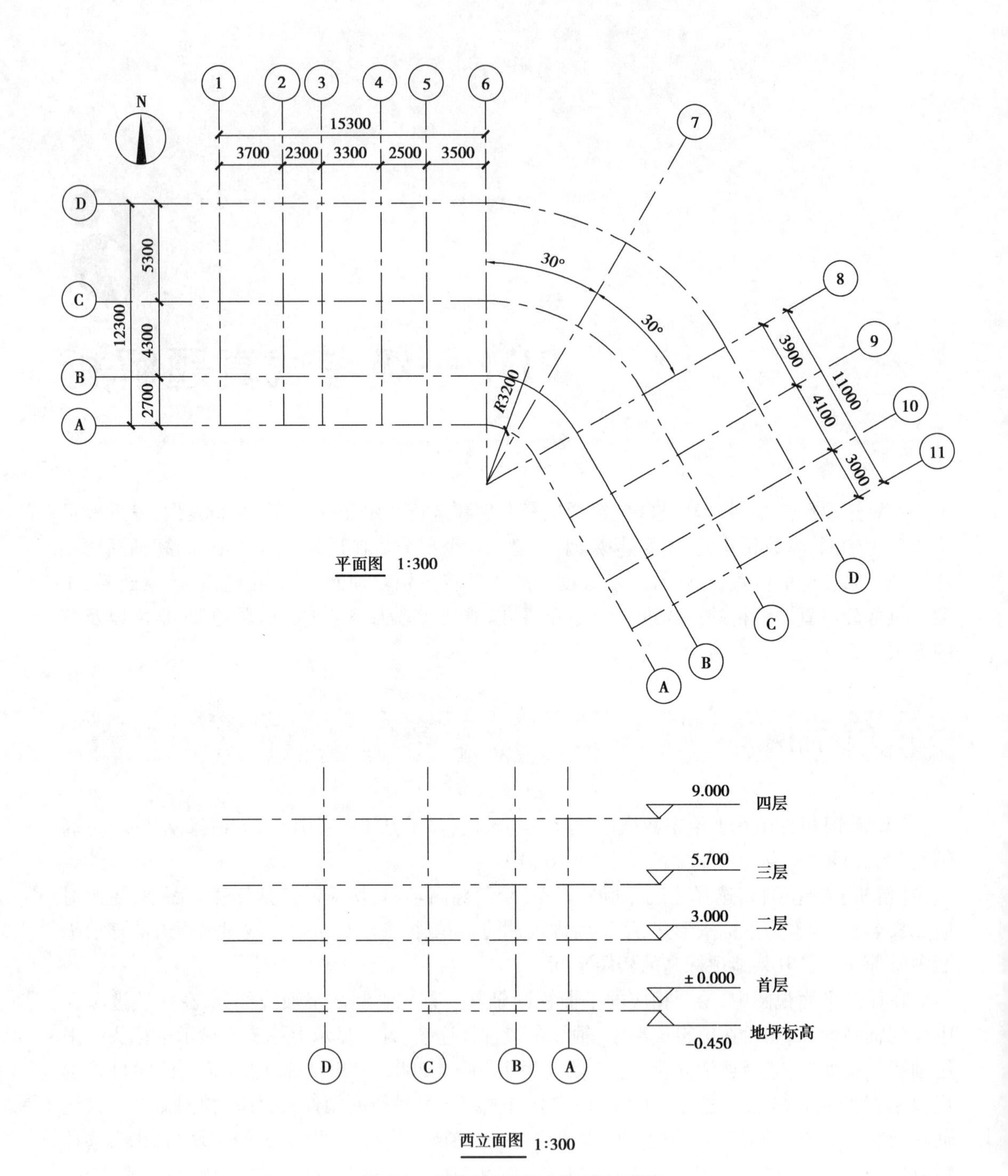

图 6.1　标高轴网平面图、西立面图

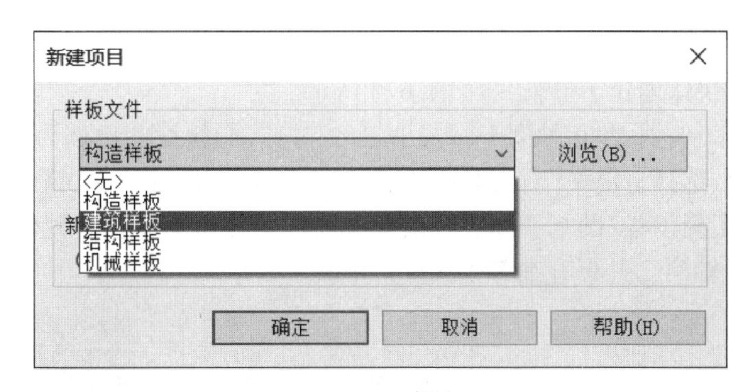

图 6.2 新建项目

图 6.3 标高

图 6.4 竖向轴网

继续绘制字母轴线。可以发现,在绘制字母轴线时,6、7、8 号轴线之间的字母轴线是有一定弧度的,通过绘制 2 条延长线来找出圆弧段中心点位置。在绘制参照线时,要保证水平参照线与 1 至 5 号轴线垂直,斜向参照线与 8 至 11 号轴线垂直。绘制时,应先绘制一侧参照线,以该参照线与 7 号轴线交点为起点绘制第二条参照线。

找到中线点后,使用轴网命令、多段网格命令绘制直线部分,再使用起点—终点—半径命令绘制圆弧段轴线。同时,更改轴线名称为字母 A,调整标头为两端显示,如图 6.5 所示。

为了快速创建其余字母轴线，可使用轴网选项中多段命令中的拾取线命令，在左上角输入对应的偏移量来快速创建字母轴线，如图 6.6 所示。

调整轴网细节。例如：数字轴网下端与 A 轴线对齐，调整视图比例为 1∶300，即单击左下角视图比例选项，选择自定义，输入对应比例尺即可，在注释选项卡，符号命令中选择指北针，添加指北针到正确位置（图 6.7），最后检查立面视图是否与题目一致。将该题目另存为项目，名称为“标高轴网”，并保存在考生文件夹中。

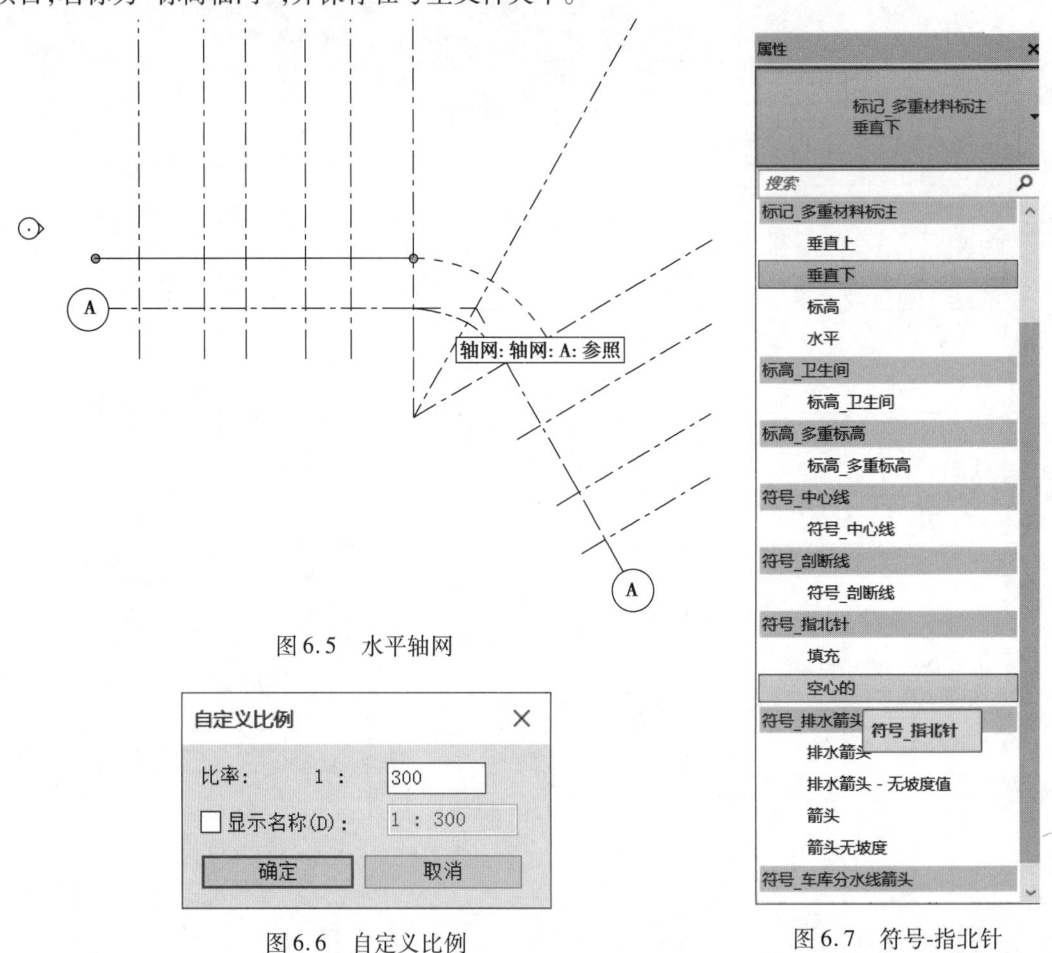

图 6.5　水平轴网

图 6.6　自定义比例

图 6.7　符号-指北针

6.2　参数化建模

► 6.2.1　楼梯扶手

【真题 2】根据图 6.8 给定的数值创建楼梯与扶手，扶手截面为 50 mm×50 mm，高度为 900 mm，栏杆截面为 20 mm×20 mm，栏杆间距为 280 mm，未标明尺寸不作要求，楼梯整体材质为混凝土，请将模型以“楼梯扶手”为文件名保存到考生文件夹中。（10 分）

【解析】首先新建项目,选择建筑样板。到任意立面控制标高为“3230”。为了方便绘制楼梯草图,可以建立多条参照线,包括楼梯轮廓线、梯段中线、休息平台轮廓线等。通过观察,可以发现该楼梯存在左右对称的关系,故可以用楼梯构件先绘制左侧部分,再通过镜像方法生成右侧部分。使用建筑选项卡下楼梯命令,按构件绘制楼梯。因为题目图纸中不存在梯边梁,因此楼梯类型选择整体浇式楼梯。

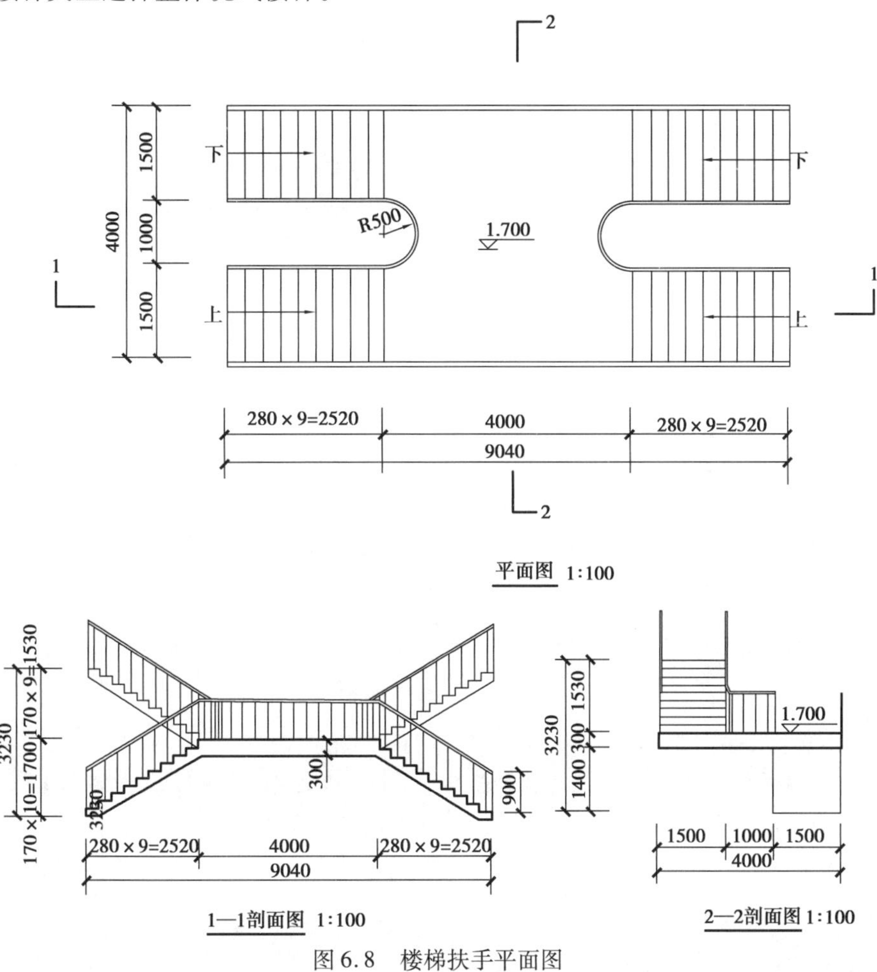

图 6.8　楼梯扶手平面图

可以看出,休息平台高度为“1700”,设置顶部偏移为“1700”,顶部标高和底部标高均设为标高一,所需梯面数为“10”。检查实际体面高度和实际踏板深度是否与题目对应。根据绘制的辅助线绘制左下段楼梯,通过镜像命令生成右下段楼梯。

继续按构件绘制楼梯平台,选择创建草图形式绘制平台边界,半圆形边界部分采用圆心—终点—半径画弧命令,绘制完成后,确认边界是否完全闭合,最后单击对号标志完成平台绘制。

使用梯段命令绘制剩余梯段,设置底部标高为标高一,底部偏移为“1700”,顶部标高为标高二,顶部无偏移。实际踏板深度为“280”,设置所需梯面数为“9”,则实际梯面高度自动生成为“170”。单击对号标志完成绘制即可。

【注意】绘制该楼梯扶手时要在同一个楼梯构件命令下一次性完成,否则会出现栏杆扶手生成错误等问题,绘制结果如图 6.9、图 6.10 所示。

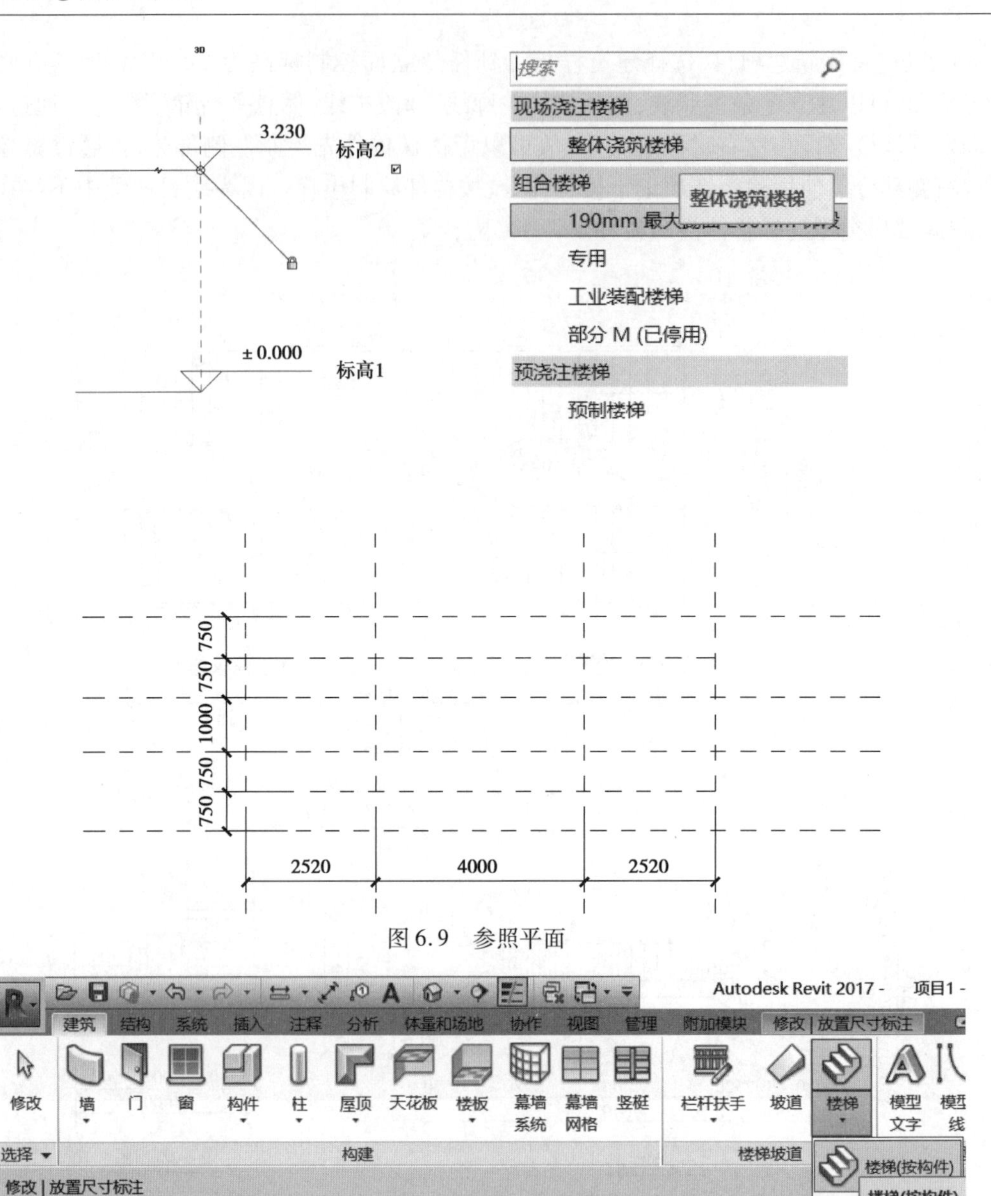

图 6.9　参照平面

图 6.10　按构件创建楼梯

根据题意,还需对楼梯的栏杆扶手进行调整。按住“Ctrl”键将所有栏杆扶手全部选中,单击编辑类型按钮,对扶栏结构(非连续)进行编辑,直接删除扶栏 1、扶栏 2、扶栏 3、扶栏 4。选择顶部扶栏截面为 50 mm×50 mm。继续调整栏杆参数,选择栏杆截面为 20 mm×20 mm,间距为“280”,单击确定。

接下来进行楼梯的材质设置,整体式楼梯的梯段和平台参数需分开设置,可先设置梯段参数,选择栏杆材质时发现没有混凝土材质,可以单击左下角新建材质按钮,并把新建材质命名为混凝土,然后同样设置楼梯平台的材质参数,完成设置后,以“楼梯扶手”为文件名保存到考生文件夹中,绘制结果如图 6.11—图 6.15 所示。

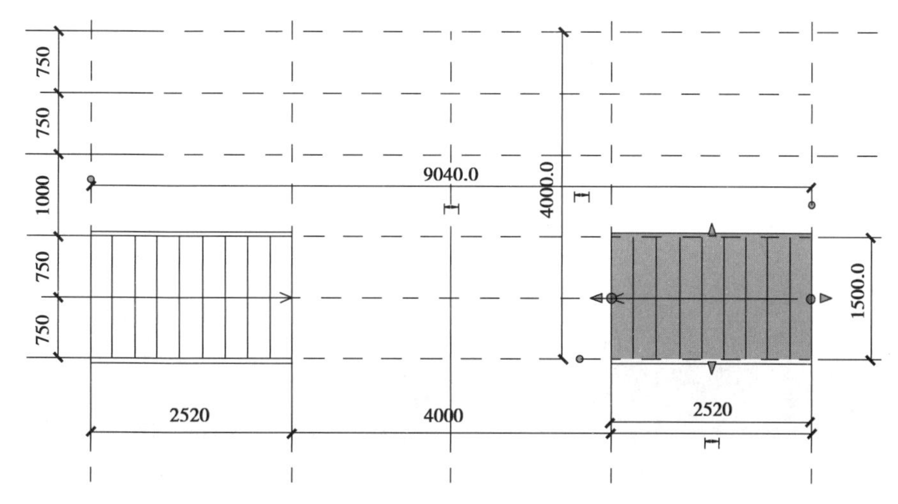

图 6.11 楼梯梯段

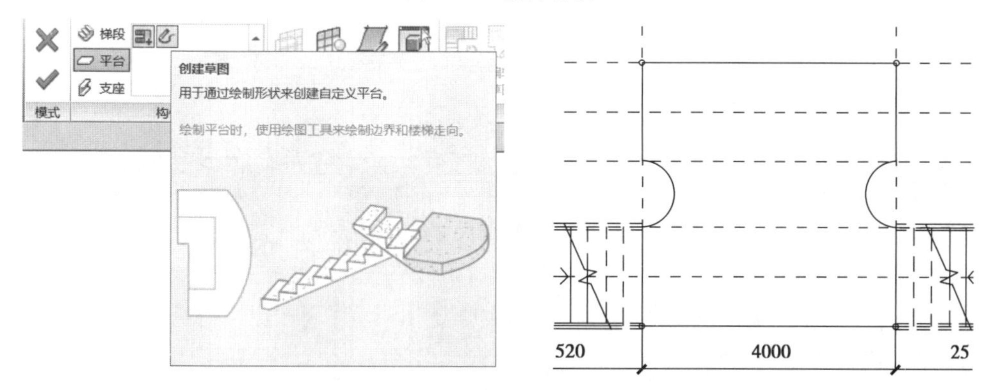

图 6.12 创建休息平台草图

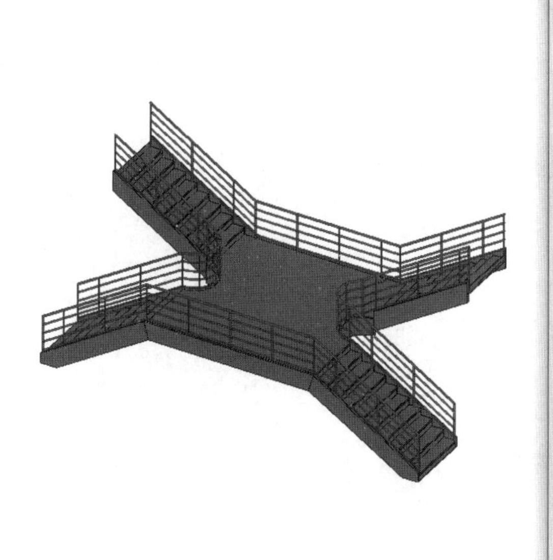

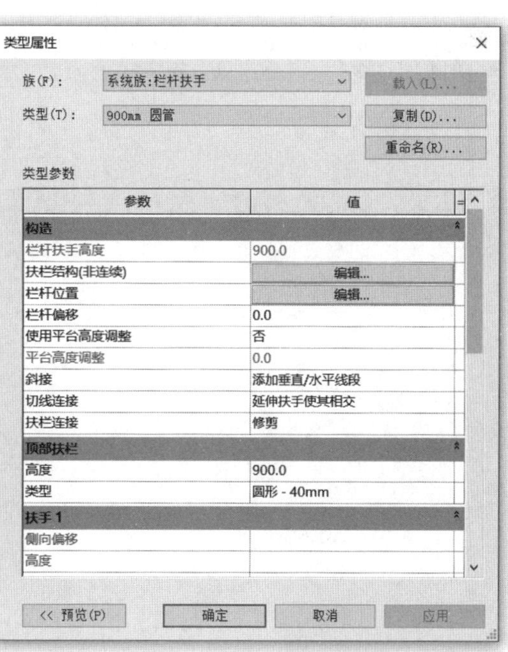

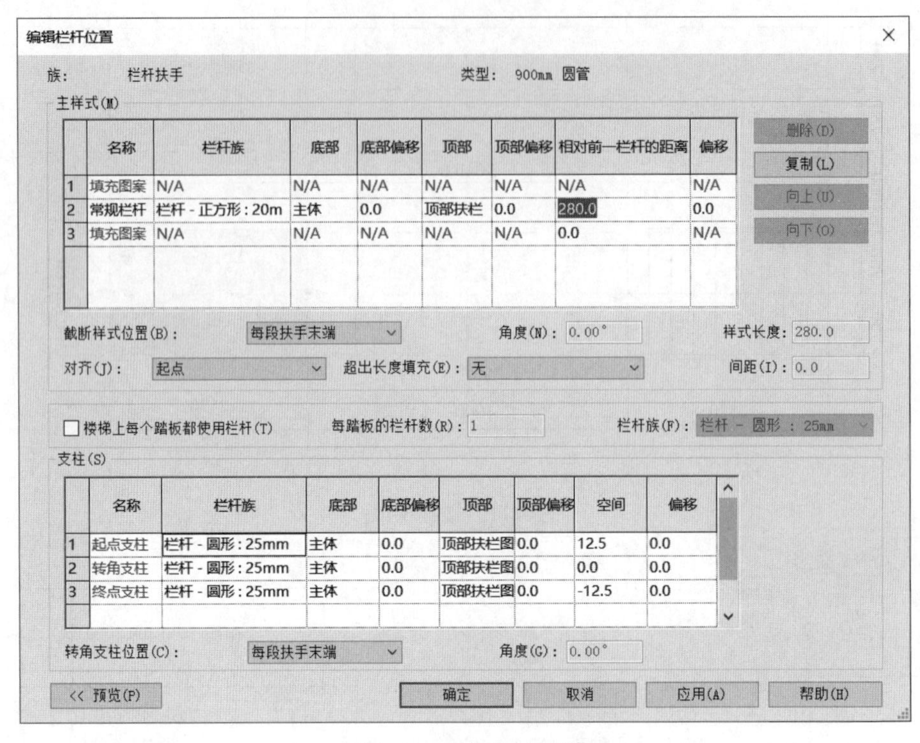

图 6.13　栏杆尺寸参数

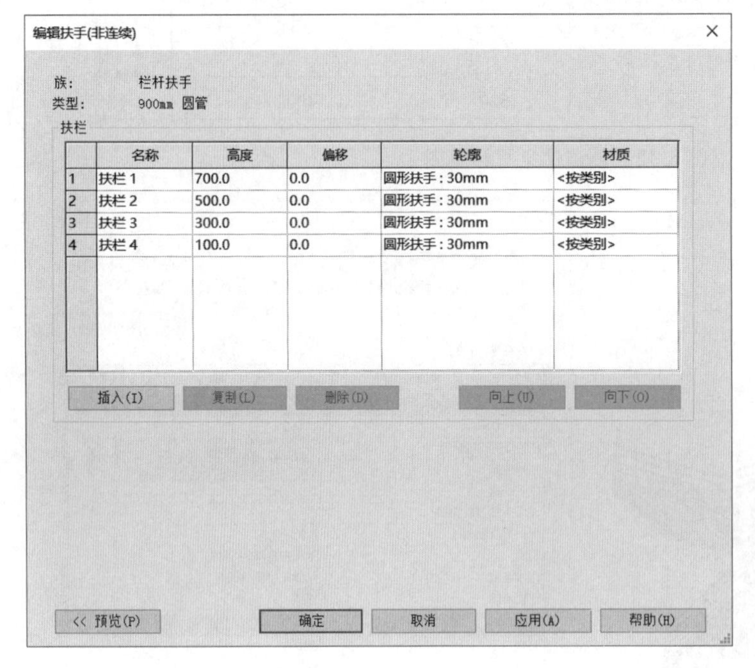

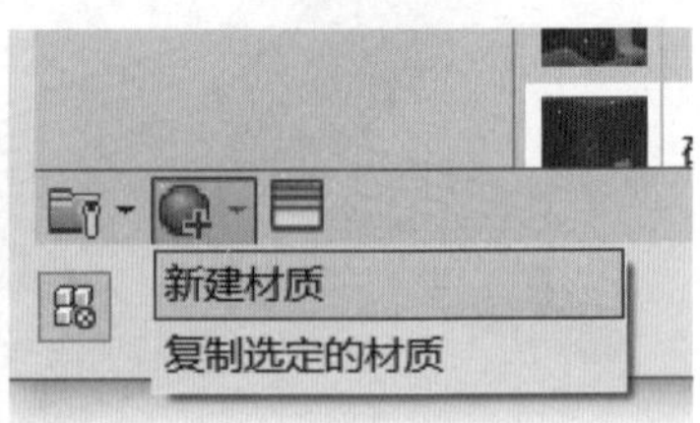

图 6.14　设置栏杆材质

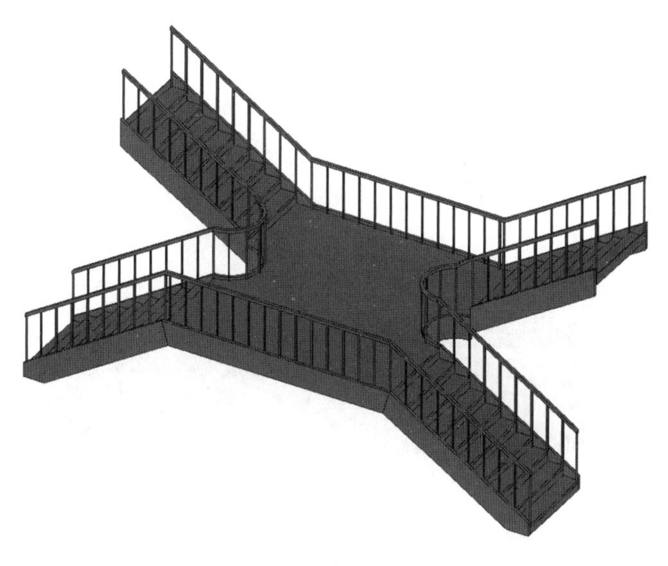

图 6.15 楼梯扶手

▶ 6.2.2 地漏

【真题 3】根据图 6.16 中给定的尺寸及详图大样新建楼板,顶部所在标高为“±0.000”,并命名为“卫生间楼板”,构造层保持不变,进行水泥砂浆层放坡,并创建洞口。请将模型“楼板”为文件名保存到考生文件夹中。(20 分)

【解】首先新建项目,选择建筑样板。使用建筑选项卡中的楼板命令,单击编辑类型,选择复制命令,命名为“卫生间楼板”。详图大样中卫生间楼板上层构造为 60 厚水泥砂浆,下层构造为 100 厚混凝土。因此,单击结构的编辑按钮 ,将结构层厚度改为“100”,材质选择混凝土,插入面层 1。

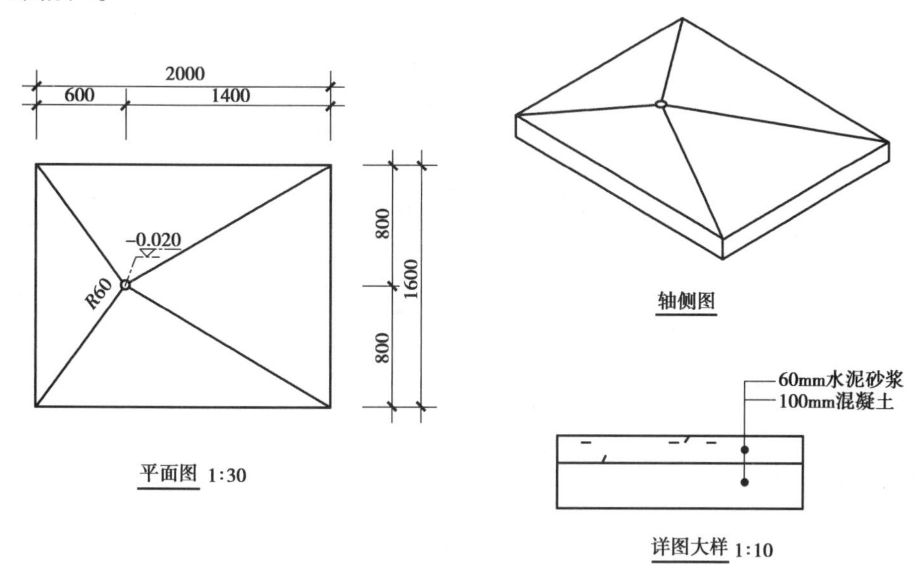

图 6.16 地漏图纸

将厚度设置为“60”，材质修改为“水泥砂浆”。继续使用矩形绘制命令，绘制边长分别为“2 000”和“1 600”的矩形楼板，单击对号完成绘制，如图 6.17、图 6.18 所示。

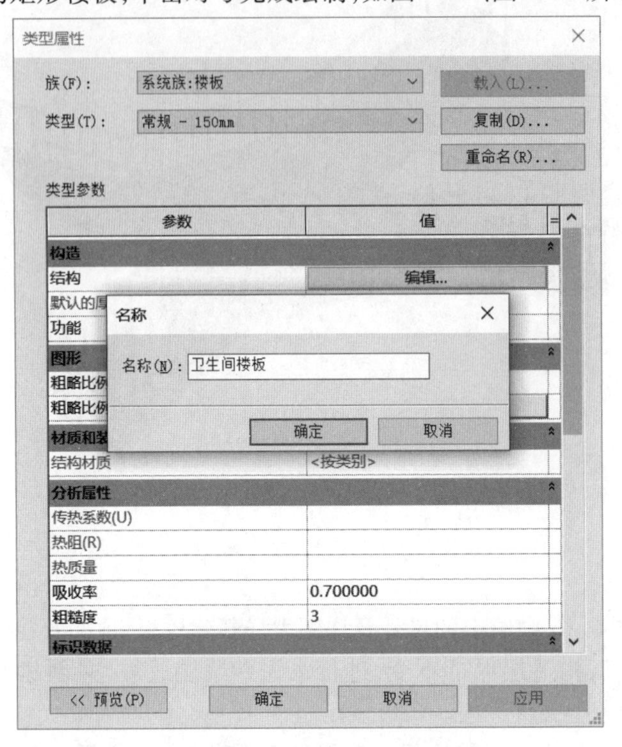

图 6.17　新建卫生间楼板

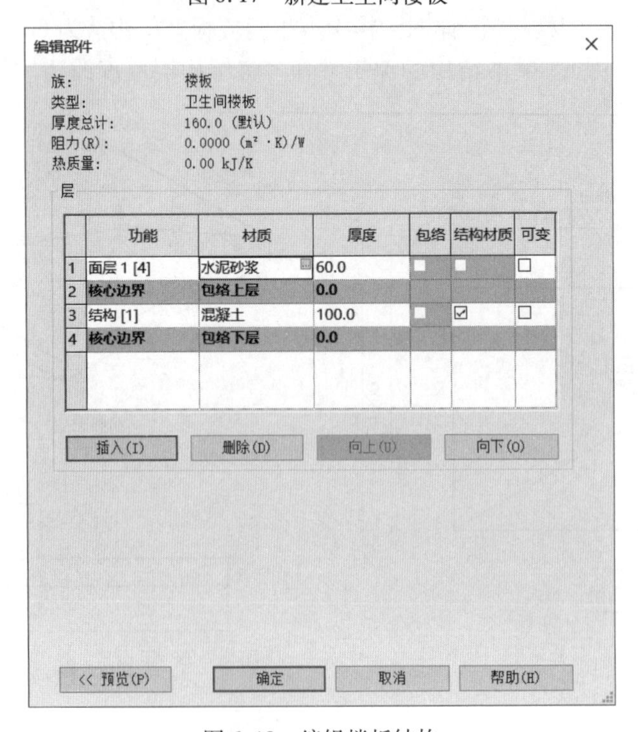

图 6.18　编辑楼板结构

在下一步的绘制中,要找到放坡的中心点,使用参照平面进行位置的定位。在建筑选项卡下工作平面工具栏中,使用参照平面命令进行处理。值得注意的是,为了调整参照平面相对于楼板短边的距离,需要沿重合于楼板短边的方向绘制一条参照平面,此时要重新选中原来的参照平面修改其距离参数,才能正确调整其与短边的距离。容易理解的是,此时被选中的参照平面以未被选中的参照平面为参照物,一次控制距离参数。如果被选中的是与短边重合的参照平面,则不能正确调整距离参数。同理,绘制另一条参照平面,两条参照平面的交点即为放坡中心点。

选中楼板,在上方形状编辑工具栏中,使用添加点命令,单击已绘制好的参照平面交点,完成添加点的绘制,如图 6.19 所示。继续单击修改子图元命令,单击刚才绘制的点,可以发现点的右上方出现的蓝色标记 0。单击该标记即可修改该点的高程,题目中该点标高为 -0.02,单击蓝色标记并修改高程为“-20”即可。

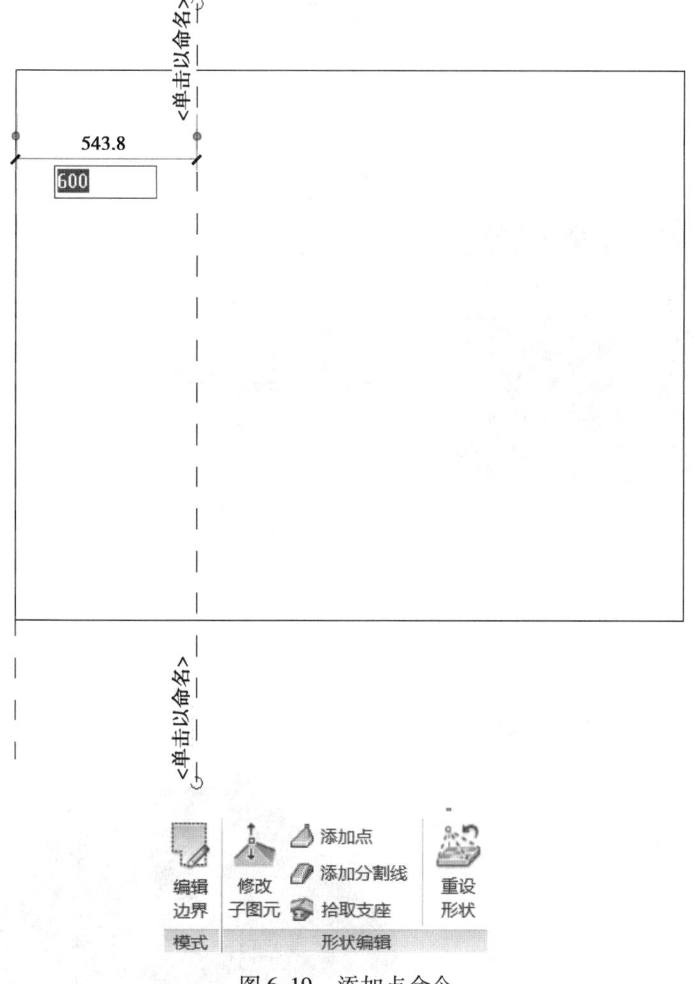

图 6.19　添加点命令

选择洞口选项卡中的竖井命令,在绘制工具栏中选择圆形,以参照平面交点为中心点,以半径“30”画圆,单击对号完成竖井绘制。转到三维视图中调整竖井区域到合适位置,如图 6.20 所示。

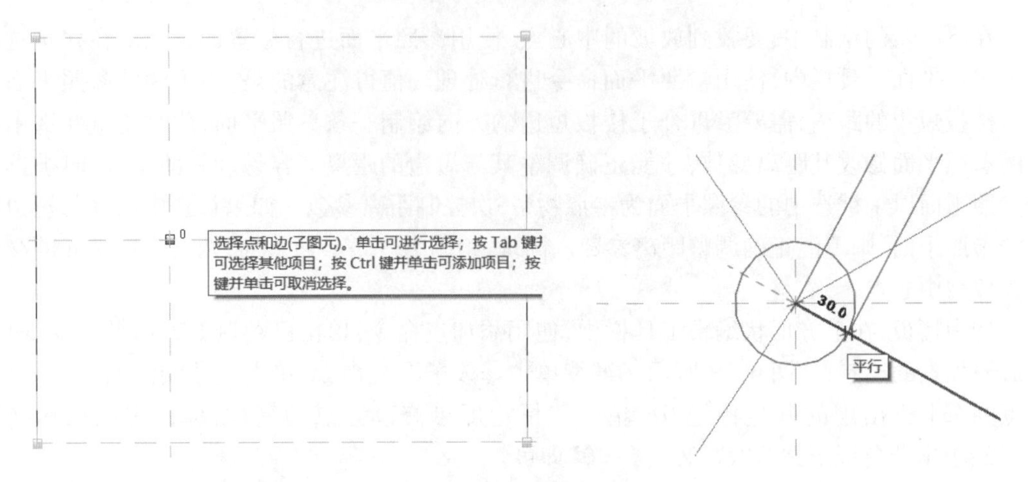

图 6.20　绘制地漏洞口

接下来保持构造层不变,水泥砂浆层放坡。切换视图到立面视图,可以发现楼板下部存在突出部分,说明结构层已放坡。选中楼板,单击编辑类型,对结构进行编辑,勾选面层 1 后方可改变选项,则系统会默认结构层为不可变。最后将模型以“楼板”为文件名保存到考生文件夹中,完成后效果图如图 6.21、图 6.22 所示。

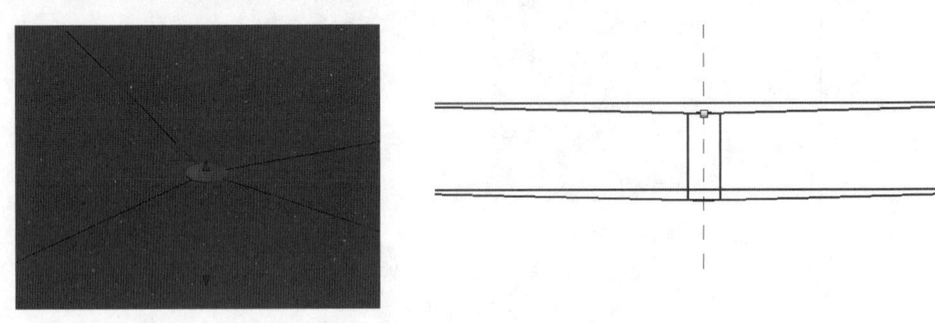

图 6.21　洞口效果图

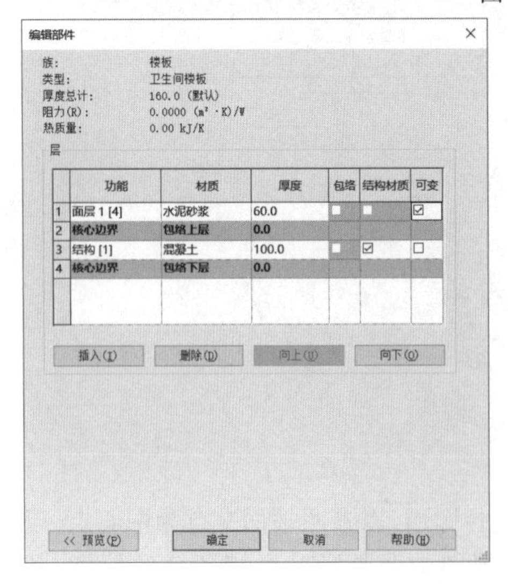

图 6.22　地漏

▶ 6.2.3 陶立克柱

【真题4】根据图6.23给定尺寸,用构件集形式建立陶立克柱的实体模型,并以“陶立克柱”为文件名保存到考生文件夹中(20分)。

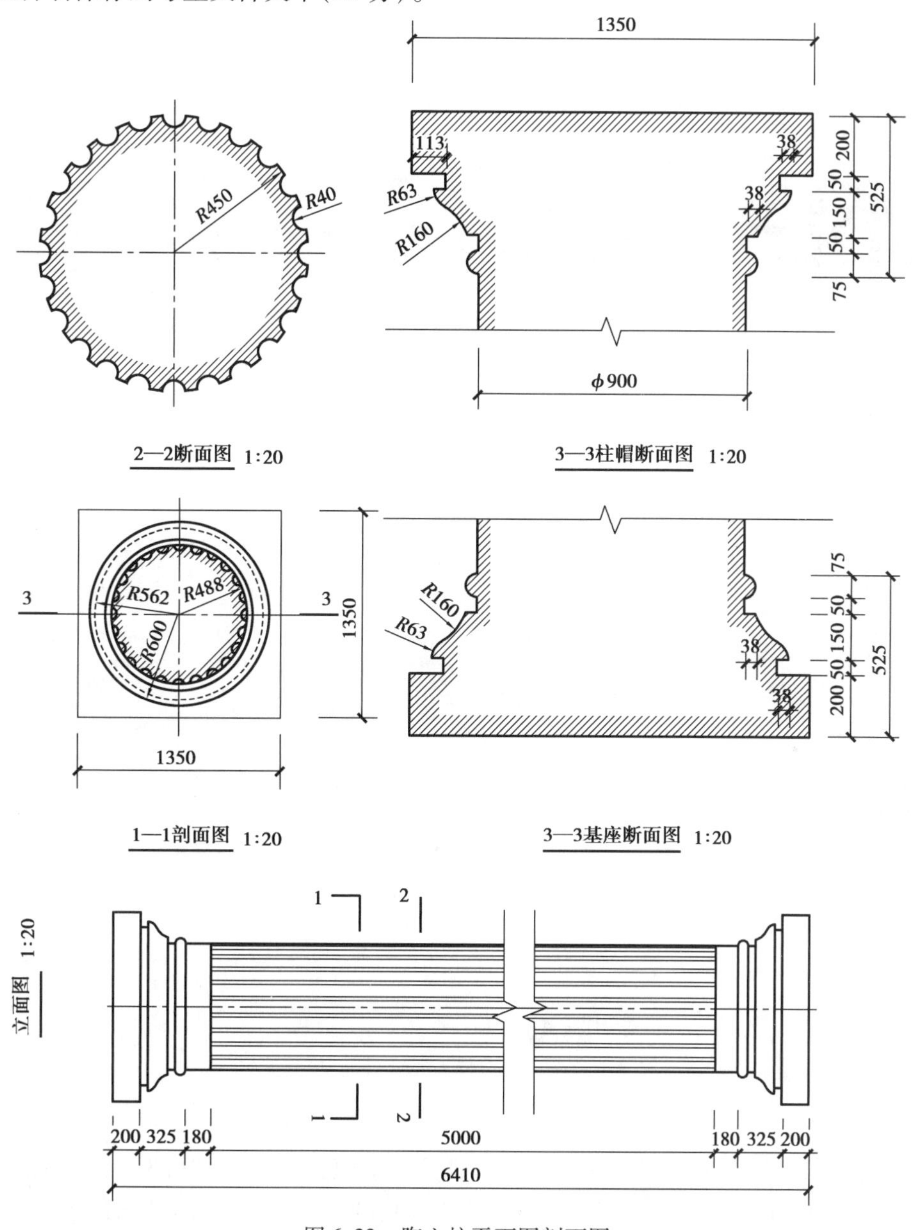

图6.23 陶立柱平面图剖面图

【解析】分析题目图纸,可以发现该陶立克柱可由相应平面以柱中轴线为旋转轴线,并且陶立克柱整体呈现上下对称的状态。因此,仅需绘制上半段主体的旋转平面即可。

首先新建族,选择公制常规模型(图6.24),切换至前立面视图中,创建多条水平参照平面,并调整其间距自下而上依次为200,325,180,25 00,如图6.25所示。

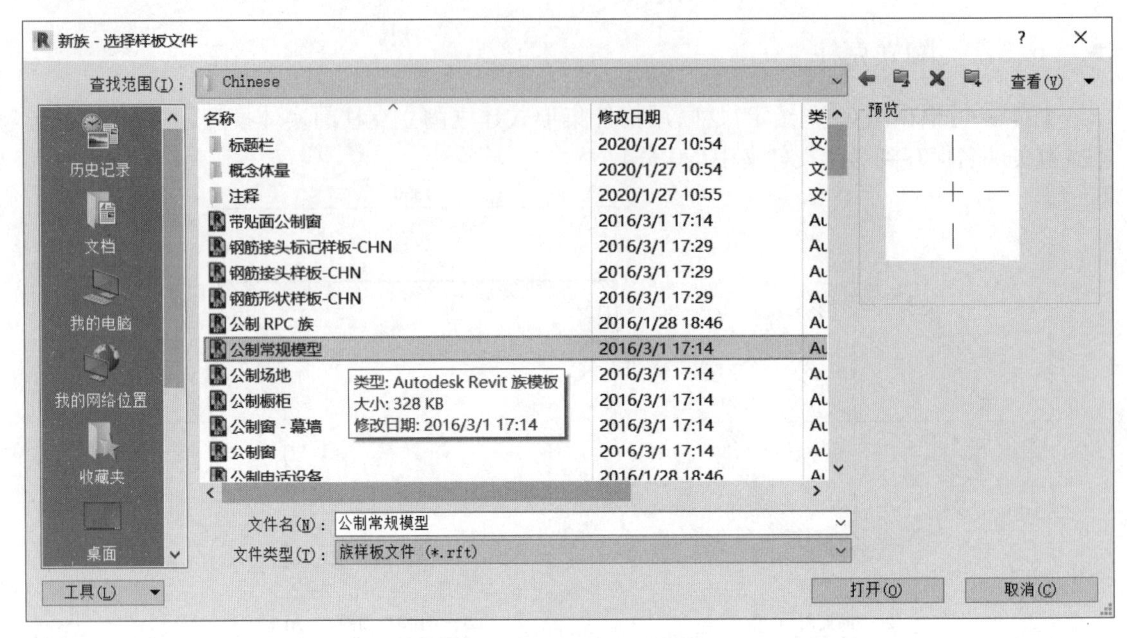

图 6.24　新建公制常规模型

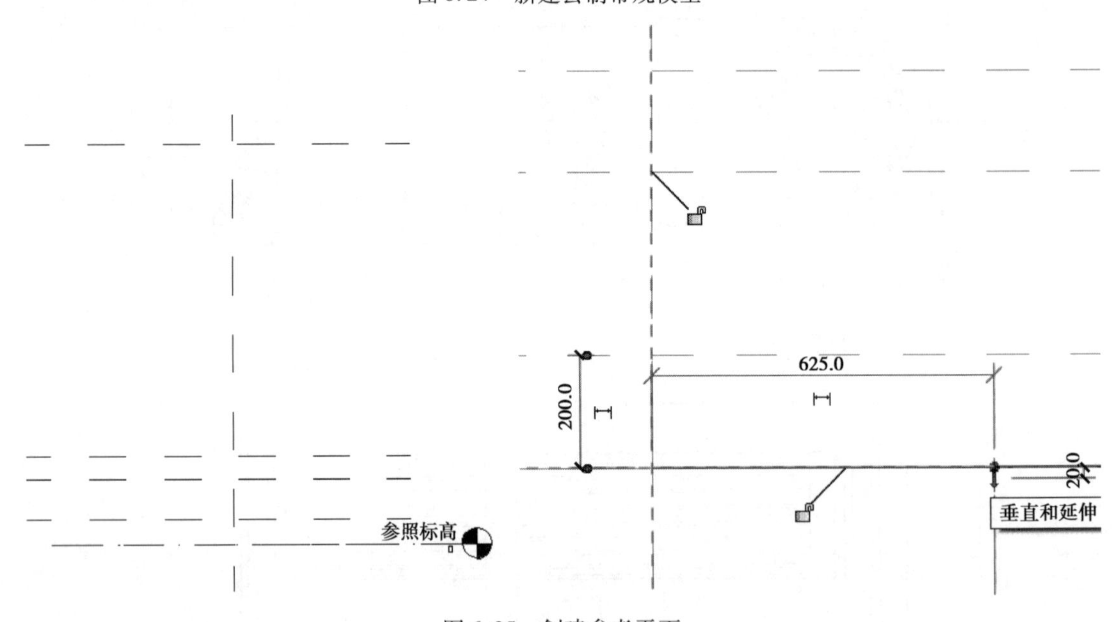

图 6.25　创建参考平面

在建筑选项卡中，使用形状工具栏的旋转命令，底部旋转半径为“625”，按照图纸依次进行绘制。在绘制半径为“63”的圆弧时，先以“63”为长度，以开处下端断开部位为断点画参照半径，然后以该线段为半径，左端点为圆心画圆。使用拆分图元命令，打断圆弧并删除所有多余图元，调整圆弧到合适位置即可，如图 6.26—图 6.28 所示。

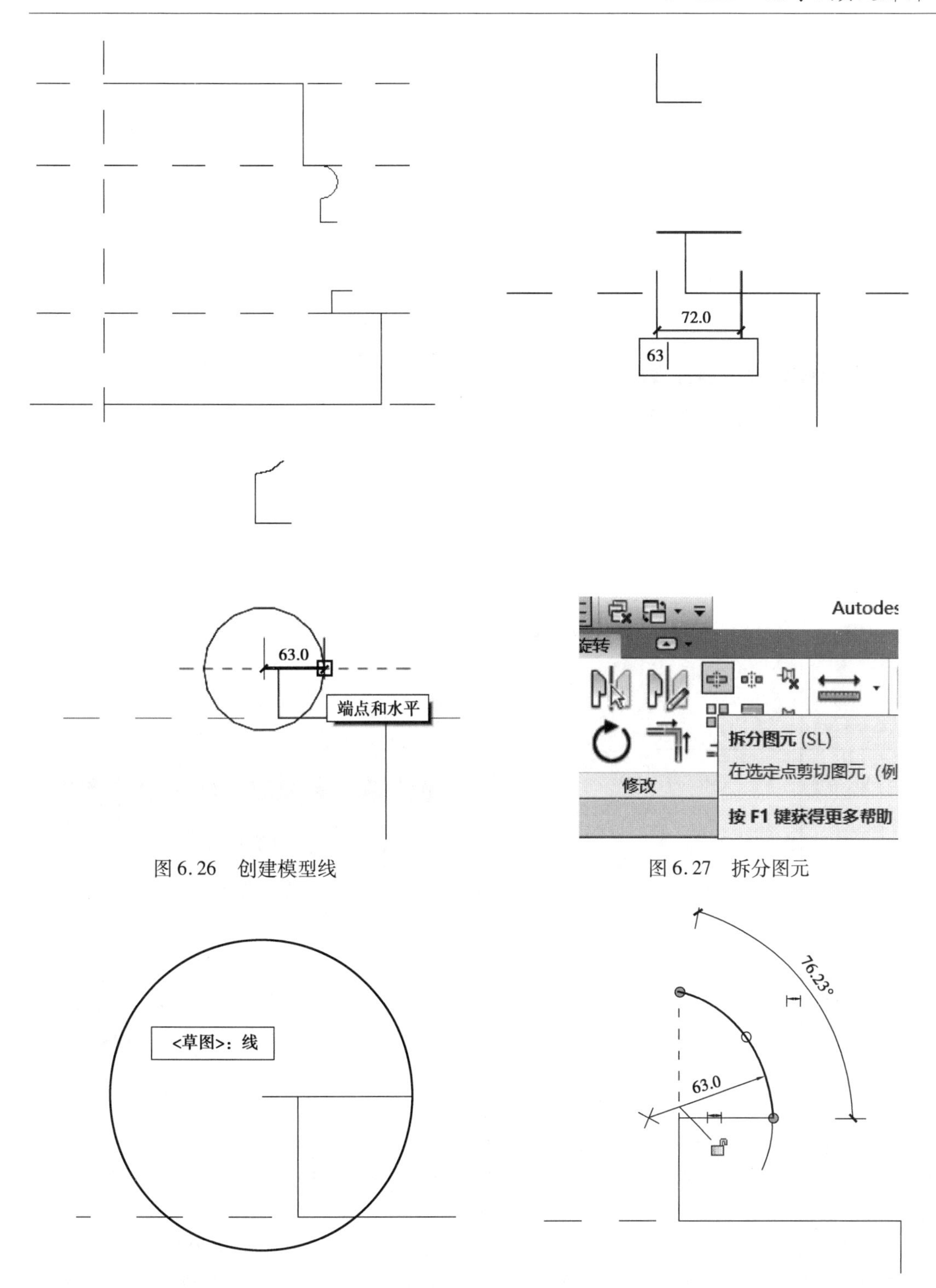

图 6.26　创建模型线

图 6.27　拆分图元

图 6.28　复杂边界

采用起点—终点—半径画弧命令,绘制下一个圆弧段(图6.29)。然后将整个模型旋转边界线绘制封闭,然后绘制旋转模型的旋转轴线,单击对号完成旋转模型的绘制(图6.30)。这样,陶立克柱的下部底座就绘制好了,通过镜像命令可以完成上部对称部分的绘制(图6.31)。

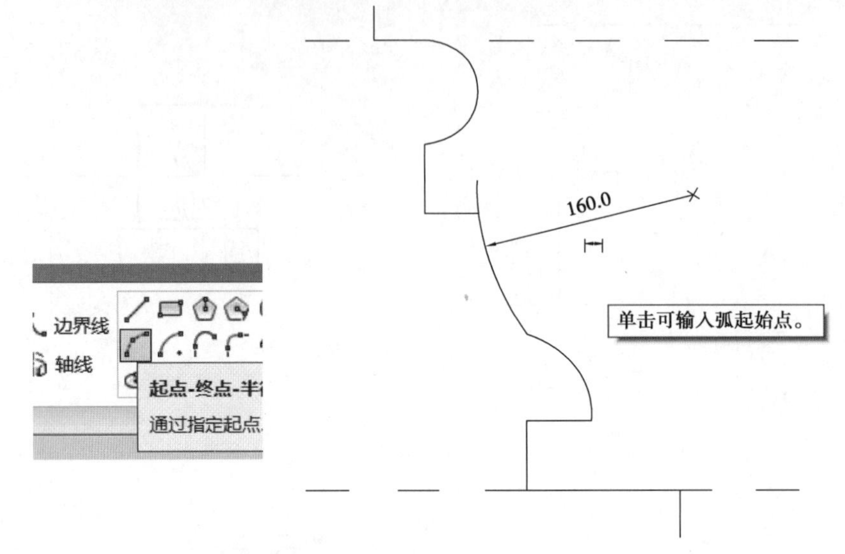

图6.29　起点—终点—半径画弧

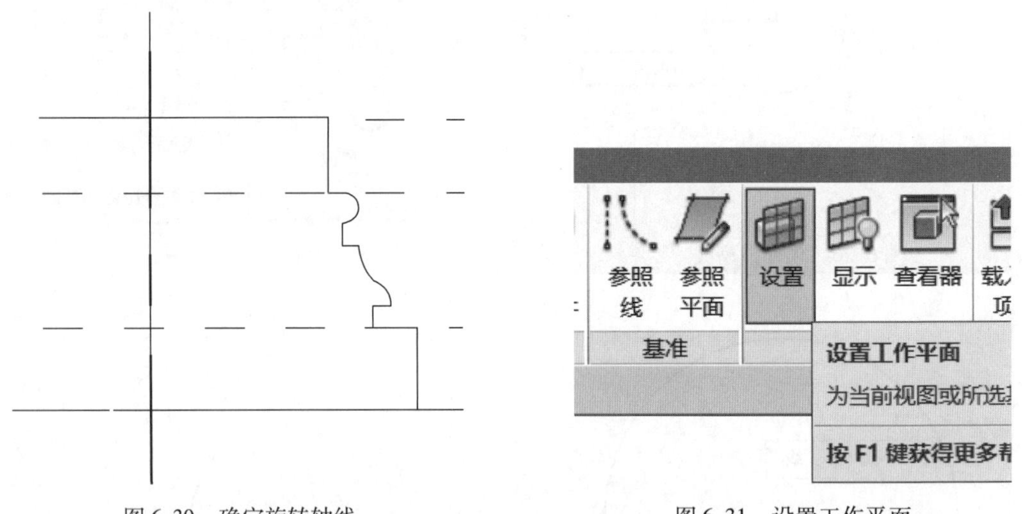

图6.30　确定旋转轴线

图6.31　设置工作平面

继续绘制陶立克柱柱体部分,在创建选项卡下的工作平面工具栏中单击设置命令,选择拾取一个平面(图6.32),单击中部水平参照平面弹出“转到视图”对话框,单击打开视图按钮。

选择形状工具栏中的拉伸命令,使用圆形模型线,先绘制一个半径为“450”的圆。拉伸起点设置为“-2500”,拉伸终点设为“2500”。继续绘制陶立克柱柱体锯齿,在创建选项卡中设置命令下拾取一个平面,拾取的参照平面与上一次相同。选择创建选项卡下形状工具栏,在空心形状选项下选择空心拉伸命令,先绘制一个如图6.33所示的空心形状,该形状的上部圆弧段可使用拾取线命令绘制,使用拆分图元命令调整轮廓至图示形状。

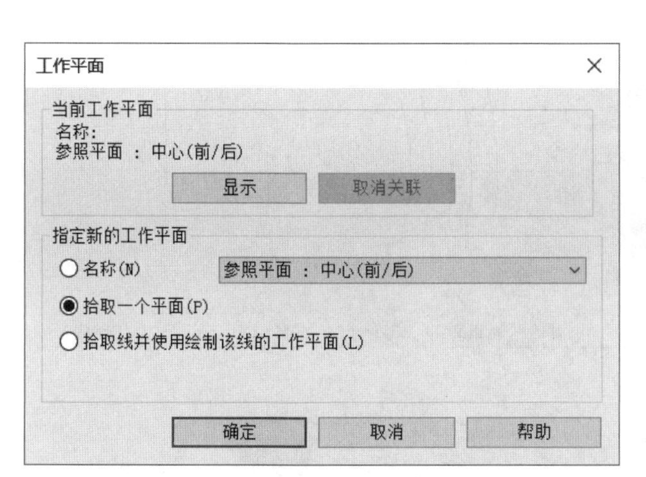

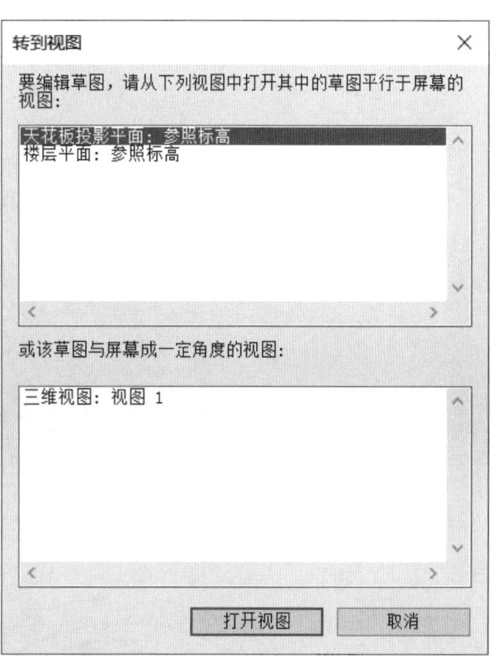

图 6.32　拾取工作平面

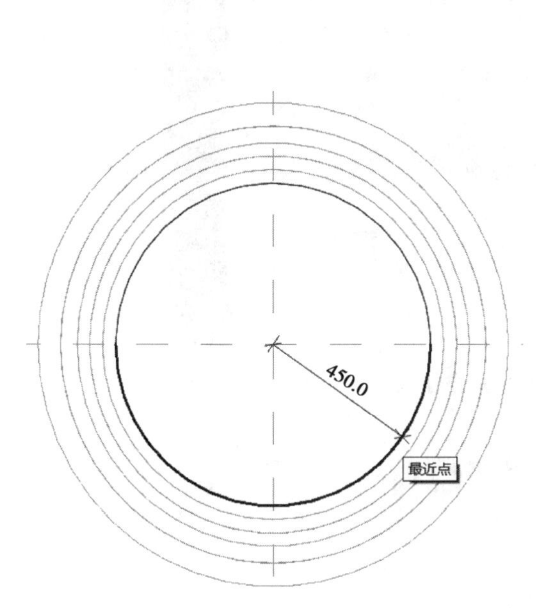

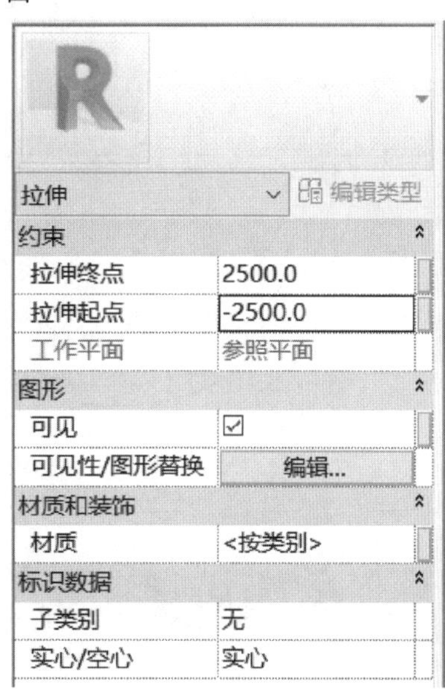

图 6.33　拉伸命令

在修改工具栏中使用阵列命令，在线性和半径选项中选择半径命令，旋转中心选择地点，地点为大圆圆心，按回车即创建成功，创建个数为“24”，如图 6.34 所示。切换窗口至三维视图，查看绘制结果。最后，以“陶立克柱”为文件名保存到考生文件夹中，如图 6.35 所示。

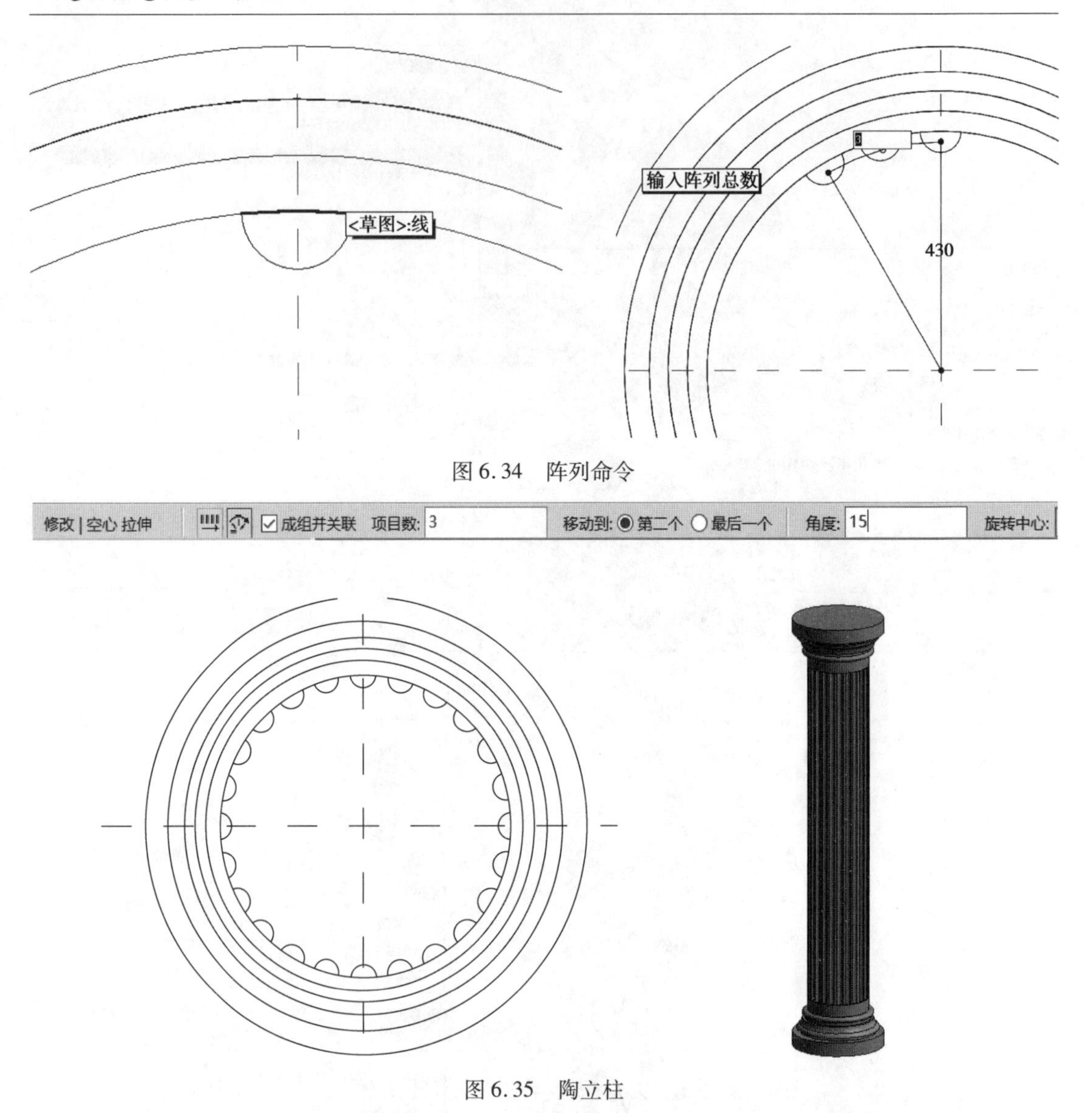

图 6.34　阵列命令

图 6.35　陶立柱

6.3　体量建模

▶ 6.3.1　标杯型基础

【真题 5】根据图 6.36 中给定的投影尺寸创建形体体量模型,基础底标高为-2.1 m,设置该模型材质为混凝土。请将模型体积以“模型体积”为文件名,以文本格式保存在考生文件夹中,模型文件以“杯形基础”为文件名,保存到考生文件夹中。(20 分)

【解析】首先,新建一个概念体量,选择公制体量并打开。该题的解法相对较多,这里采用一种比较简单快速的方法进行绘制。切换窗口到南立面视图,根据 1—1 剖面图绘制相应参照平面,水平参照平面间距自下而上分别为 600,400,600。竖直参照平面自左向右分别为 1 400,900,900,1 400。在绘制工具栏中使用模型命令,用直线绘制模型线(图 6.37)。

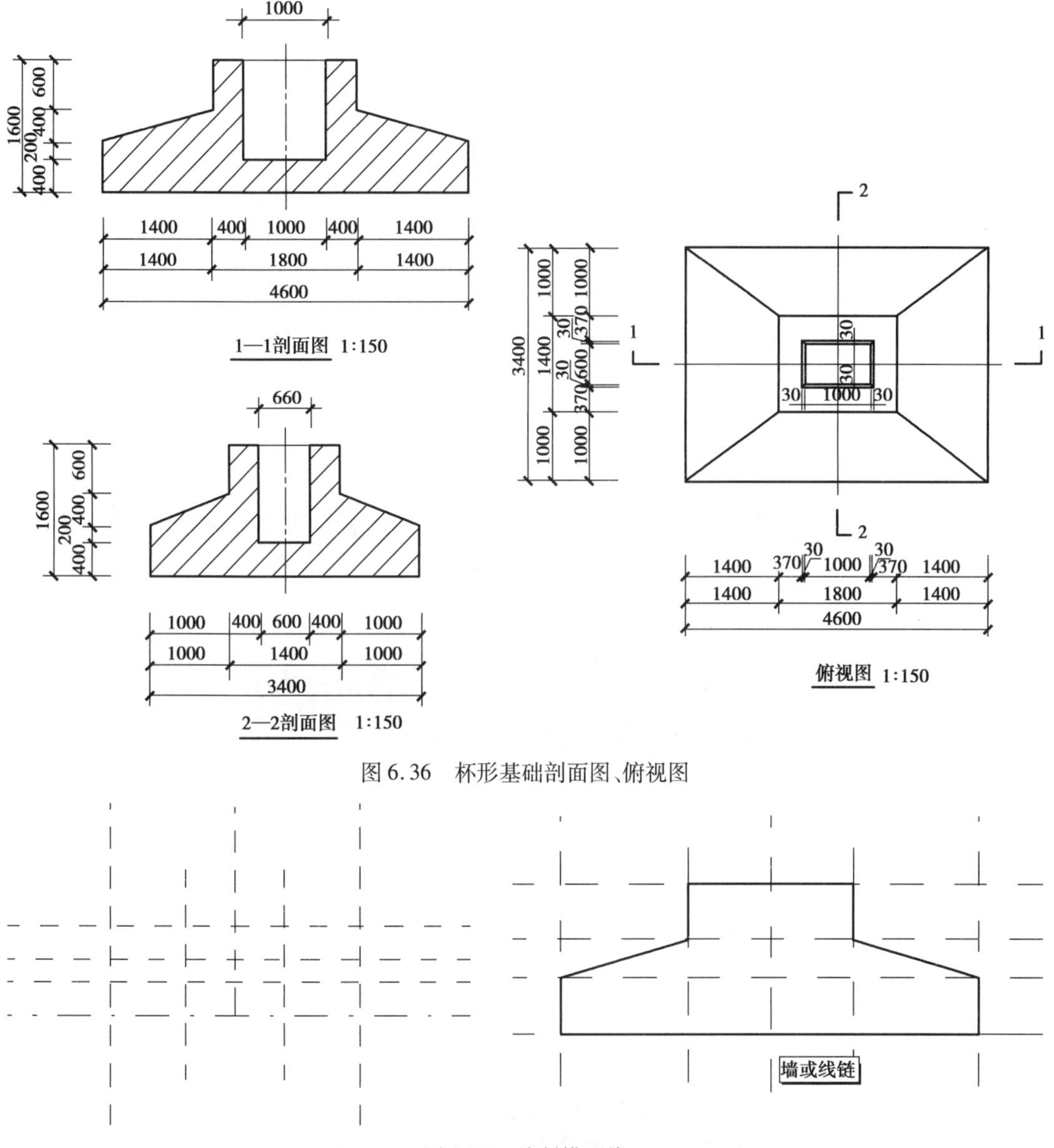

图 6.36 杯形基础剖面图、俯视图

图 6.37 绘制模型线

单击上方创建形状,创建实心形状按钮。通过观察俯视图,可知模型宽度为"3400",切换至三维视图选中模型,修改模型尺寸。2—2 剖面图对应东立面视图,通过移动命令将模型移动到中间位置,继续在东立面视图中绘制两条竖向参照平面。

用模型线绘制中心线两侧要去除的模型轮廓线,分别创建空心形状,并切换窗口至三维视图,调整空心形状拉伸长度,如图 6.38 所示。

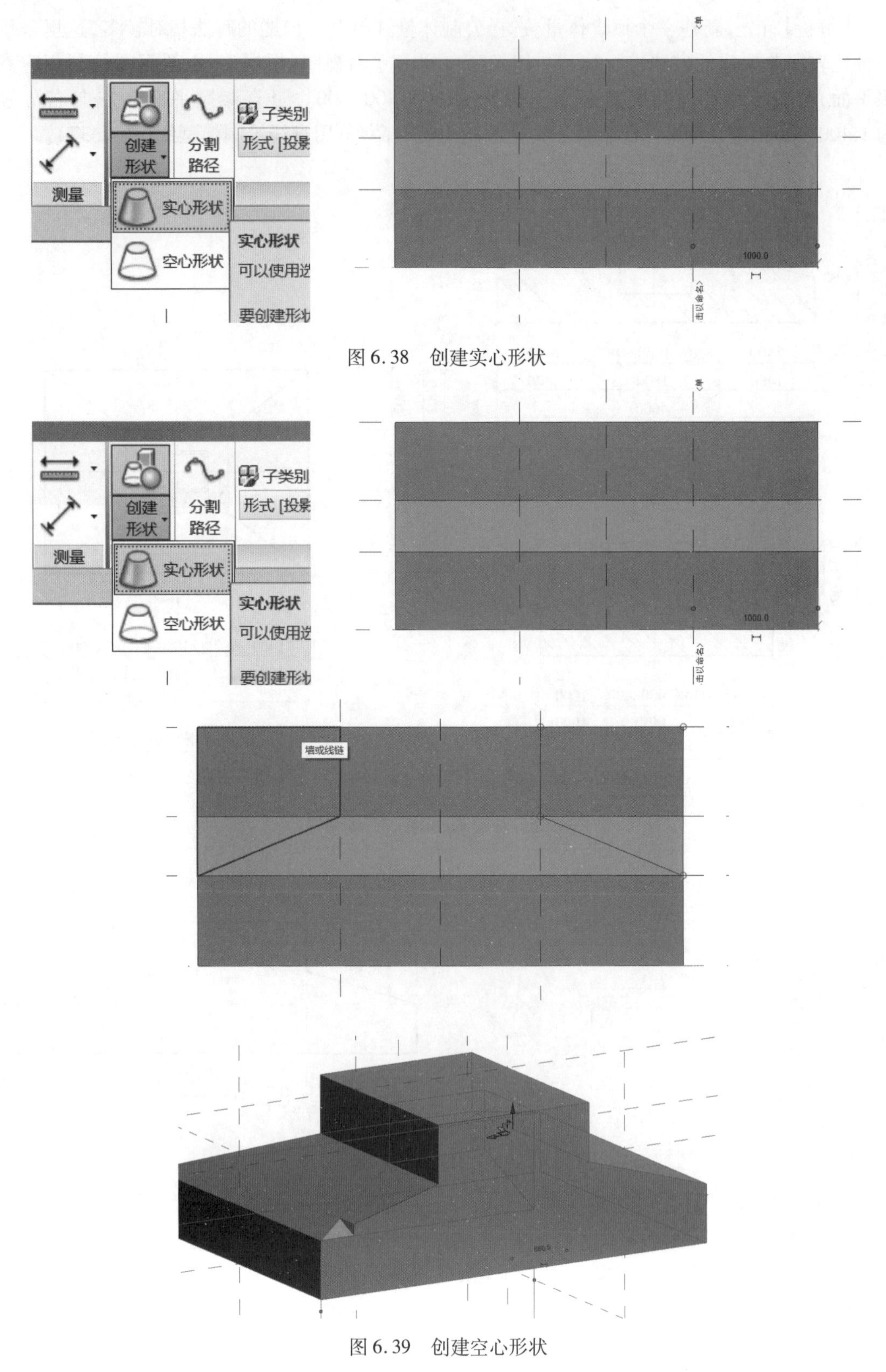

图 6.38　创建实心形状

图 6.39　创建空心形状

继续进行杯形基础内部杯槽的绘制,观察图纸可发现,杯槽形状并不是直上直下的长方体,而是一个四棱台。因此,进入平面视图标高一绘制大矩形的参照平面。在绘制小矩形的参照平面时,用户可以采用拾取线命令来快速绘制,在左上角的偏移量中输入“30”,通过拾取大矩形 4 个参照平面并向内偏移“30”完成小矩形参照平面的绘制,如图 6.40 所示。

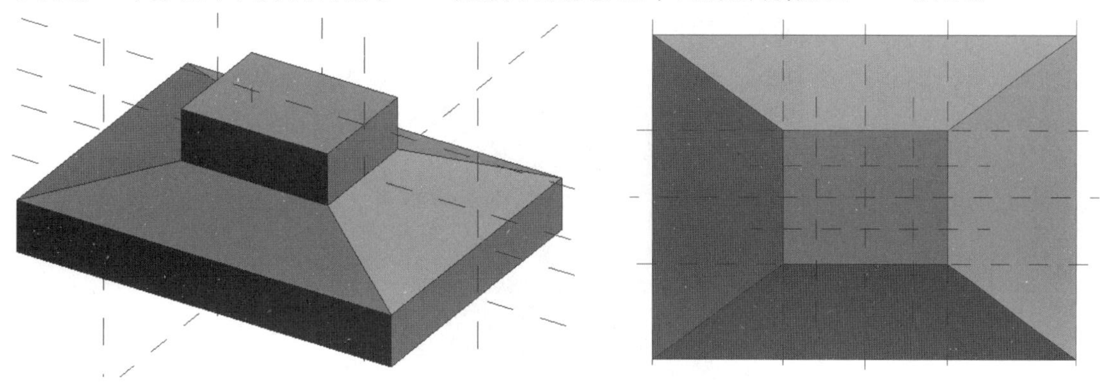

图 6.40　杯口模型线

切换视图至南立面,绘制一条距离地面“400”的参照平面线,在左侧属性窗口中,将该参照平面命名为空心体。切换视图到标高一,使用绘制工具栏下模型中矩形模型线命令,绘制大小矩形模型线。选中小矩形线,在左上角主体中选择参照平面:空心体,即可调整小矩形模型线至相应标高,如图 6.41 所示。

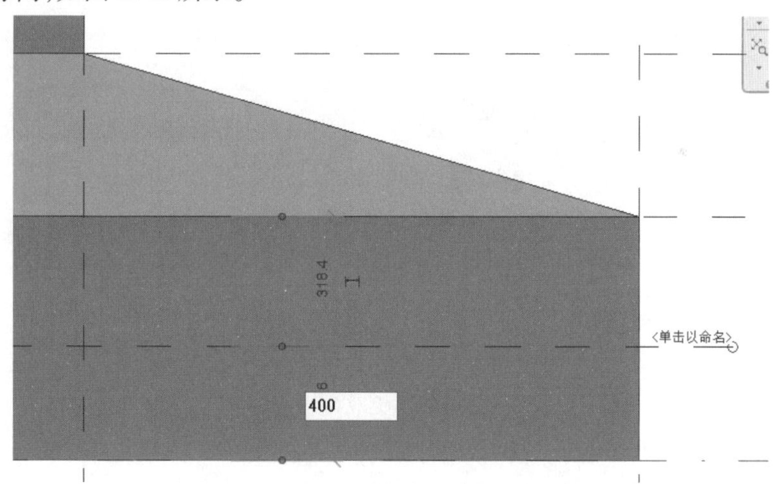

图 6.41　创建杯底模型线

按住“Ctrl”键,同时选中大小两个矩形模型线,单击创建模型菜单下创建空心形状命令,如图 6.42 所示。切换三维视图检查空心形状绘制结果。

将鼠标放到模型上,使其先显示选中模型上的任意一个面,然后按住“Tab”键并单击模型将模型全部选中,这样才能调整模型相应的参数。在左侧属性栏中单击材质,进入材质设置界面,选择混凝土材质,或者通过新建材质的方式更改材质为混凝土,如图 6.43 所示。新建一个项目,选择建筑样板,单击“确定”。单击左上角切换窗口到杯形基础,单击载入项目,将杯形基础载入目标项目中,如图 6.44 所示。

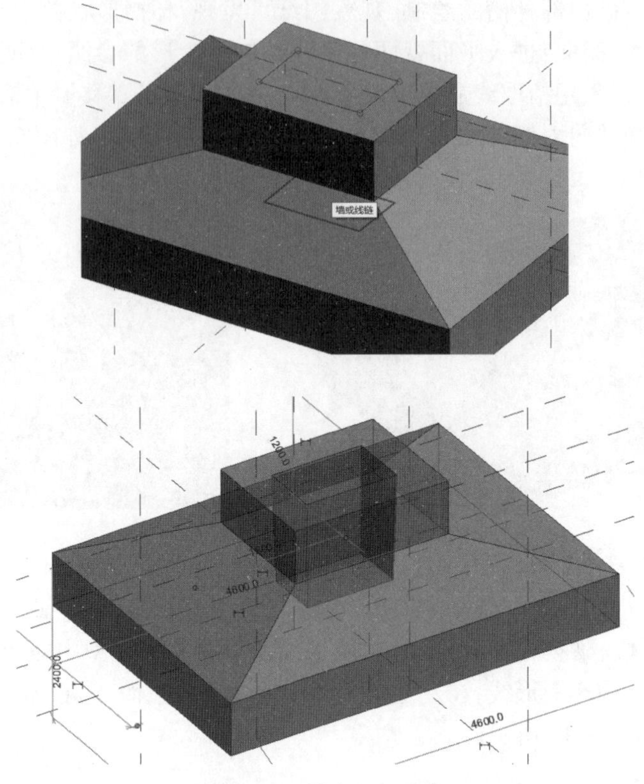

图 6.42　创建空心形状

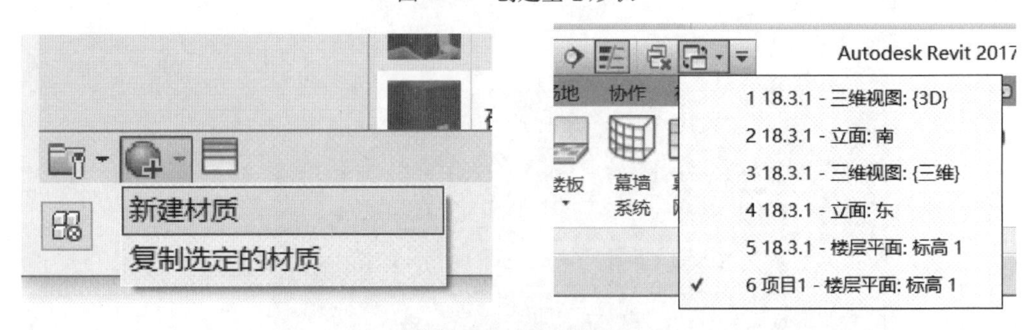

图 6.43　更改材质

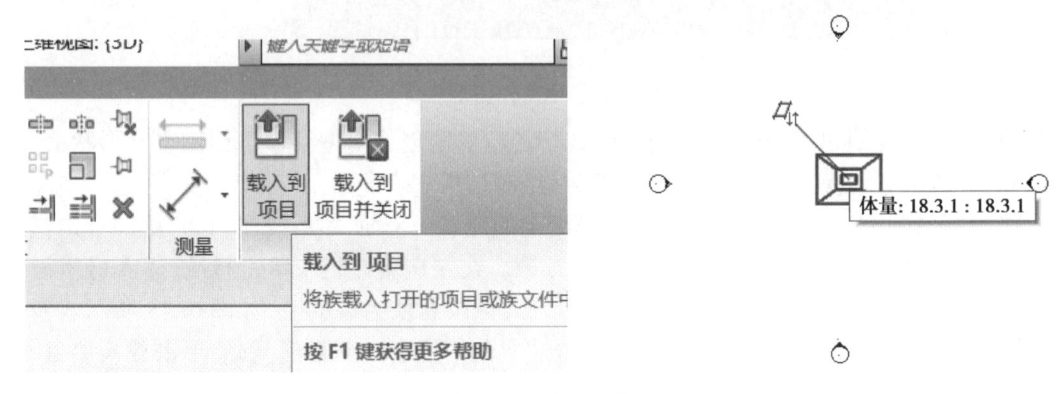

图 6.44　载入项目

最后将模型体积以“模型体积”为文件名，以文本格式保存在考生文件夹中，模型文件以“杯形基础”为文件名保存到考生文件夹中。

▶ 6.3.2 标杯型基础

【真题6】根据图6.45给定尺寸，用体量方式创建模型，整体材质为混凝土，悬索材质为钢材，直径为200，未标明尺寸与样式不作要求，请将模型文件以“拱桥—考生姓名”为文件名保存到考生文件夹中。(20分)

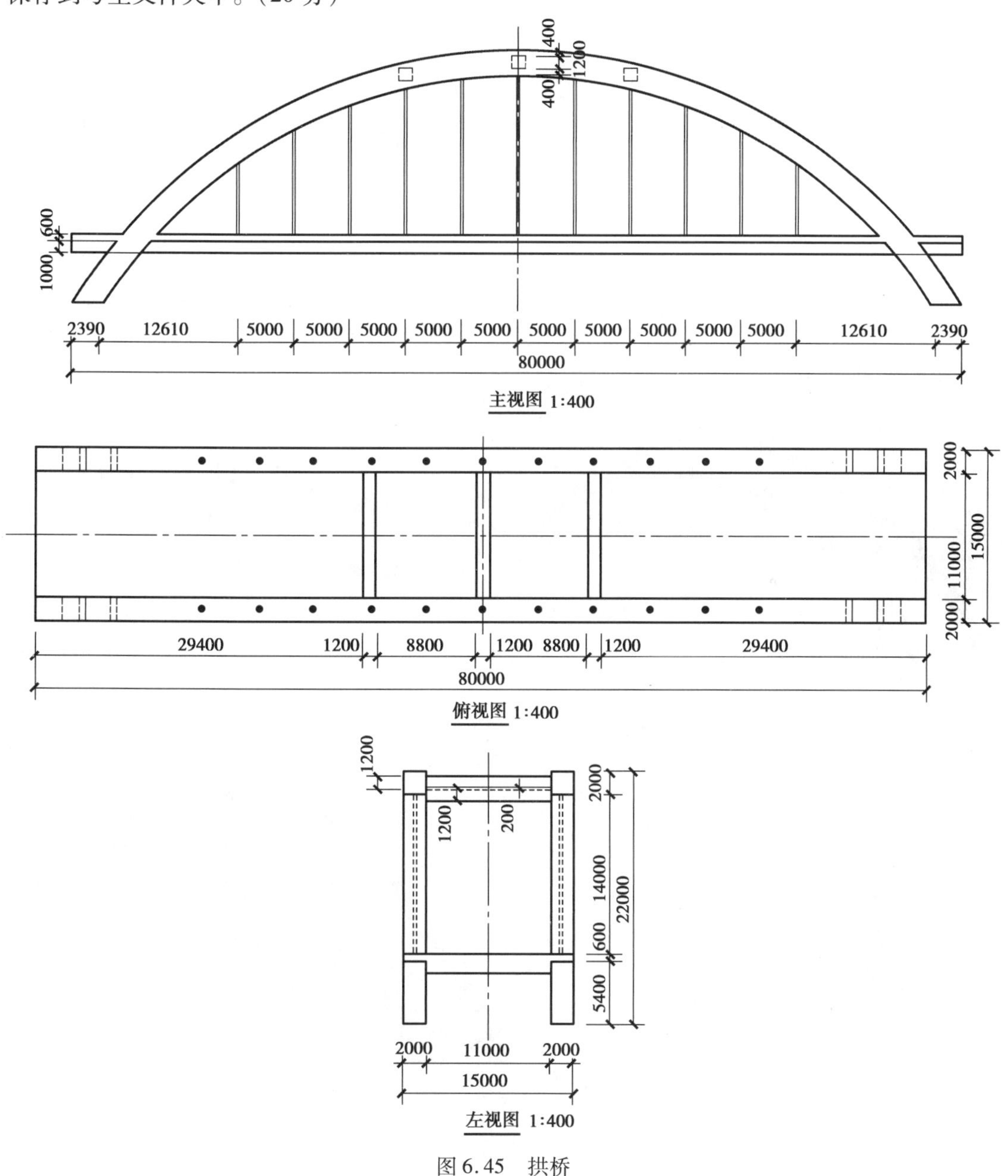

图6.45 拱桥

【解析】首先新建概念体量,选择公制体量,切换视图至标高一,绘制 4 条参照平面线,水平 3 条间距均为“7 500”,竖直 3 条间距均为“40 000”。拾取一个参照平面,选择下方水平参照平面,选择南立面,单击切换平面。然后新建两条参照平面线,拱顶参照平面通过拾取线命令确定,偏移量为“22 000”,桥顶面参照平面偏移量为“6 000”,如图 6.46 所示。

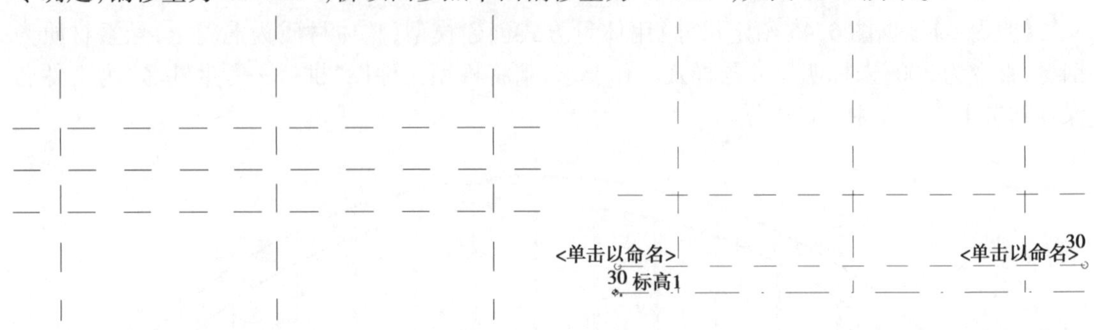

图 6.46　绘制模型线

选择模型线三点画弧命令,在参照平面的基础上创建拱梁实心形状,调整拱梁宽度为“2000”,使用镜像命令,绘制另外拱梁。继续拾取一个参照平面,选择东立面视图,使用模型线命令,按图示尺寸绘制桥面轮廓线,单击创建形状命令创建实心形状。继续绘制拱梁顶部的 3 根横梁,如图 6.47、图 6.48 所示。

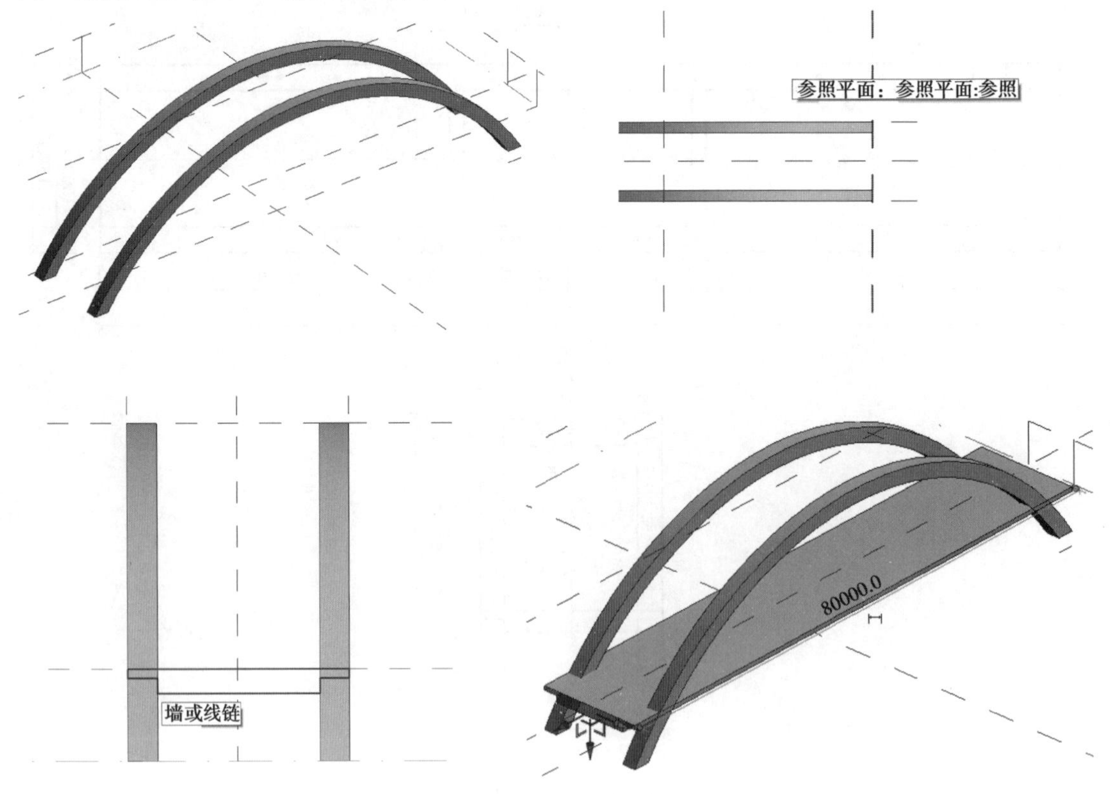

图 6.47　拱梁、桥面板

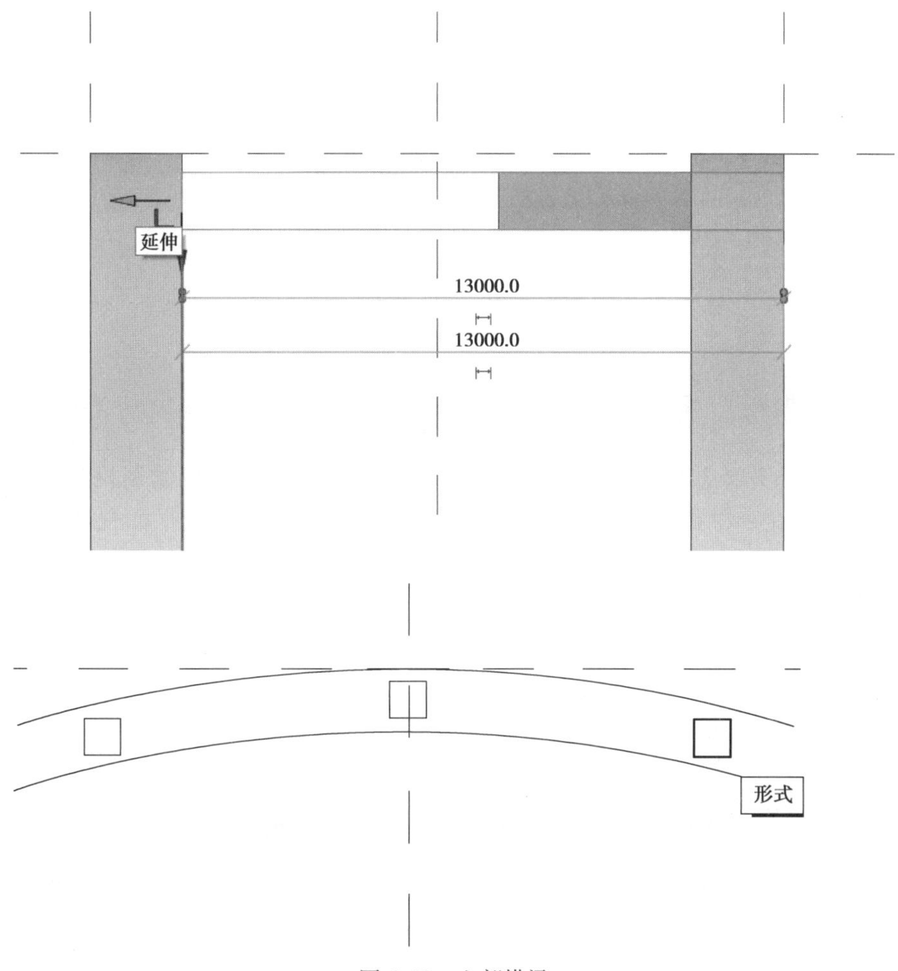

图 6.48 上部横梁

切换视图到立面视图，此处选择南立面视图，使用模型线命令绘制 1 200 mm×120 mm 截面的横梁。创建模型线后，单击创建形状—实心形状，切换到西立面视图，调整横梁到相应位置。使用复制命令创建其余两根横梁，切换视图到南立面视图，并调整两根横梁到合适的位置，如图 6.49 所示。

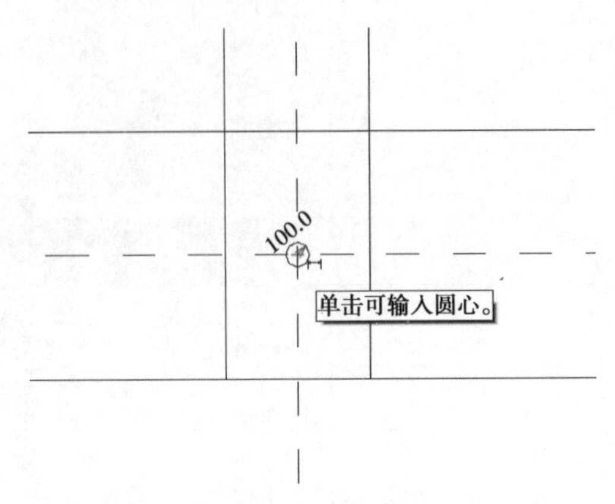

图 6.49　拉索模型线

将已绘制部分全部选中,调整其材质参数为混凝土。回到南立面,绘制拉索部分,绘制中间拉索,使用设置命令,拾取面。同样选取桥面出处参照平面,切换到平面视图标高一,绘制拉索模型线,创建实心形状,在三维视图中,将拉索拉伸到合适位置。使用复制命令,依次选择约束,多个命令,绘制所有拉索的 1/4,如图 6.50 所示。

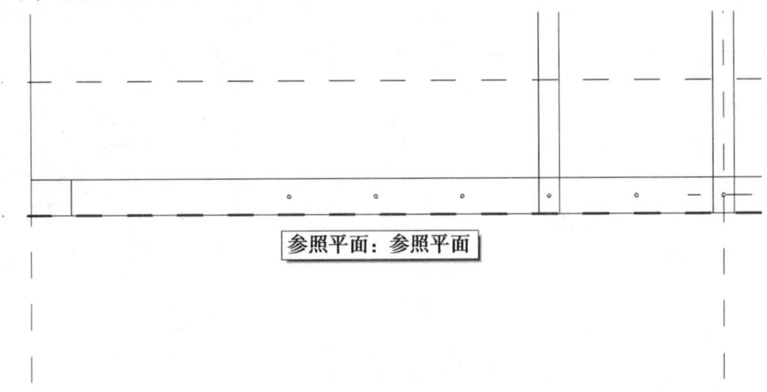

图 6.50　复制拉索模型

使用两次镜像命令完成所有钢索的绘制,选中所有钢索,这里可以巧妙使用后过滤器工具,调整所有钢索的材质参数为钢材。最后将模型文件以“拱桥—考生姓名”为文件名保存到考生文件夹中。

完成效果如图 6.51 所示。

图 6.51　拱桥

▶ 6.3.3　方圆大厦

【真题 7】根据图 6.52 给定尺寸,用体量方式创建模型,请将模型文件以"方圆大厦+考生姓名"为文件名,保存到考生文件夹中。(20 分)

【解析】首先新建概念体量,选择公制体量。第一步创建底部的平台支座,切换平面视图到标高一,选择绘制工具栏中模型线命令,采用矩形框直接绘制模型线,宽度为"4000",长度为"84000"。在形状工具栏创建形状命令,创建实心形状,切换到三维窗口,调整实心形状尺寸。另一种方法是首先切换至南立面视图,绘制一个水平参照平面来确定模型顶部位置,参照平面与标高一距离为"9000",按"Tab"键选中模型顶面并拉伸至参照平面位置,如图 6.52 所示。

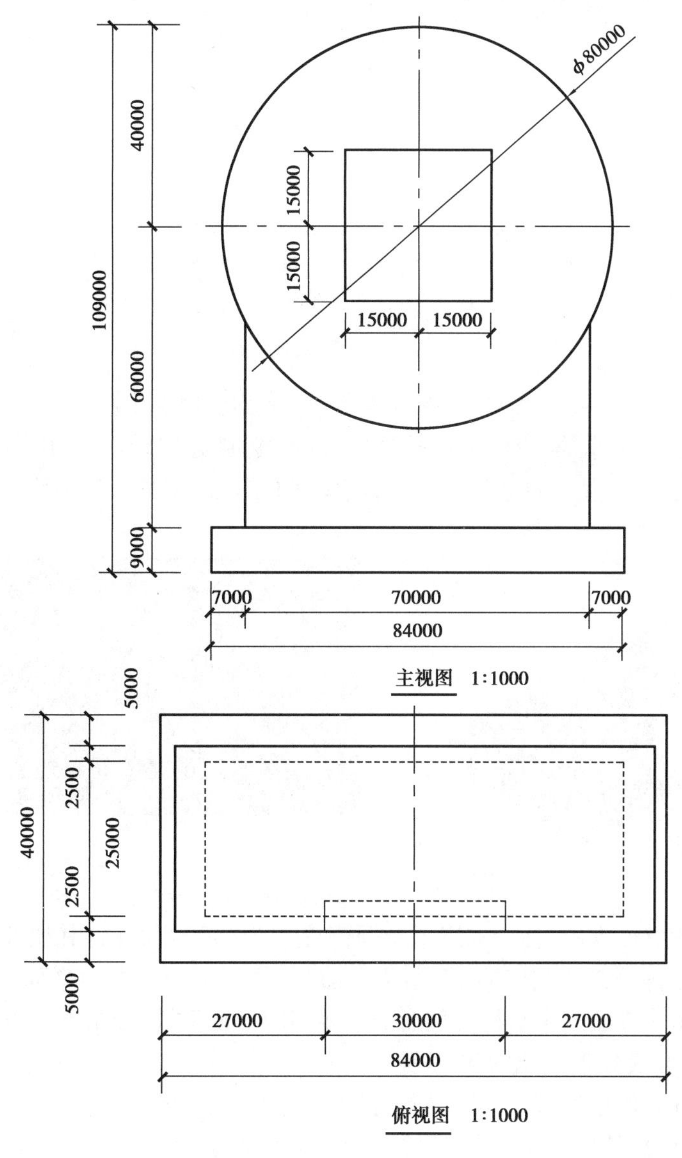

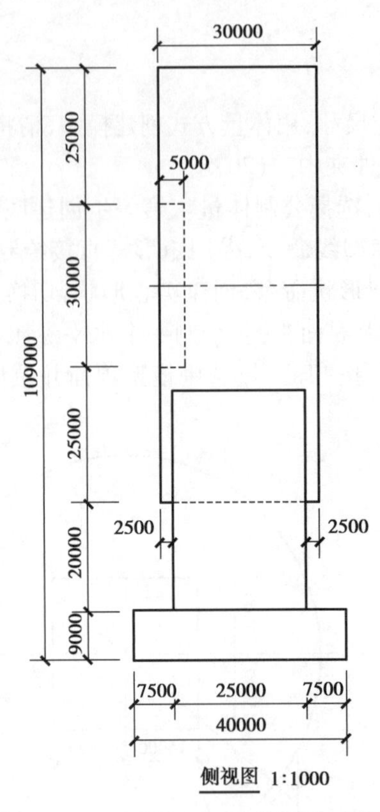

图 6.52　方圆大厦主视图、俯视图、侧视图

切换视图至标高一，同样使用矩形模型线命令，绘制宽“25 000”，长“70 000”的模型轮廓。选中创建的轮廓线，使用创建形状命令，创建实心形状，如图 6.53 所示。

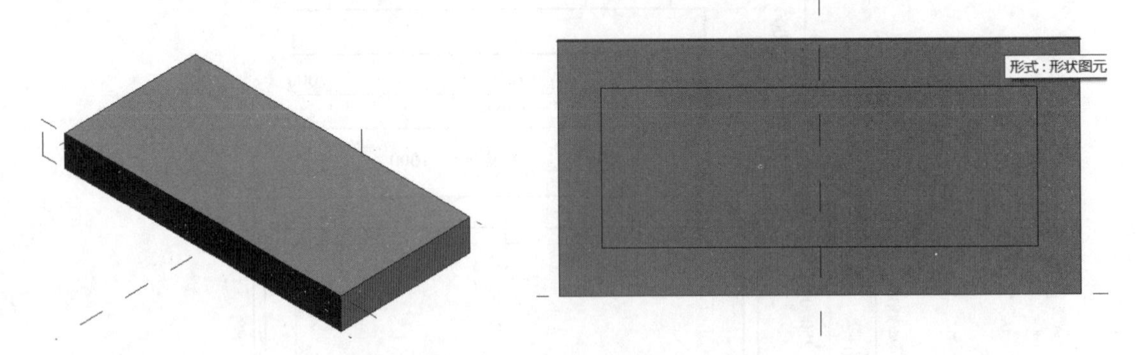

图 6.53　底部承台

切换视图到南立面视图，估计二层承台顶高度约为“4000”，并将其拉伸至相应标高。继续绘制圆盘状体量部分，创建新的水平参照平面，其位于第一个参照平面上方“60000”位置处，如图 6.54 所示。在绘制工具栏模型命令下使用圆形模型线，绘制半径为“40000”，选中该模型线，使用创建形状命令，创建实心形状。

切换到东立面视图中调整上部圆盘侧向尺寸，即两边各伸出“2500”。可以发现圆盘与下部支座存在重合部分，使用剪切命令，消除两者的重叠部分，如图 6.55 所示。

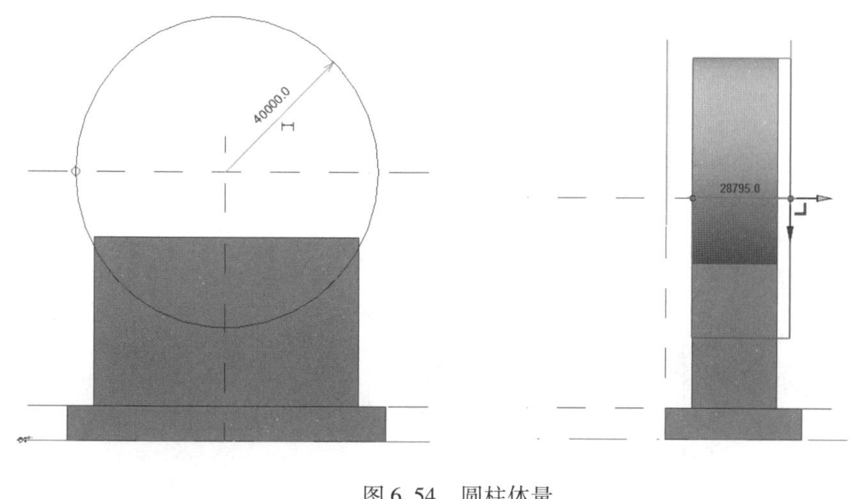

图 6.54 圆柱体量

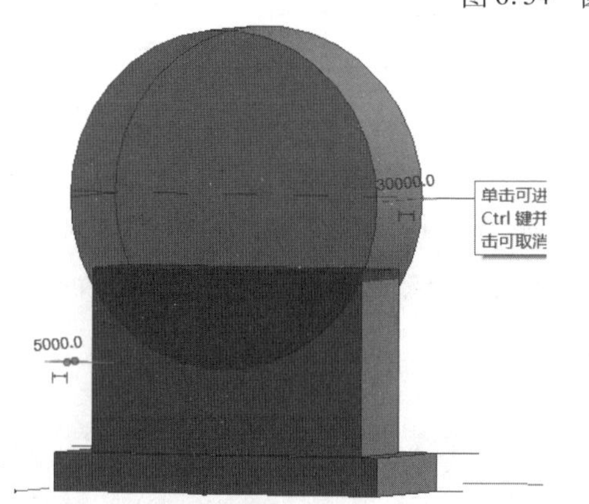

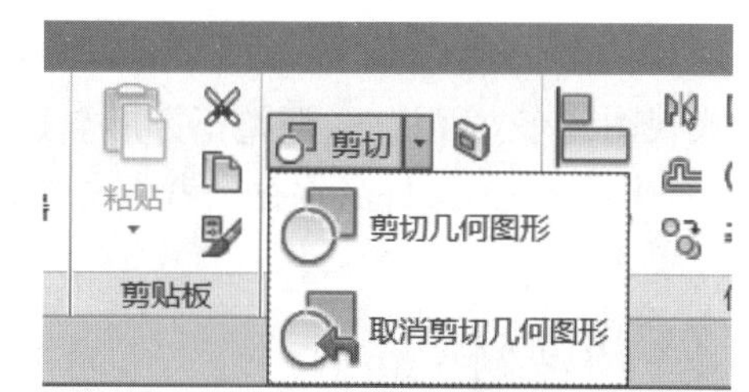

图 6.55 剪切几何形状

使用连接命令，将参与剪切的两部分改装进行连接，连接形状后，两部分形成一个整体，移动鼠标可同时选中两部分模型，如图 6.56 所示。继续绘制圆盘中心方孔图形，切换视图到南立面视图，选择矩形模型线，绘制边长为“30000”的正方形模型线，使用创建形状命令，创建空心形状，如图 6.57 所示。

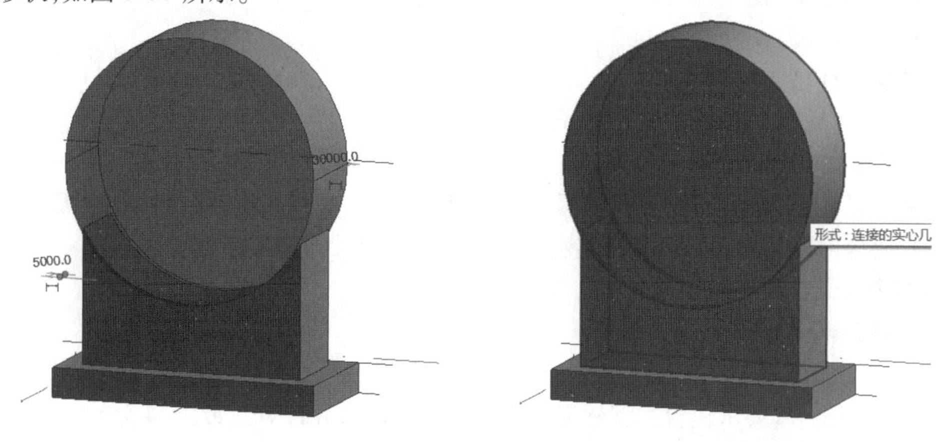

图 6.56 连接几何形状

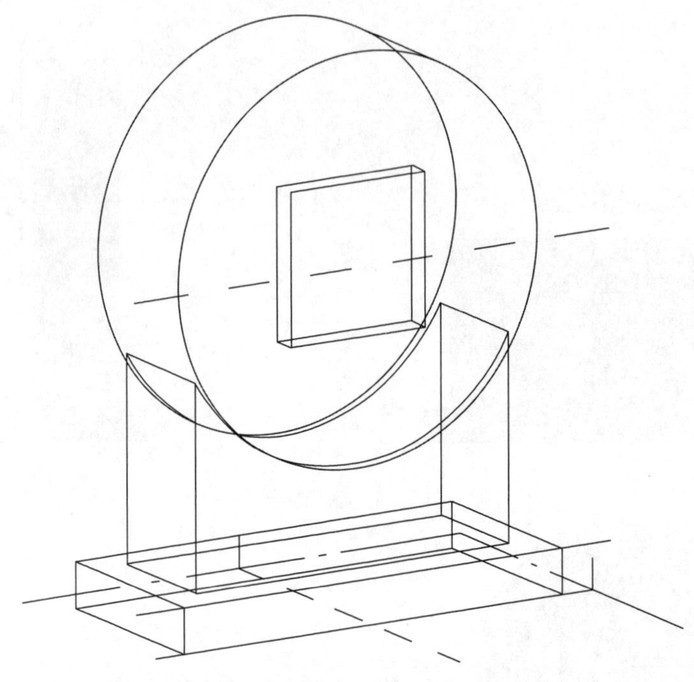

图 6.57　绘制方形空心形状

切换视图到东立面视图,调整正方形空心形状的厚度为“5000”。最后,将模型文件以“方圆大厦+考生姓名”为文件名保存到考生文件夹中。

6.4　小型建筑

▶ 6.4.1　办公楼

【真题 8】根据以下要求和给出的图纸,创建模型并将结果输出。在考生文件夹下新建名为“第四题输出结果”的文件夹,将结果文件保存在该文件夹。(50 分)

1. 建模环境设置 (2 分)

2. 设置项目信息(34 分)

①项目发布日期: 2018 年 9 月 19 日;

②项目编号:2018001-1。

(1)根据给出的图纸创建标高、轴网、建筑形体,包括:墙、门、窗、柱、屋顶、楼板、楼梯、洞口。其中,要求门窗尺寸、位置、标记名称正确。未标明尺寸与样式不作要求。

(2)主要建筑构件参数要求见表 1、表 2、表 3。

(3)创建房间名称。

3. 创建图纸(12 分)

(1)创建门窗表,要求包含类型标记、宽度、高度、合计,并计算总数。(4 分)

(2)建立 A3 或 M 尺寸图纸,创建“2—2 剖面图”。(8 分)

样式要求(尺寸标注):以 1—1 剖面为例;

标高:以 1—1 剖面为例,视图比例为 1 : 100;

截面填充样式:实心填充;

图纸命名:2—2 剖面图;

轴头显示样式:在底部显示。

4. 模型文件管理 (2 分)

(1)用“办公楼+考生姓名”为项目文件命名,并保存项目(1 分)。

(2)将创建的“2—2 剖面图”图纸导出为 AutoCAD 文件,命名为“2—2 剖面图”(1 分)。

表1 主要建筑构件表

构件	做法
外墙	10 mm厚褐色涂料
	240 mm厚普通砖
	10 mm厚褐色涂料
内墙	240 mm厚普通砖
墙裙	10 mm厚石材
	240 mm厚普通砖
	10 mm厚石材
室内楼板、屋顶	100 mm厚钢筋混凝土
柱	400 mm × 900 mm
	400 mm × 500 mm
梁	200 mm × 150 mm

表2 窗明细表

类型标记	宽度/mm	高度/mm
C1	1200	1800
C2	2000	1800
C3	1800	1000

表3 门明细表

类型标记	宽度/mm	高度/mm
M1	900	2100
M2	1500	2100
M3	3000	2400

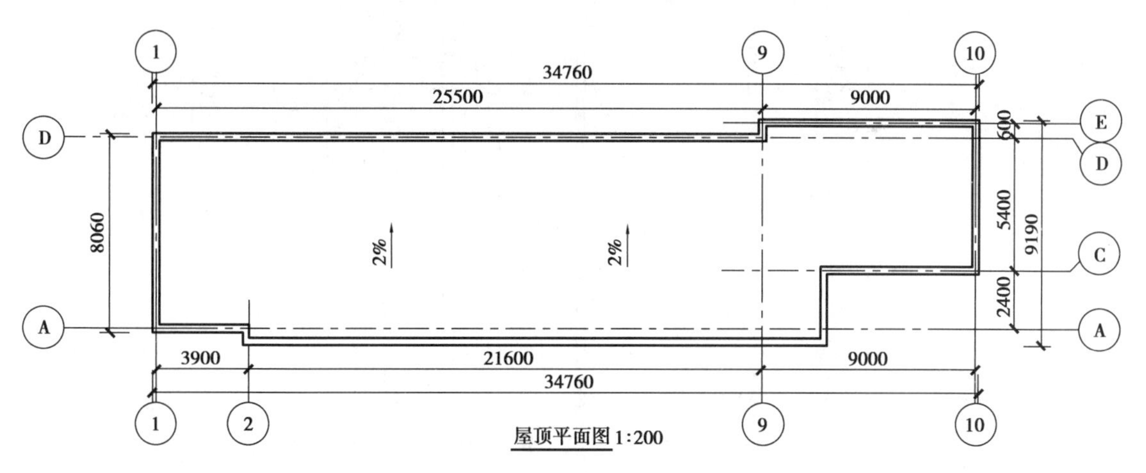

屋顶平面图 1:200

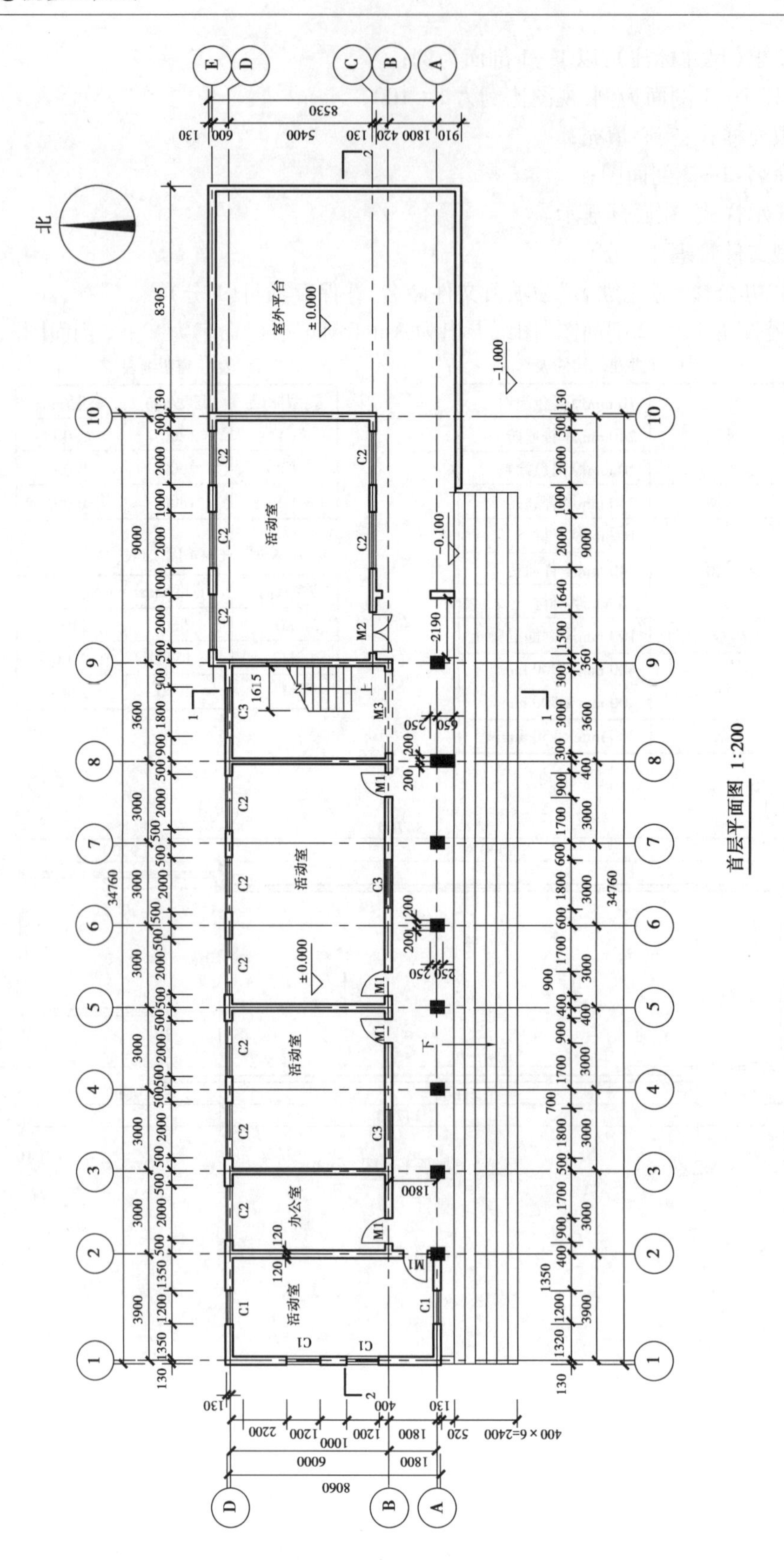

首层平面图 1:200

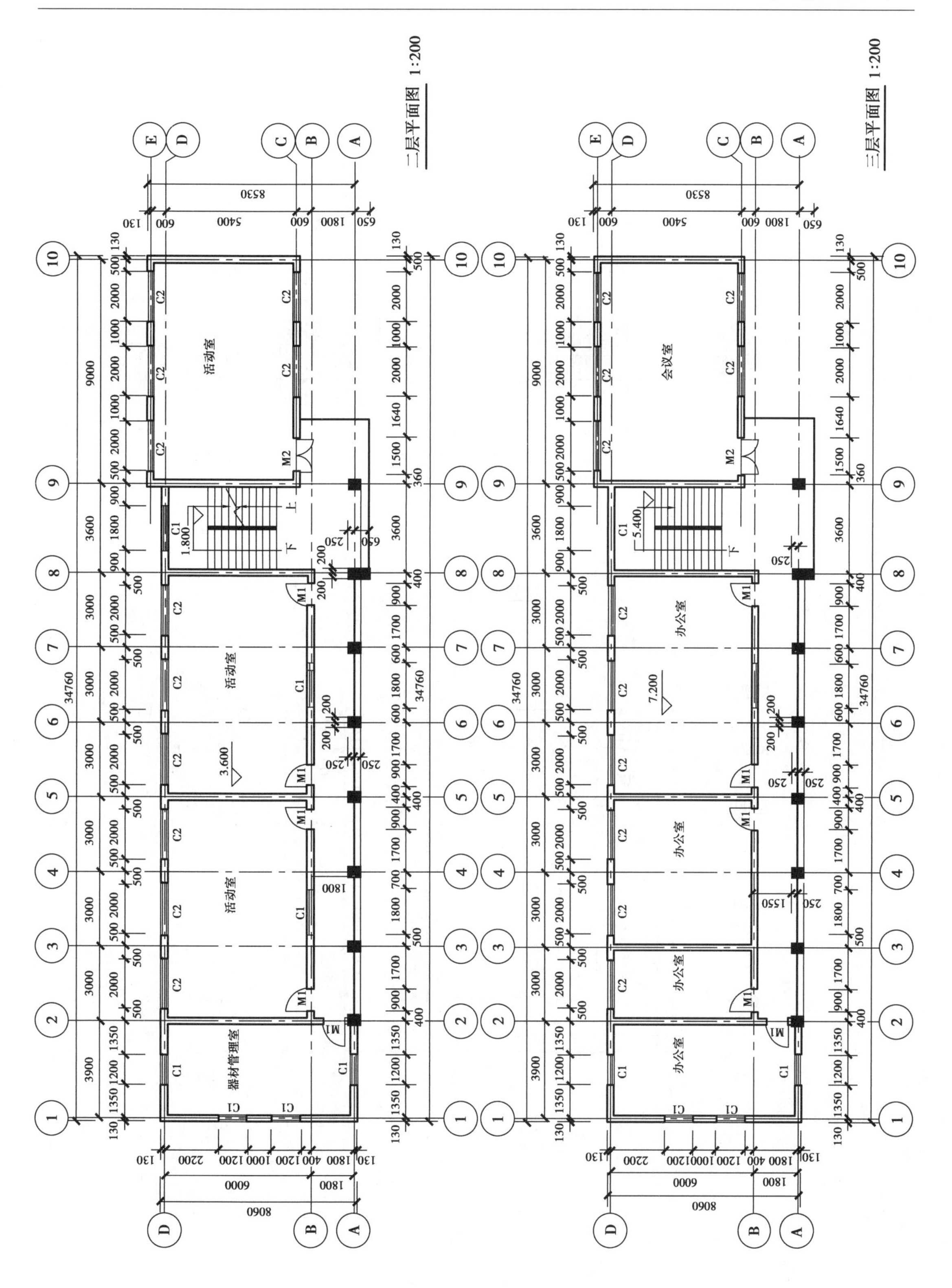

二层平面图 1:200
活动室
器材管理室
三层平面图 1:200
会议室
办公室

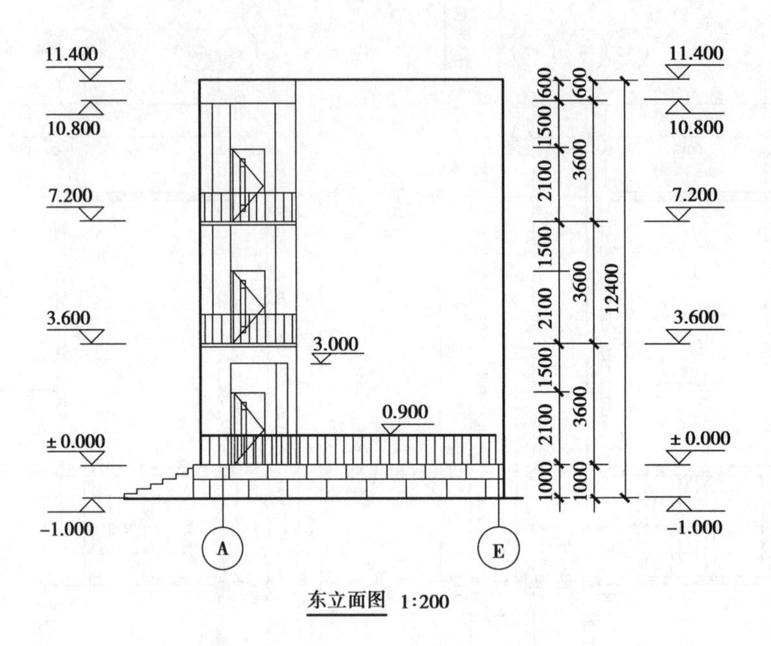

东立面图 1:200

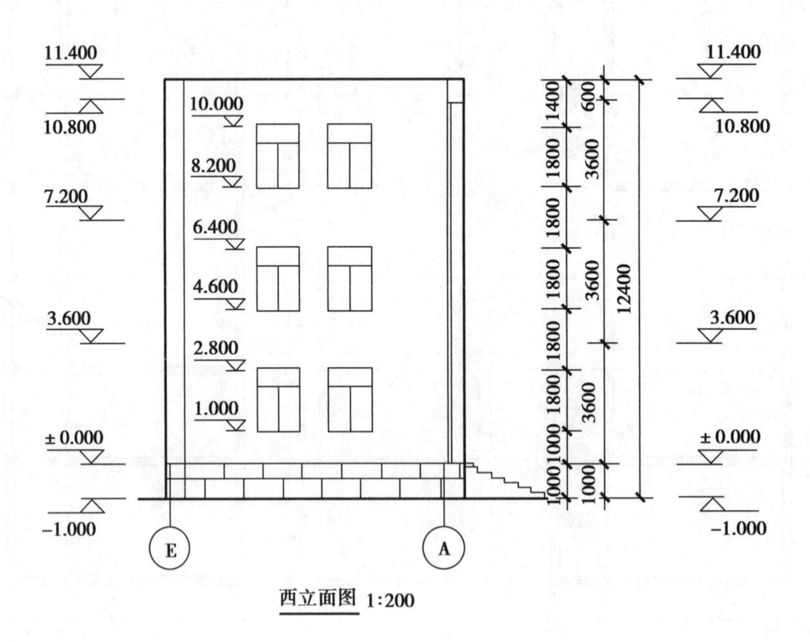

西立面图 1:200

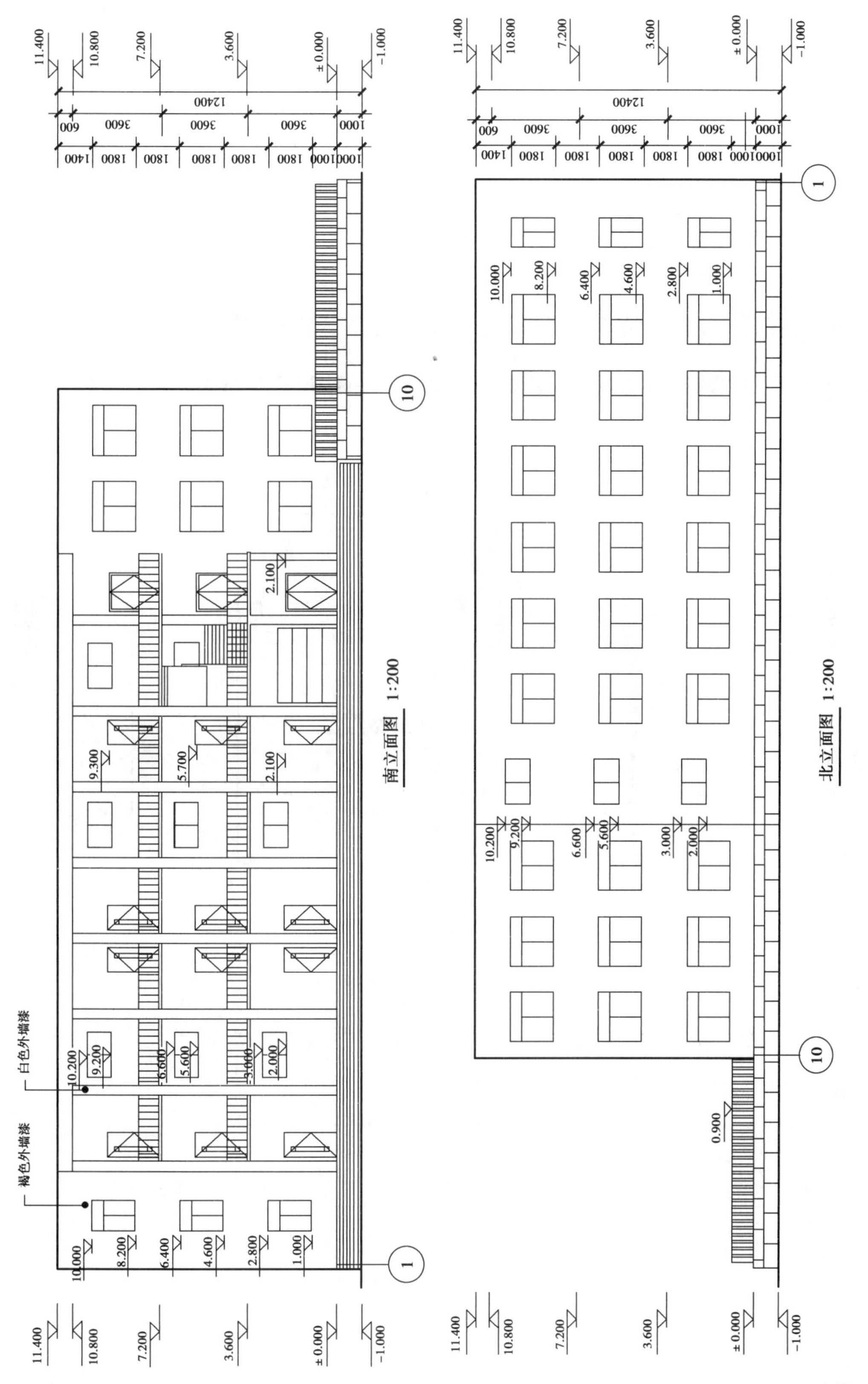
南立面图 1:200
北立面图 1:200
白色外墙漆
褐色外墙漆
11.400
10.800
7.200
3.600
±0.000
-1.000
12400

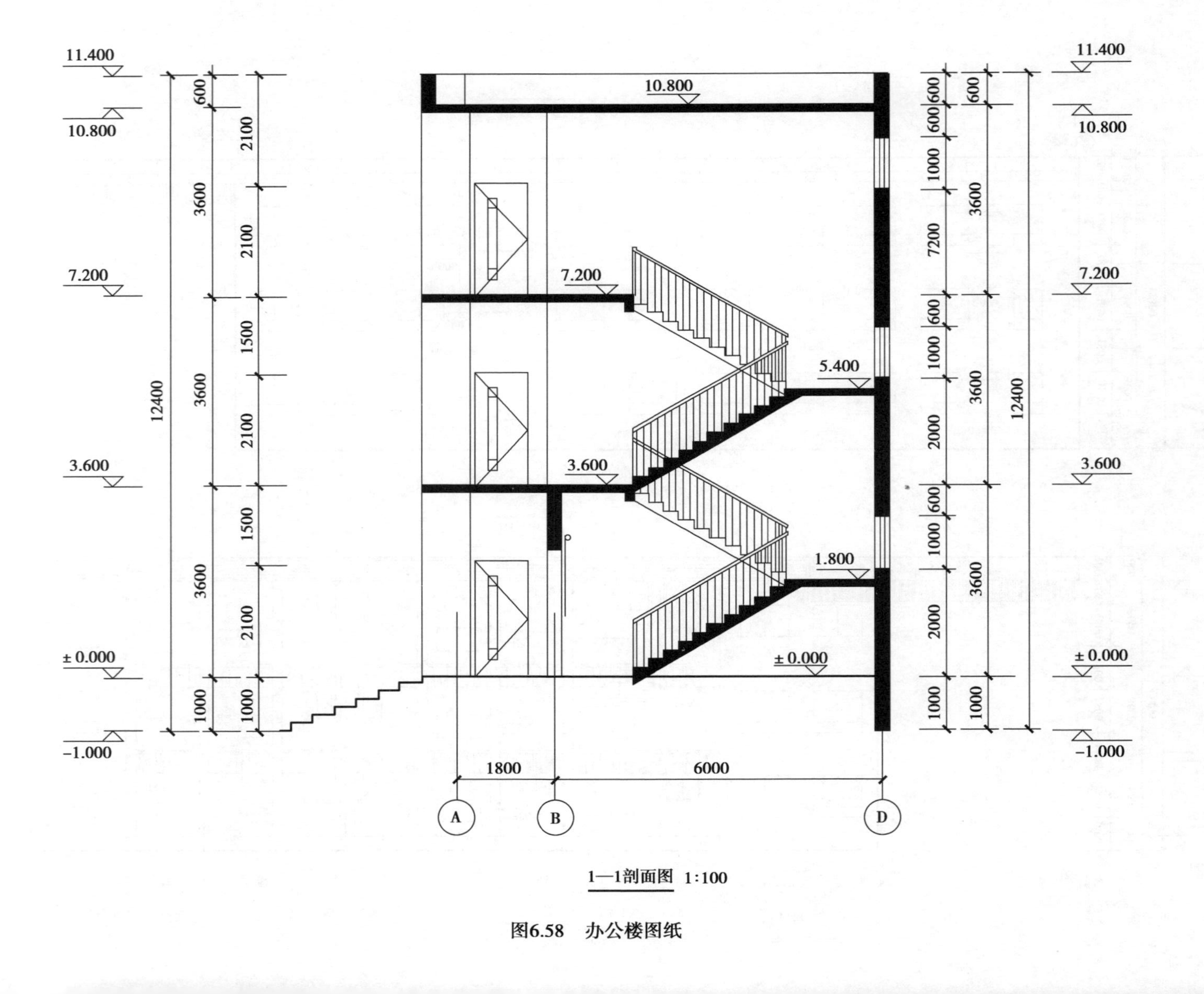

1—1剖面图 1:100

图6.58 办公楼图纸

【解析】首先新建一个项目，选择建筑样板。在管理选项卡下选择项目信息命令，将项目发布日期一栏更改为2018 年9 月19 日，项目编码更改为2018001-1，单击确定完成设置，如图6.59、图6.60 所示。

首先，根据图纸中的南立面视图，建立模型的标高轴网。切换窗口到南立面，根据图纸修改标高。此时发现，项目浏览器中缺少相关楼层平面，可以在视图选项卡中，平面视图命令，选择楼层平面，按"Ctrl"键选择全部楼层平面，单击确定，如图6.61 所示。

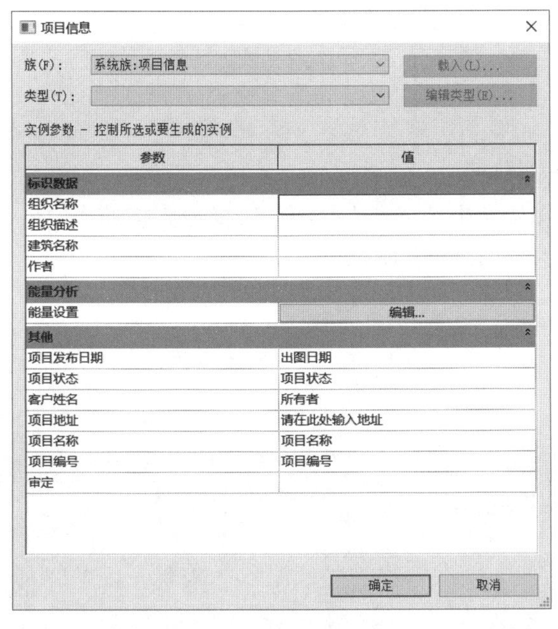

图6.59　设置项目信息

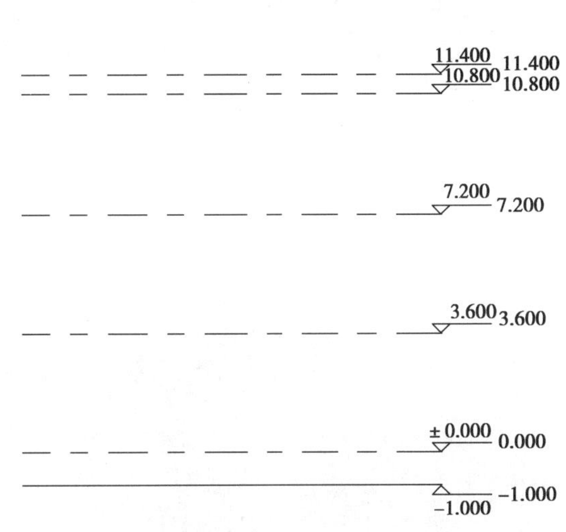

图6.60　创建标高

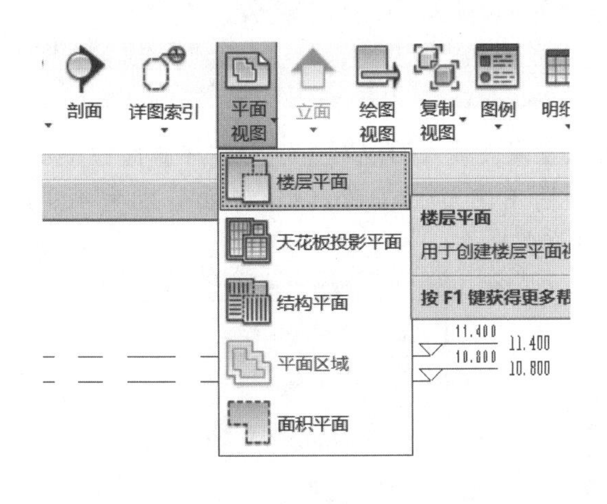

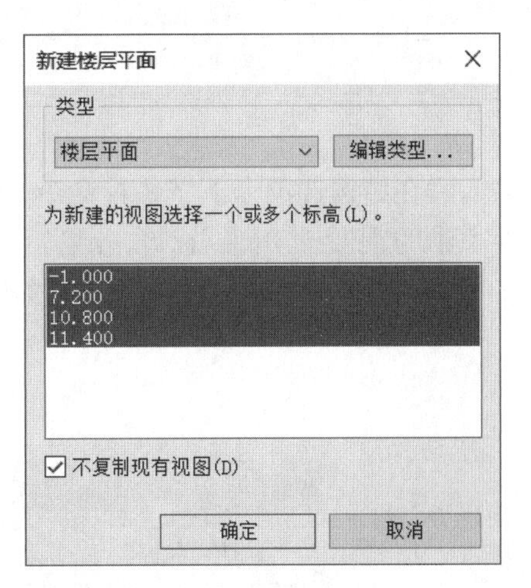

图6.61　新建楼层平面

切换视图到首层平面，在建筑选项卡下使用轴网命令，绘制竖向轴网，轴网间距依次为3 900，3 000，3 000，3 000，3 000，3 000，3 000，3 600，9 000，轴号选择两端显示。用同样方法绘制水平字母轴线，间距分别为1 800，600，5 400，600。注意C 轴与9 轴有交点，E 轴与9 轴有交点，标高轴网则绘制完成，如图6.62 所示。

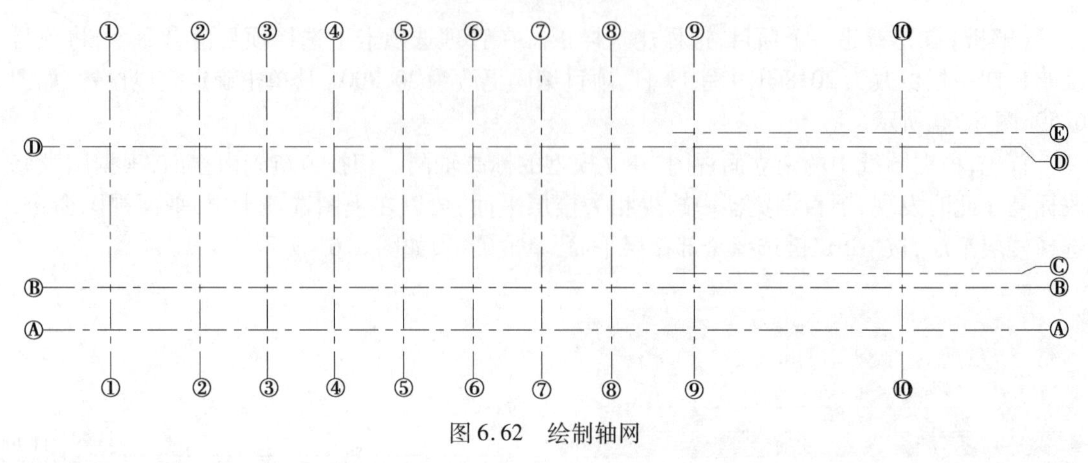

图 6.62　绘制轴网

接下来进行结构柱的绘制,在插入选项卡下,从库中载入工具栏中,选择载入族命令,依次打开并载入结构—柱—混凝土—混凝土矩形柱,如图 6.63 所示。

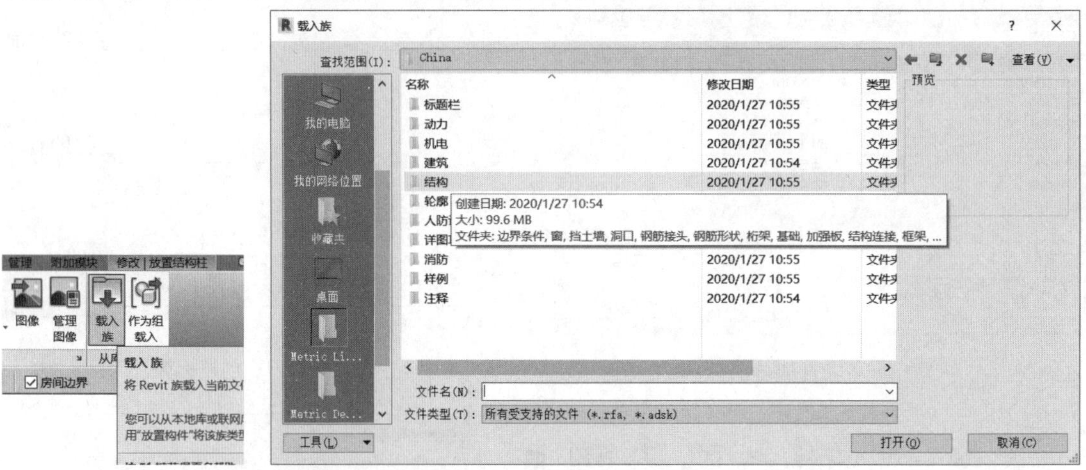

图 6.63　载入柱族

载入后在结构选项卡下选择柱命令,可以发现被载入的混凝土矩形柱在属性栏位置。单击属性栏中的混凝土矩形柱,单击编辑类型后单击复制按钮,创建界面分别为 400 mm×500 mm 和 400 mm×900 mm 的矩形柱,如图 6.64 所示。

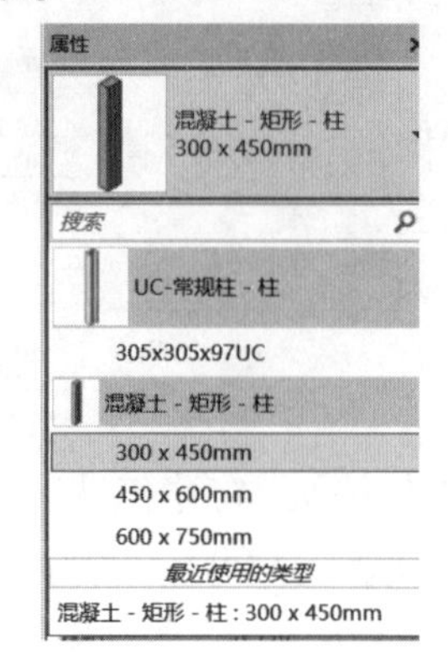

图 6.64　选择截面尺寸

先来绘制 400 mm×500 mm 截面积的矩形柱，选中柱类型后将深度改为高度，依次进行结构柱的绘制，然后选中 400 mm×500 mm 截面积的矩形柱，进行绘制，如图 6.65 所示。

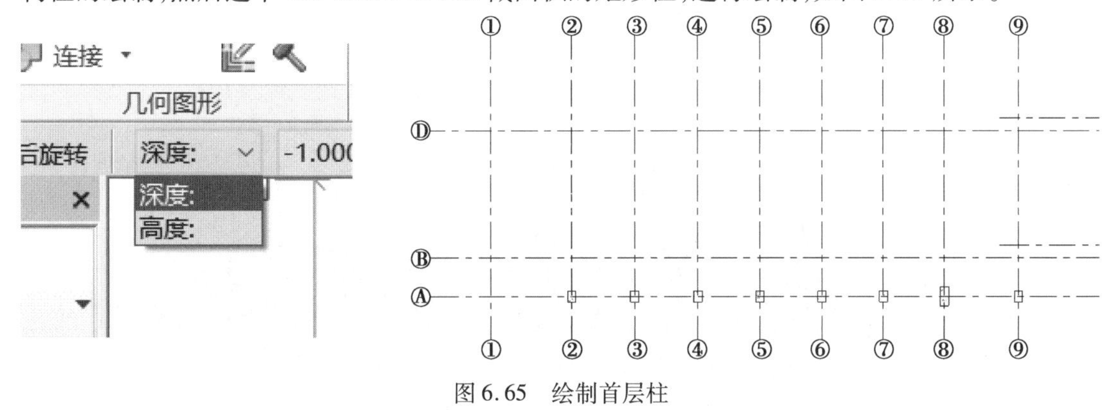

图 6.65　绘制首层柱

根据图纸要求建立外墙、内墙、墙裙的参数。在建筑选项卡下构件工具栏中单击墙。单击属性栏中的编辑类型后单击复制按钮，将名称命名为外墙，对其结构进行编辑，更改结构层材质为砖，厚度“240”，接着插入两个“10”厚的面层，材质参数选择褐色涂料并应用。同样步骤进行内墙和墙裙进行编辑，如图 6.66 所示。

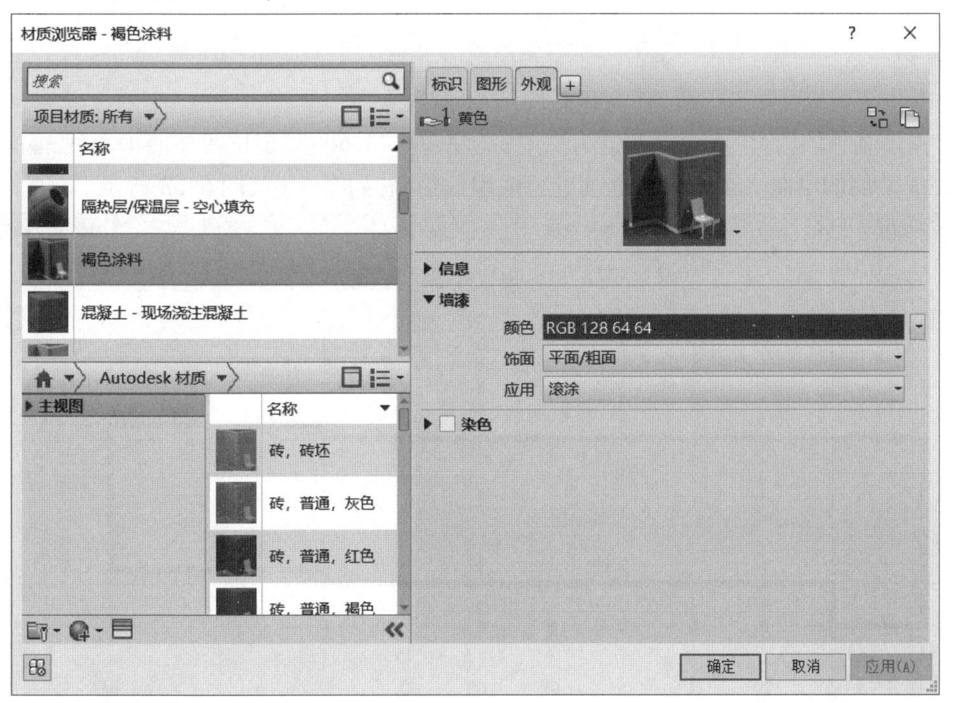

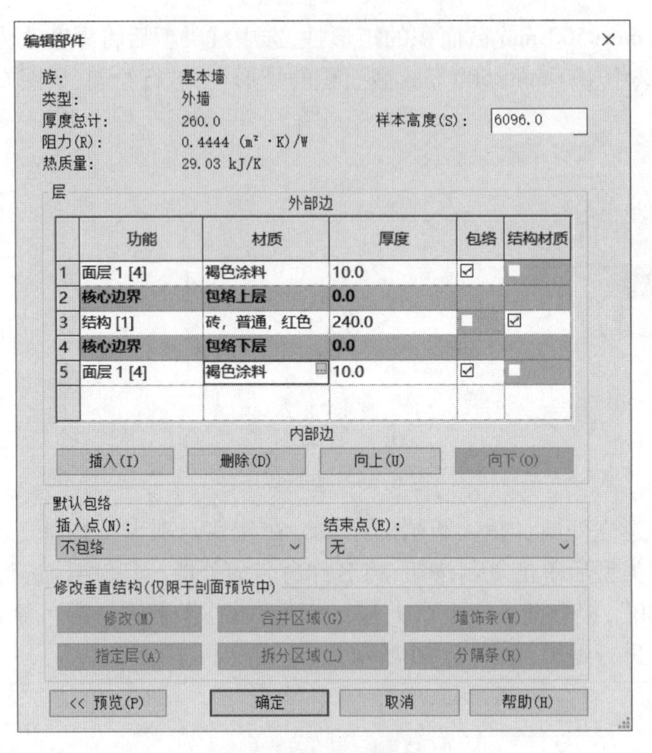

图 6.66　设置墙体结构

首先绘制外墙,将深度高度调整为高度,高度选择“3.600”,定位线按墙中心线,偏移量为“0”,完成外墙的绘制。选中内墙继续进行内墙的绘制,如图 6.67、图 6.68 所示。

修改 | 放置墙　高度:　3.600　8000.0　定位线: 墙中心线　☑链　偏移量: 0.0　□半径: 1000.0　连接状态: 允许

图 6.67　设置外墙绘制参数

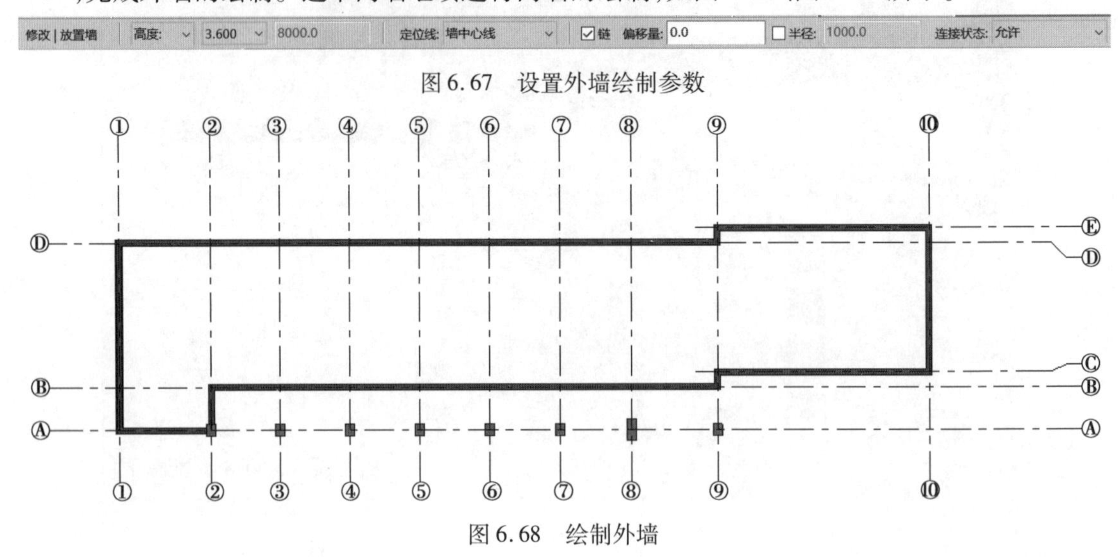

图 6.68　绘制外墙

接下来进行门窗的绘制,在建筑选项卡下单击窗,用同样的方法按建筑—窗—普通窗—组合窗—双层单列(固定+推拉),继续载入建筑—窗—普通窗—平开窗—双扇平开带贴面。载入之后,单击建筑选项后单击窗命令,进行窗参数的设置。设置完成后进行窗的放置,放置完成后依次修改窗的对齐尺寸,如图 6.69 所示。

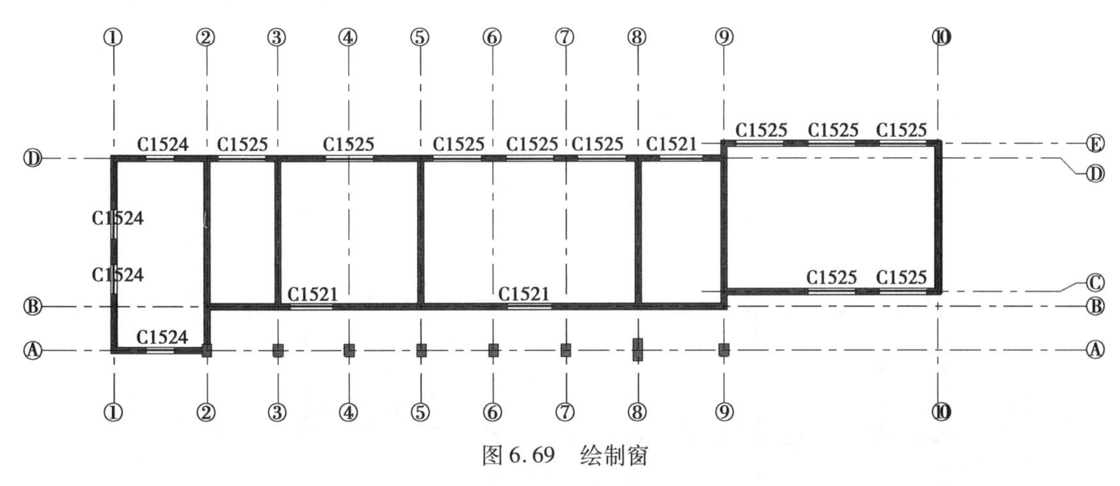

图 6.69　绘制窗

接下来进行门构件的绘制。以同样方法载入族，按建筑—门—普通门—平开门—单扇—单嵌板玻璃门 1，按建筑—门—普通门—平开门—双扇—双嵌板玻璃门，按建筑—门—卷帘门—水平卷帘门。在建筑选项卡下，单击门，在左侧属性栏中编辑类型内修改尺寸参数，最后进行门构件的放置并调整、对齐参数，如图 6.70 所示。

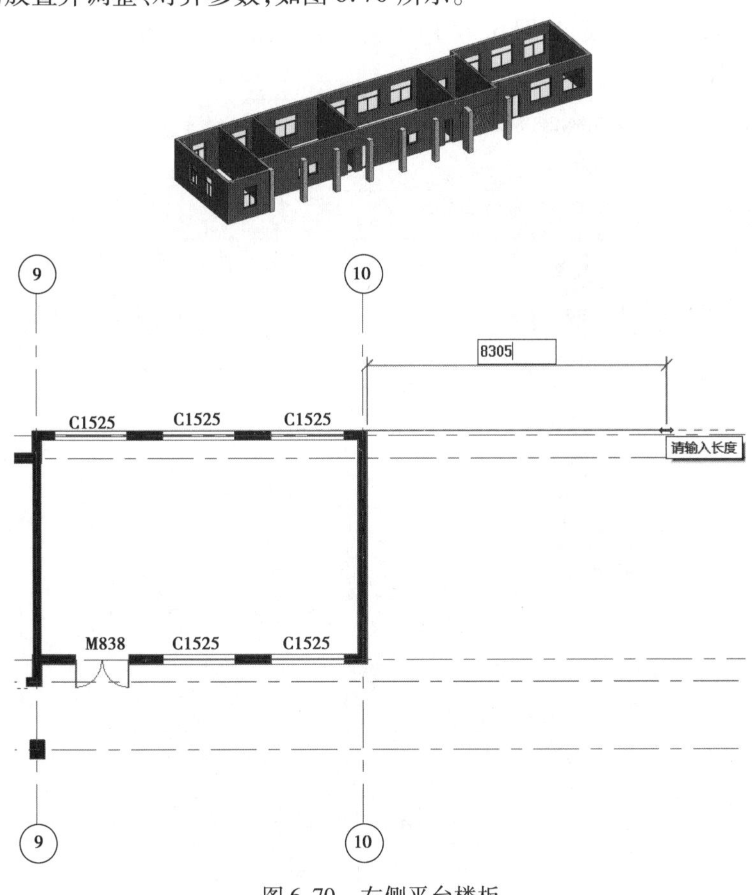

图 6.70　右侧平台楼板

在建筑选项卡下单击楼板,单击编辑类型,复制命令,命名为“室内楼板”。对结构进行编辑,将其材质参数改为混凝土,厚度为“100”。根据图纸进行楼板轮廓线的绘制。注意,右侧平台楼板向右延伸尺寸为“8 305”,向下延伸至 A 轴,继续向下偏移“910”,楼板轮廓线如图 6.71 所示。

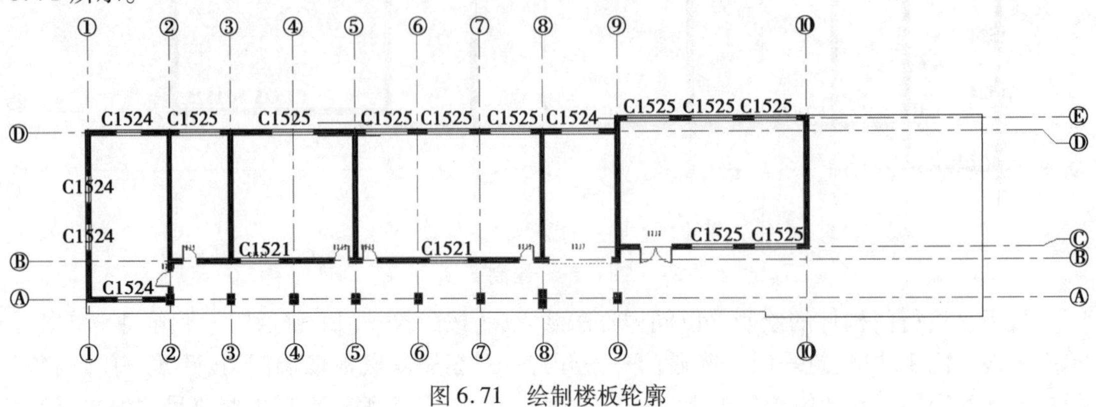

图 6.71　绘制楼板轮廓

切换视图至西立面视图,继续进行台阶的绘制,在建筑选项卡下单击构件,内建模型,选择常规模型,进行参数化建模,如图 6.72 所示。在创建选项卡下形状工具栏单击拉伸命令,根据图纸创建拉伸形状。

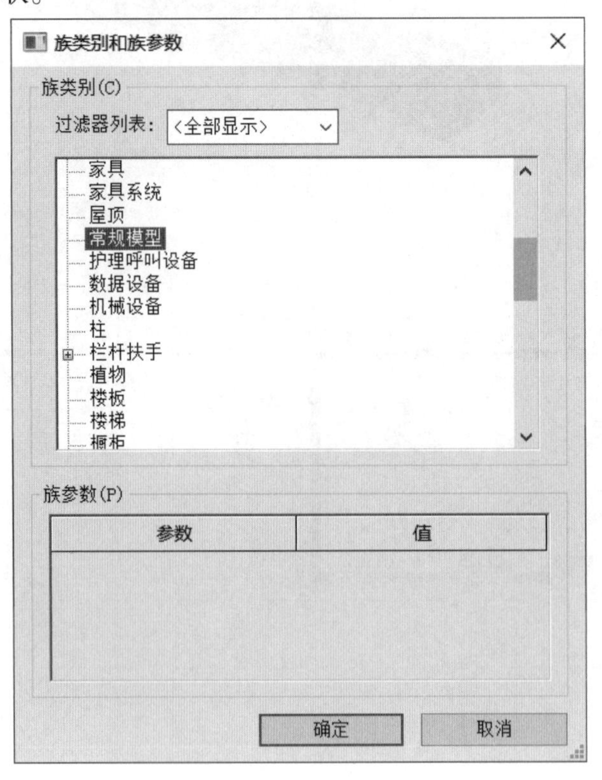

图 6.72　内建模型

拉伸创建完成后,切换视图到标高一平面,这时可以发现拉伸形状不可见,在左侧属性栏中,编辑视图范围,将右下角两个偏移量设置为“-1 500”,如图 6.73 所示。

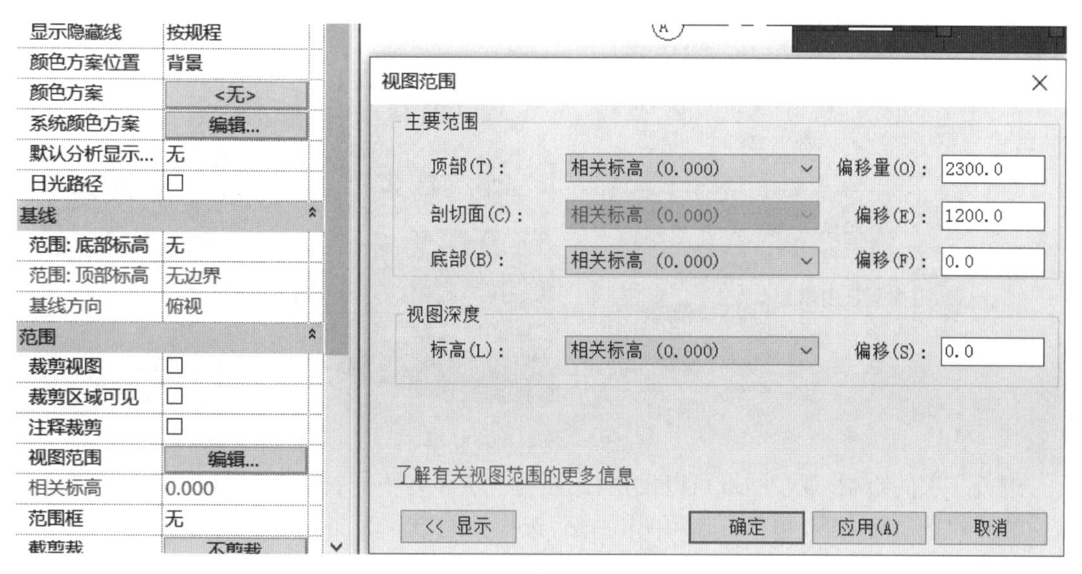

图 6.73 设置偏移距离

继续绘制模型的墙裙，切换视图至负一层，在建筑选项卡下选择已经创建好的墙裙进行墙裙的绘制。在绘制最右侧竖向墙体时将墙体对齐方式更改为面层面外部。

进行室外平台栏杆扶手的绘制，切换视图至标高一，在建筑选项卡下选择栏杆扶手命令，按绘制路径绘制，依次沿轴线绘制即可，如图 6.74 所示。

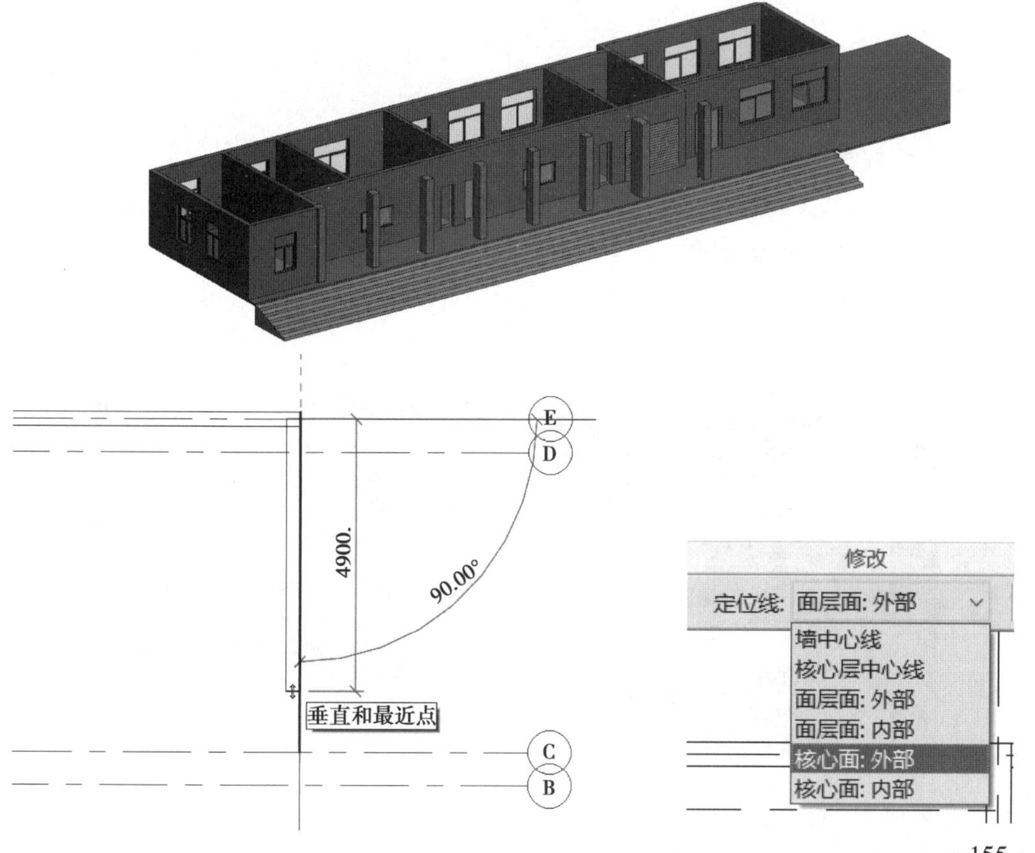

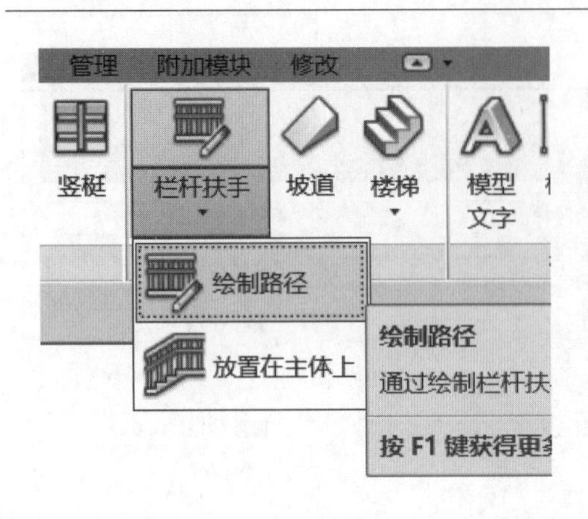

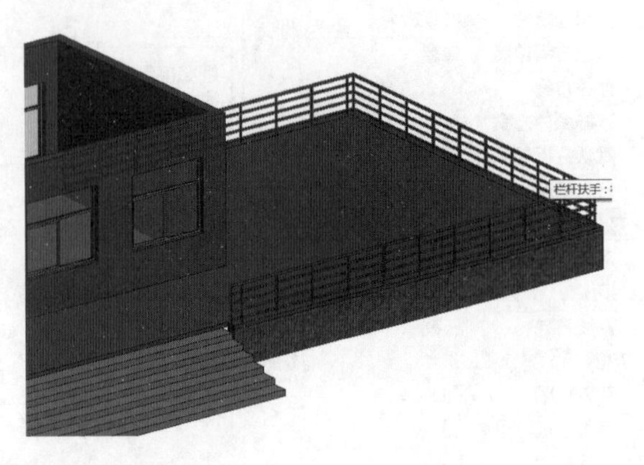

图 6.74　绘制栏杆扶手

进行二层的绘制，观察图纸可以发现，二层与一层略有不同，框选一层构件进行复制。单击过滤器勾选所需内容，单击复制，单击粘贴，选择粘贴方式为与选定标高对齐，选择标高为“3.600”便可快速创建二层图元，如图 6.75、图 6.76 所示。

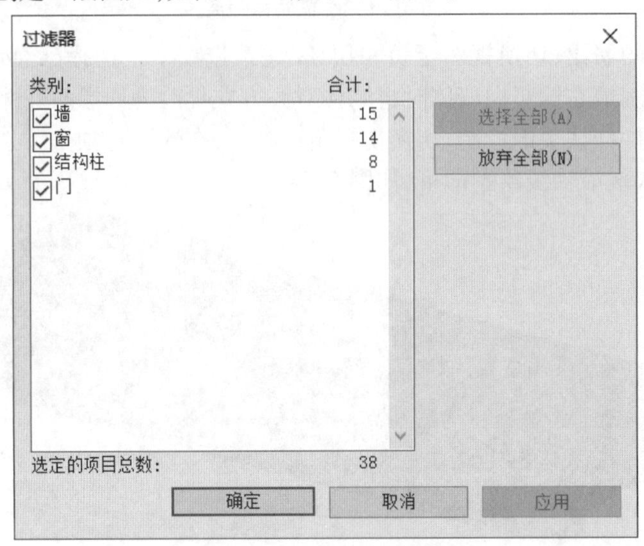

图 6.75　图元过滤器

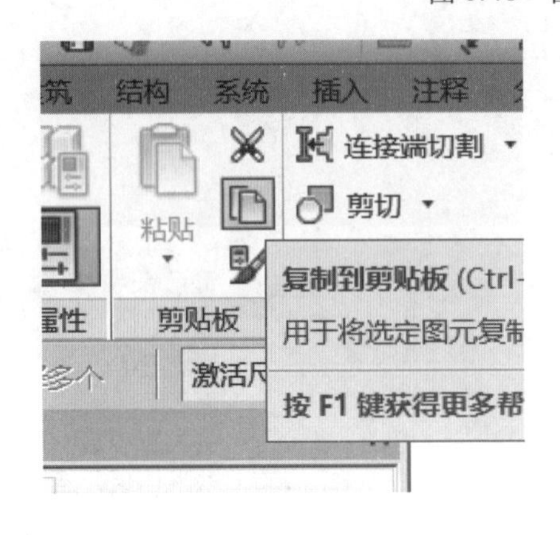

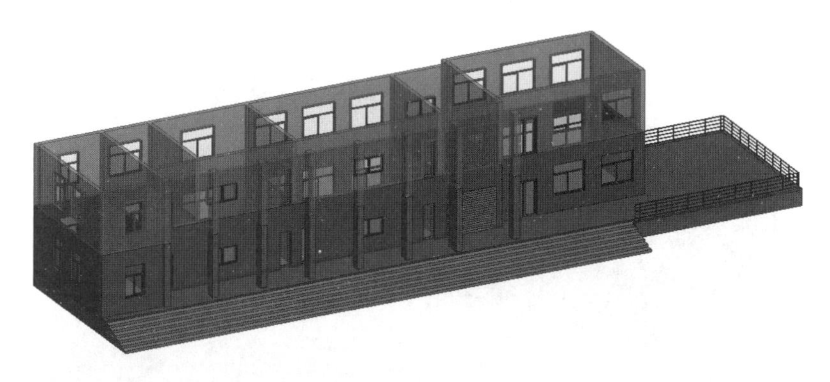

图 6.76　复制首层图元

用同样的方法进行二层楼板的复制，注意二层与一层墙体在 8 号轴线与 9 号轴线之间的区别，可通过打断命令与修建命令进行偏差的修改。二层楼板没有室外平台，且有栏杆扶手平台，可选中复制过来的楼板，使用编辑边界命令，重新编辑楼板轮廓，如图 6.77 所示。

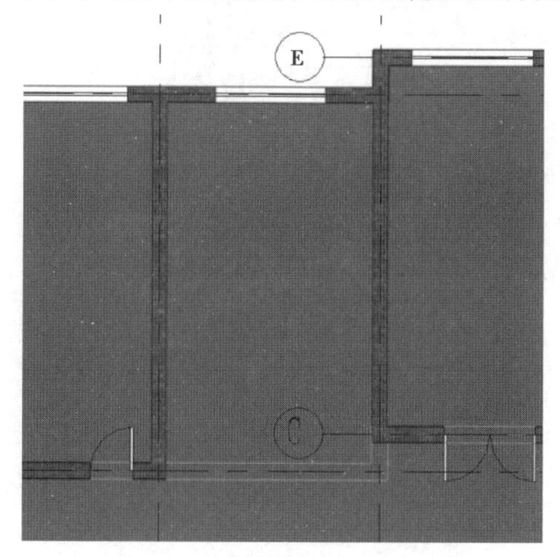

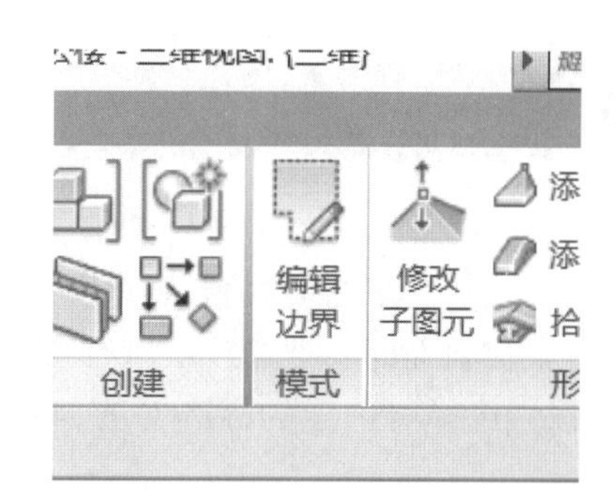

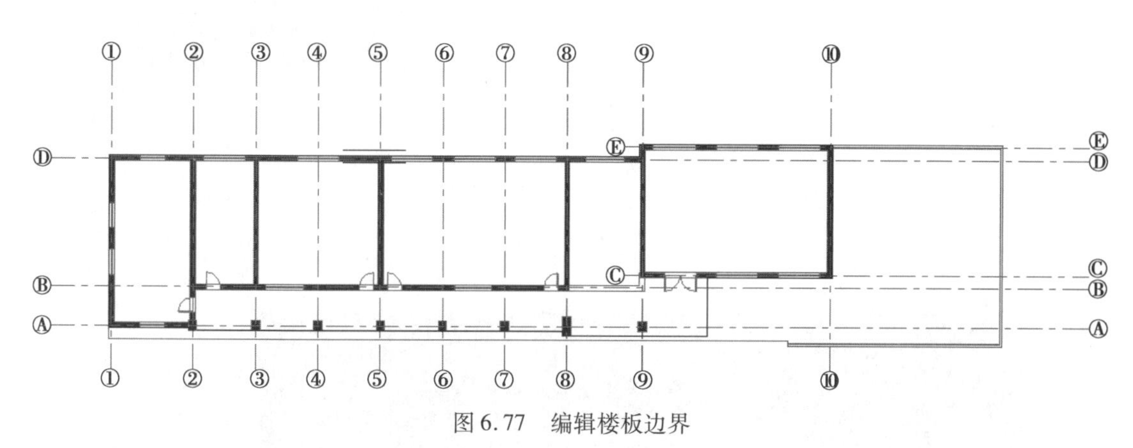

图 6.77　编辑楼板边界

在绘制二楼栏杆扶手时，左侧栏杆扶手的绘制方法与一层相同，右侧需重新编辑路径进行绘制，即可完成二楼栏杆扶手的绘制。完成后的效果如图 6.78 所示。

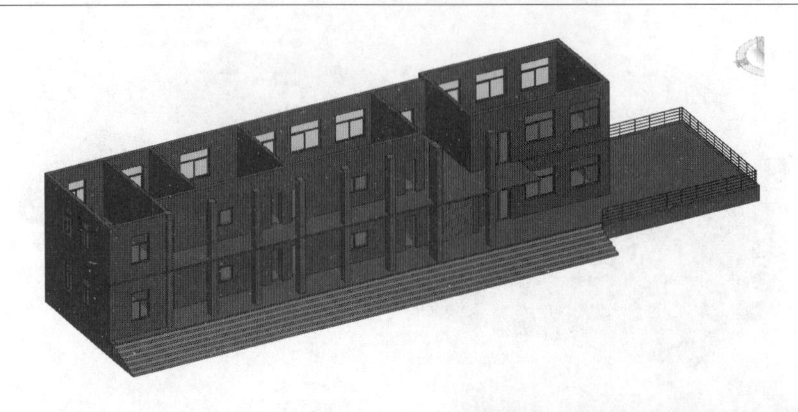

图 6.78　二层栏杆扶手

二层绘制完成后进行三层的绘制，观察图纸可以发现，三层与二层的图元完全相同，可直接进行楼层的绘制。自左向右框选二层所有图元，包括二层楼板，同时单击解锁命令，单击复制命令，单击粘贴，选择与选定的标高对齐，单击“7.200”，完成三层的绘制，如图 6.79、图 6.80 所示。

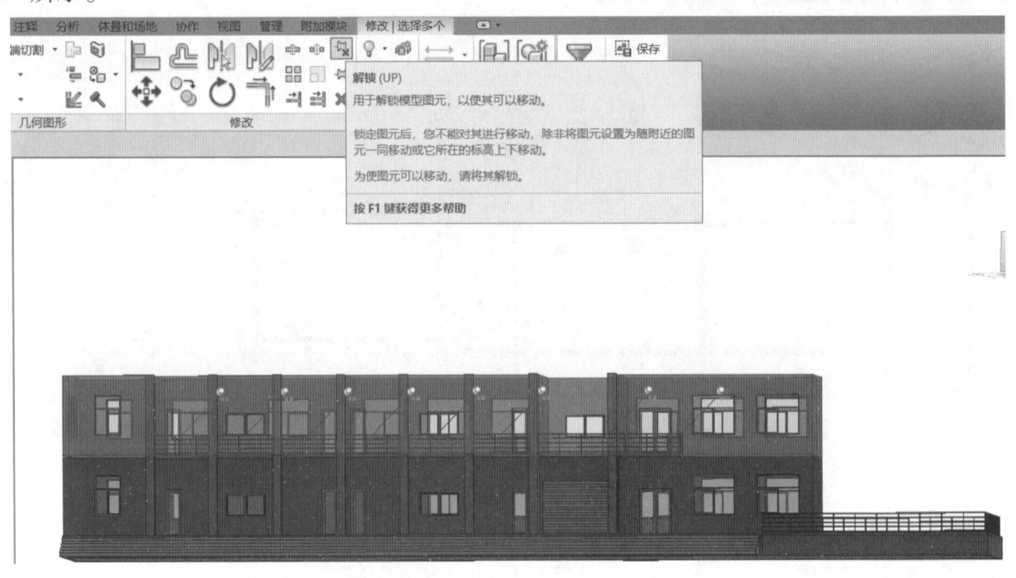

图 6.79　选中二层图元

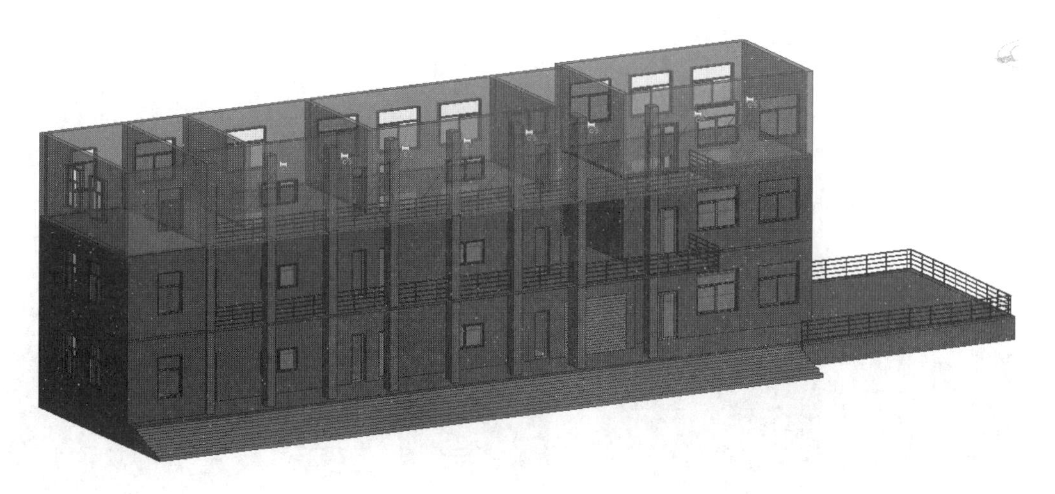

图 6.80　复制三层图元

进行楼梯的绘制，切换视图到标高一，在建筑选项卡下选择楼梯，按构件进行绘制，在左侧属性栏中选择整体浇筑式楼梯，更改底标高为“0.000”，顶标高为“3.600”。所需梯面数选择“22”，上方实际梯段宽度更改为“1 615”，如图 6.81 所示。

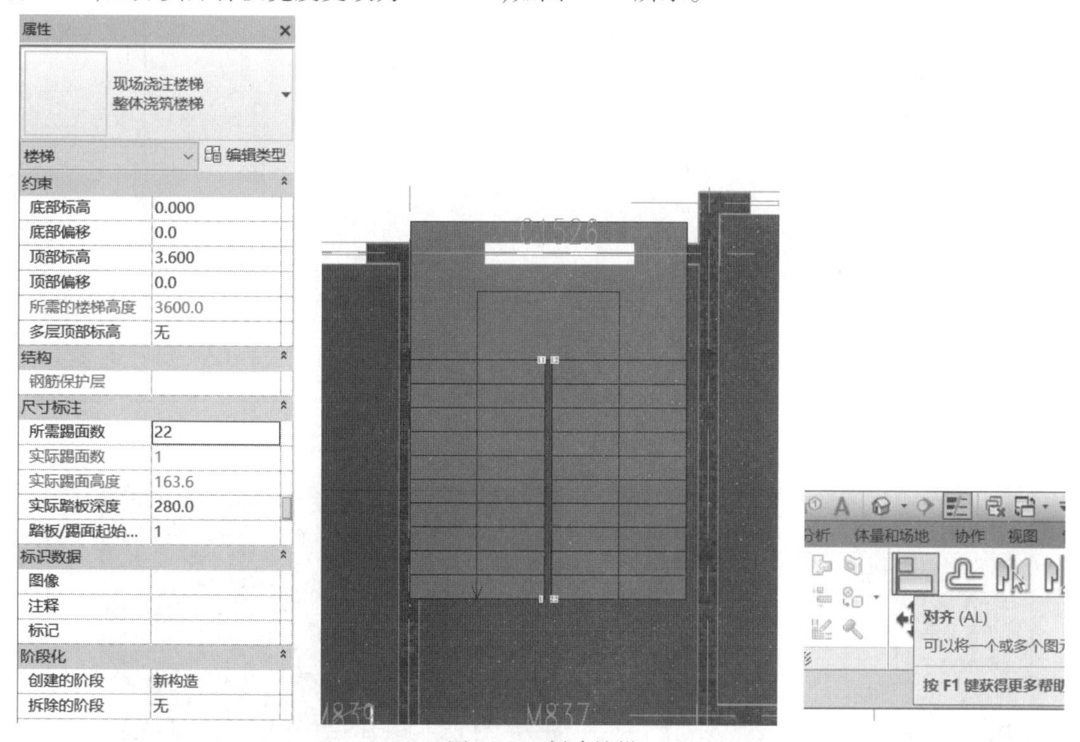

图 6.81　创建楼梯

绘制完成楼梯模型后，使用对齐命令调整楼梯位置，绘制完梯段后，为了方便观察楼梯模型，单击勾选左侧属性栏中剖面框命令，拖动剖面框观察楼梯模型。

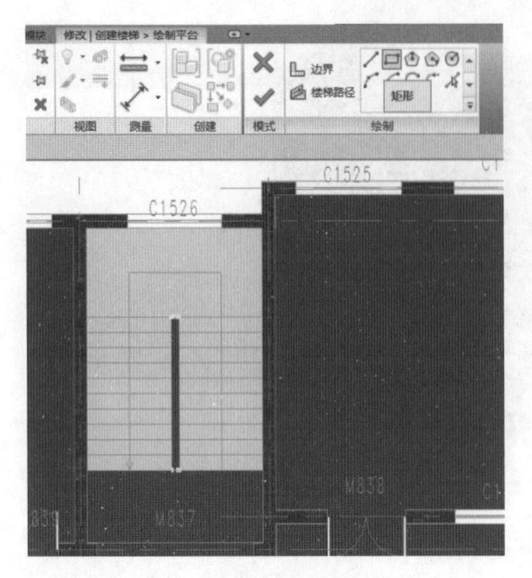

图 6.82　创建休息平台

图 6.83　选中楼梯扶手

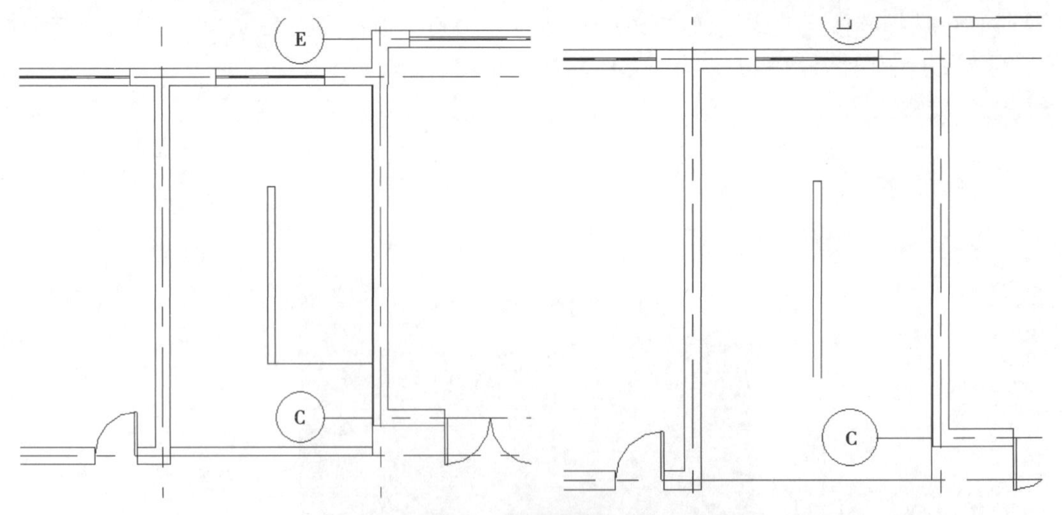

图 6.84　修改楼梯扶手

范围	
裁剪视图	☐
裁剪区域可见	☐
注释裁剪	☐
远剪裁激活	☐
远剪裁偏移	304800.0
剖面框	☑
相机	
渲染设置	编辑...
锁定的方向	☐
透视图	☐
视点高度	6189.4
目标高度	6102.3

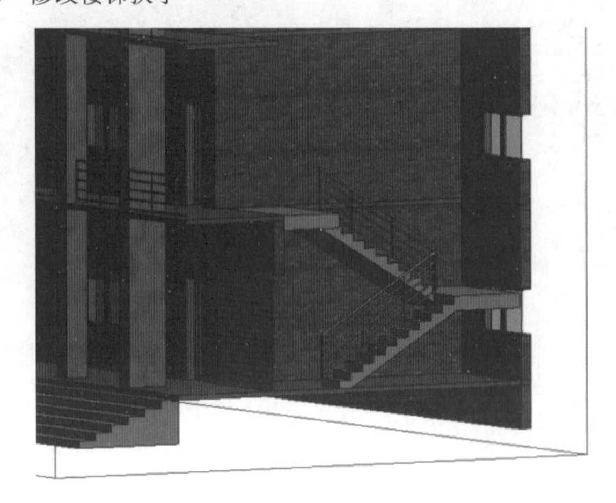

图 6.85　剖面框

选中整个栏杆扶手，单击复制，再单击粘贴，与所选标高对齐，标高选择“3.600”。选中新创建的楼梯栏杆扶手，单击编辑路径，添加顶层楼梯的顶部平台栏杆扶手，如图6.86所示。

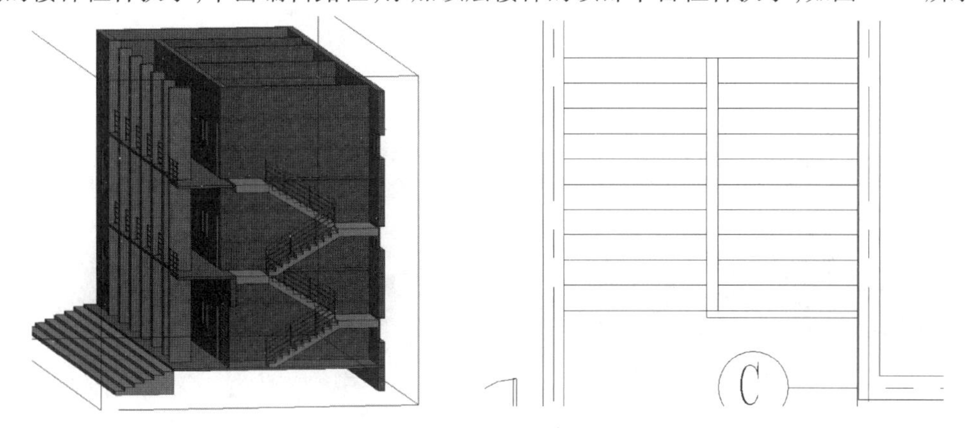

图6.86　绘制顶层栏杆扶手

使用过滤器选中第三层墙体，在左侧属性栏中更改顶部约束到标高11.400位置，这样可直接绘制女儿墙。选中楼板，同样的方法将其复制到标高10.800位置，如图6.87所示。

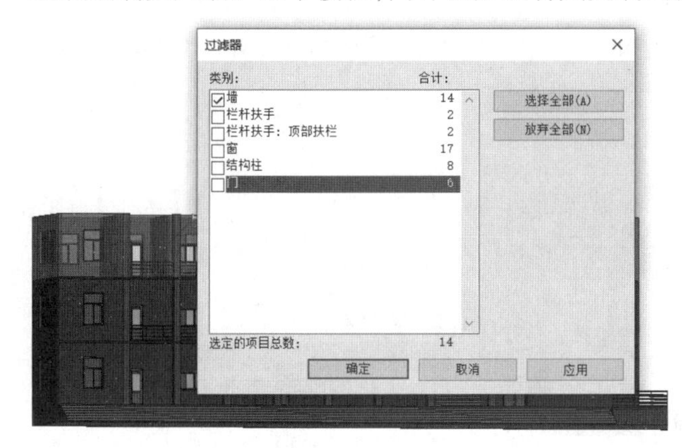

图6.87　绘制女儿墙

选中新复制的楼板，切换视图到标高10.800位置，单击编辑路径，起原本的楼梯洞口位置。选中内墙，修改其标高至10.800位置，如图6.88所示。

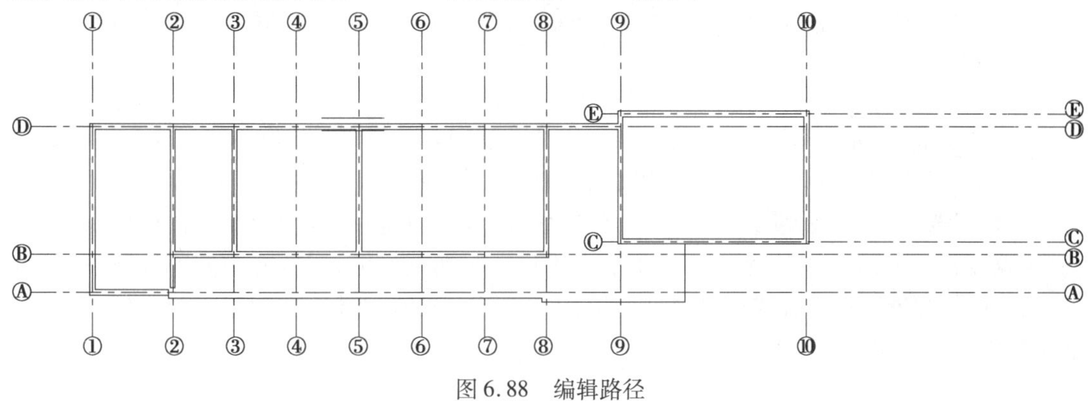

图6.88　编辑路径

重新单击楼板,修改其边界线,并切换视图至标高 10.800,单击坡度箭头命令对顶层楼板进行放坡,左侧属性栏中指定改为坡度,坡度大小设置为 2%,如图 6.89 所示。

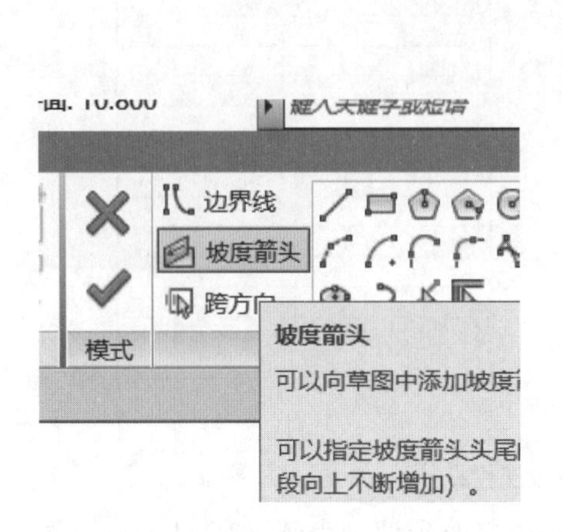

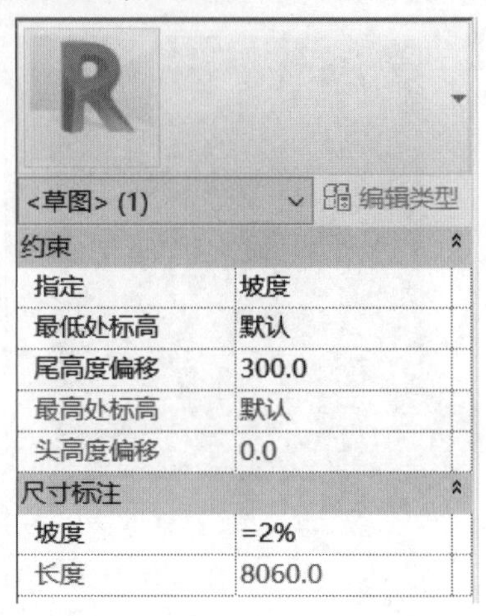

图 6.89　创建坡度

在注释选项卡下的标记工具栏中,单击全部标记命令,从中可以选择门、窗等构件的标记。创建房间名称可在建筑选项卡下单击房间命令,即可对房间进行标记,如图 6.90 所示。

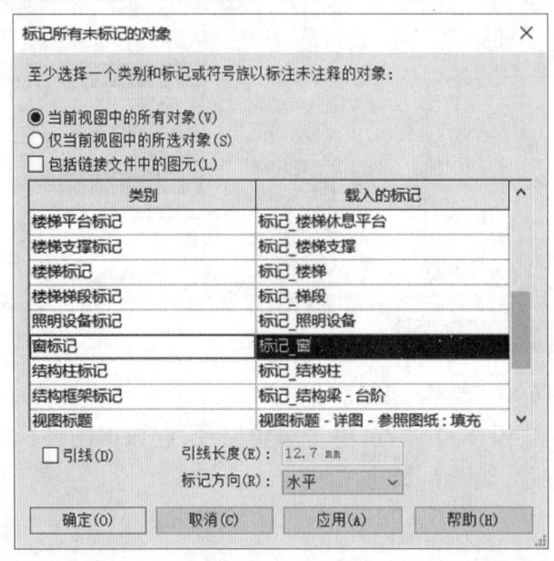

图 6.90　房间命名

双击"房间"二字,将房间名称更改成所需要的房间名称即可。继续创建门窗明细表要求包含类型标记、宽度、高度、合计,并计算总数,如图 6.91 所示。

在视图选项卡下选择明细表中的明细表/数量,找到窗构件,选中建筑构件明细表,添加高度、宽度、类型标记、合计等选项。在生成的门窗明细表左侧,属性栏中其他选项下,对排序/组成进行编辑。排序方式选择类型标记,勾选总计,取消勾选逐项列举每个实例,同样方法可以创建门等构件的明细表,如图 6.92 所示。

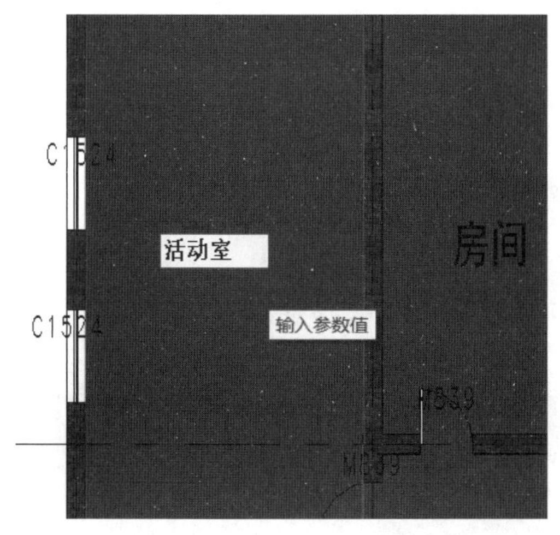

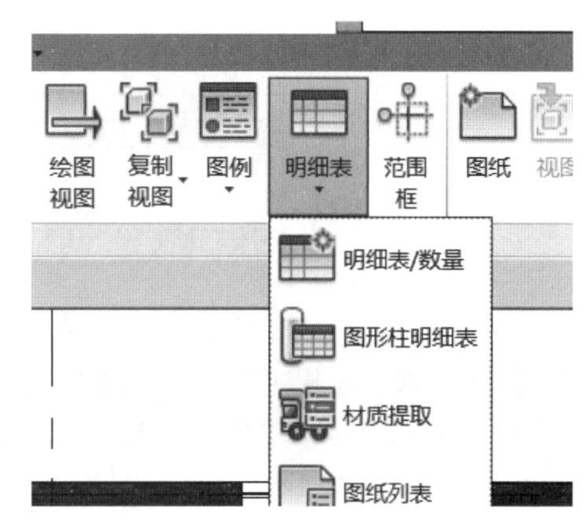

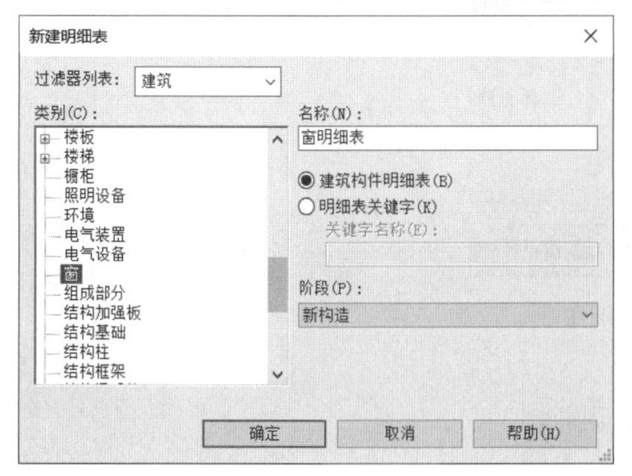

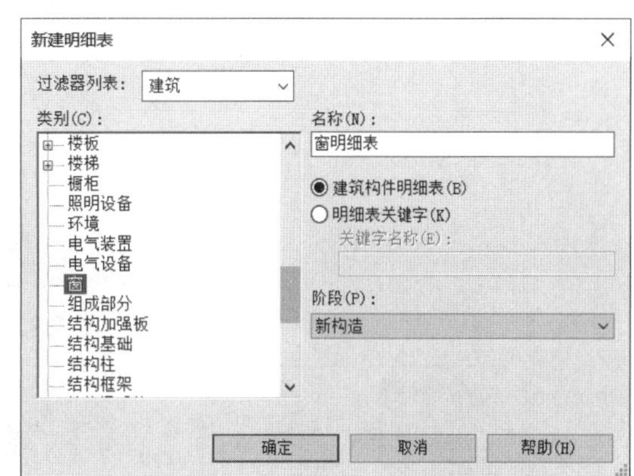

图 6.91　创建明细表

<窗明细表>

A	B	C	
宽度	高度	类型标记	
1200	1800	C1524	1
1800	1000	C1526	1
2000	1800	C1525	1
2000	1800	C1525	1
2000	1800	C1525	1
2000	1800	C1525	1
2000	1800	C1525	1
2000	1800	C1525	1
2000	1800	C1525	1
2000	1800	C1525	1
1200	1800	C1524	1
1200	1800	C1524	1
1200	1800	C1524	1
1800	1000	C1526	1
1800	1000	C1526	1
2000	1800	C1525	1
2000	1800	C1525	1
1200	1800	C1524	1
1800	1000	C1526	1
2000	1800	C1525	1
2000	1800	C1525	1
2000	1800	C1525	1
2000	1800	C1525	1
2000	1800	C1525	1
2000	1800	C1525	1
2000	1800	C1525	1
2000	1800	C1525	1

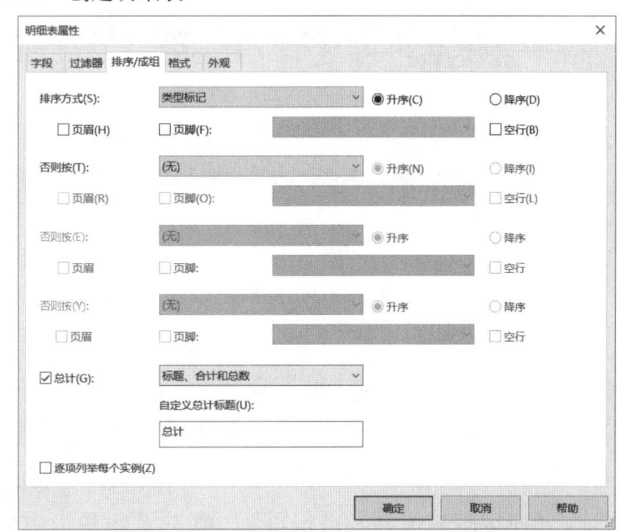

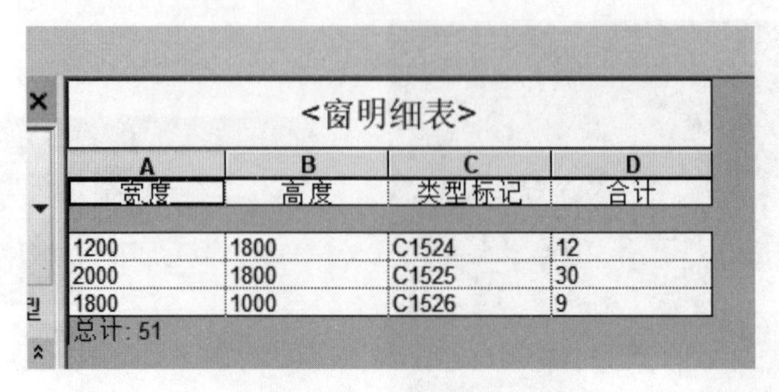

<窗明细表>

A	B	C	D
宽度	高度	类型标记	合计
1200	1800	C1524	12
2000	1800	C1525	30
1800	1000	C1526	9
总计: 51			

图 6.92　窗明细表

继续按要求创建相应图纸，在视图选项卡下单击图纸命令，选择创建一个 A3 的图纸，在图纸中放置 2—2 剖面图，如图 6.93、图 6.94 所示。

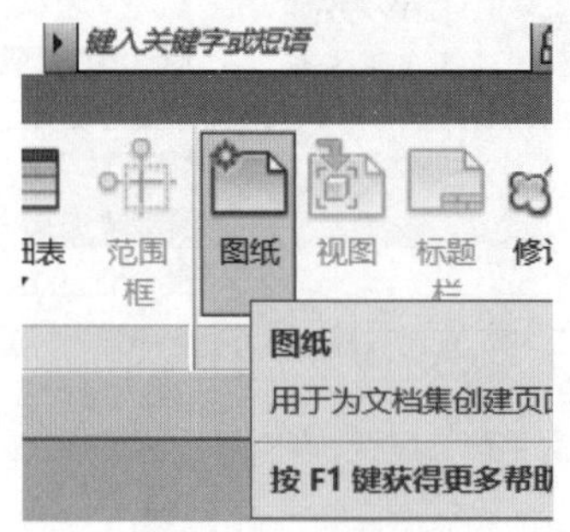

图 6.93　图纸命令

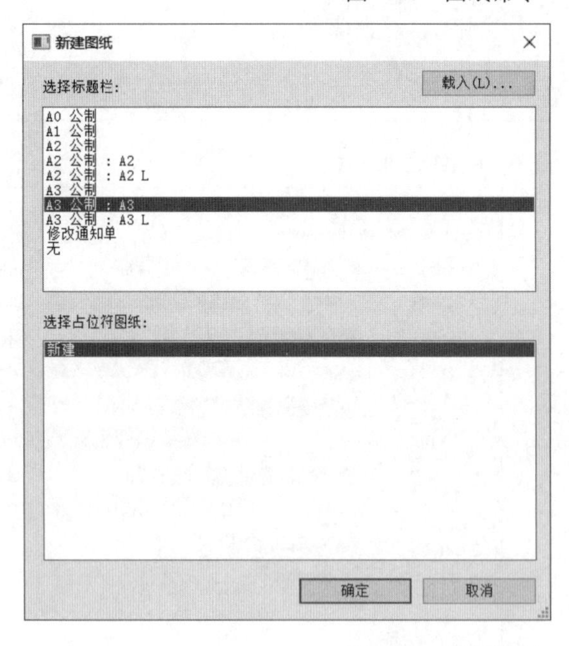

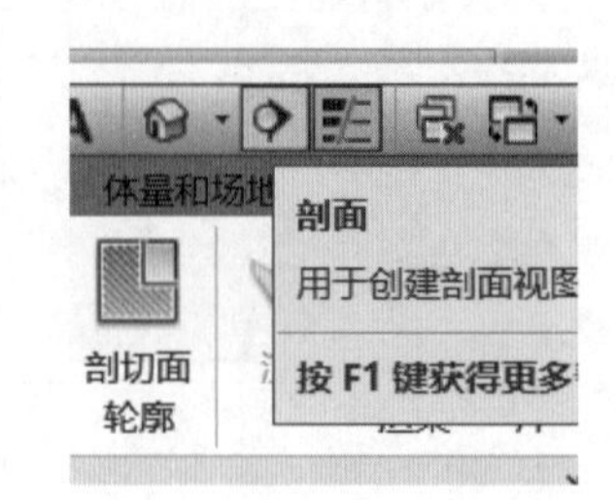

图 6.94　选择图纸

切换视图到标高一进行剖面，单击界面最上方的剖面命令，在标高一平面绘制 2—2 剖面，选中剖切线，鼠标右键单击转到视图可观察 2—2 剖面外观，如图 6.95 所示。

按要求调整左下角视图比例为 1∶100，接着选中 2—2 剖面框，在视图选项卡下单击可见性/图形，找到楼板，截面填充图案更改为实体填充，如图 6.96 所示。

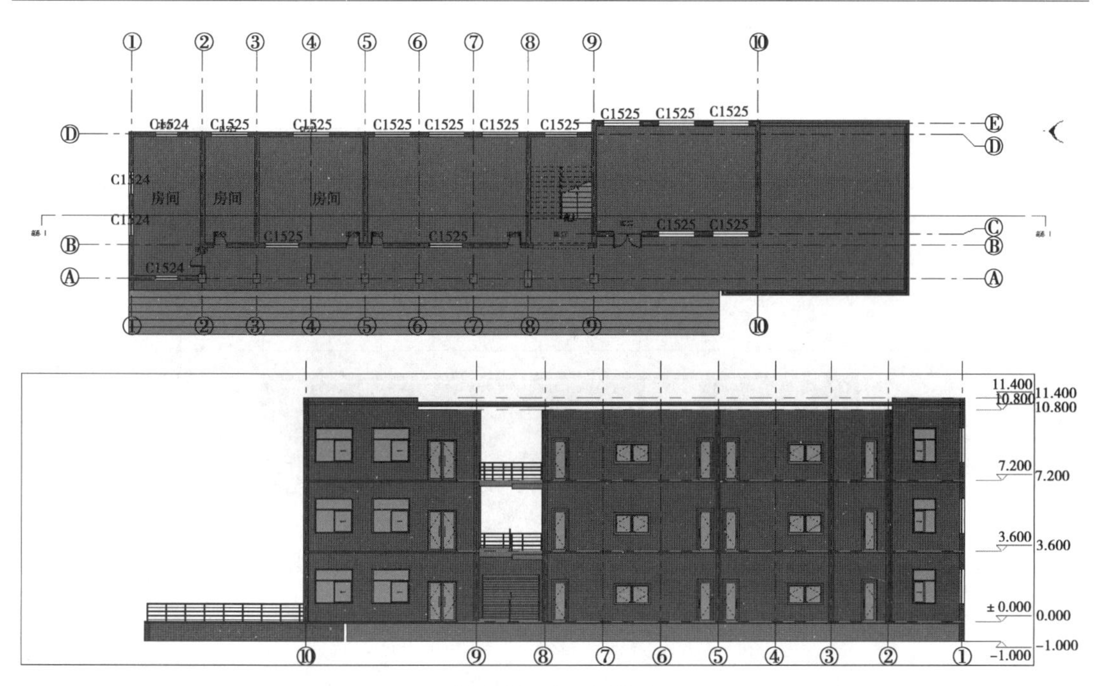

图 6.95 2—2 剖面

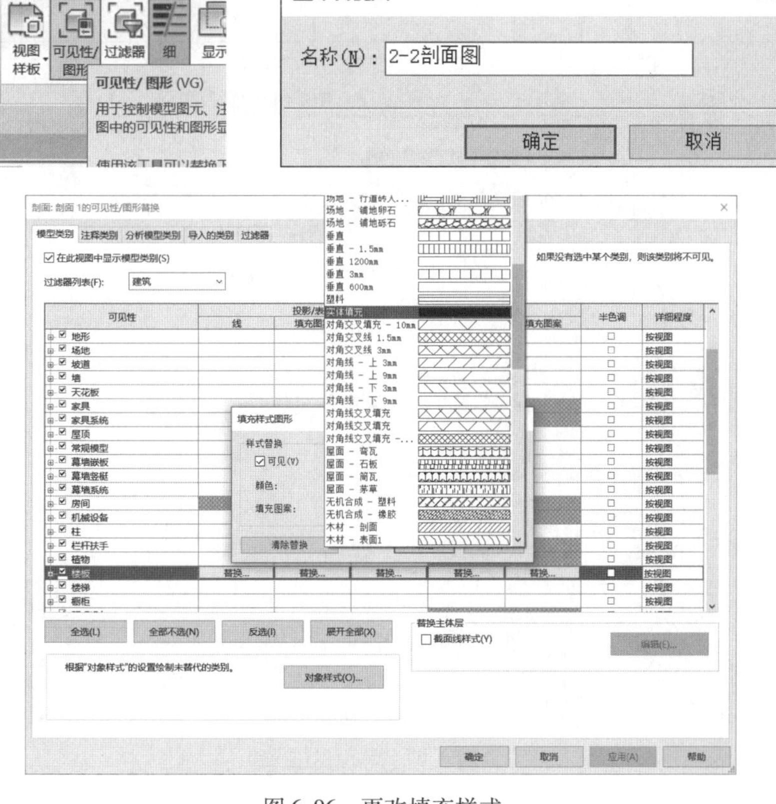

图 6.96 更改填充样式

同样方法,将墙体、楼梯的填充样式改为实体填充,在右侧剖面中,将该剖面图命名为2—2剖面图,如图6.97所示。

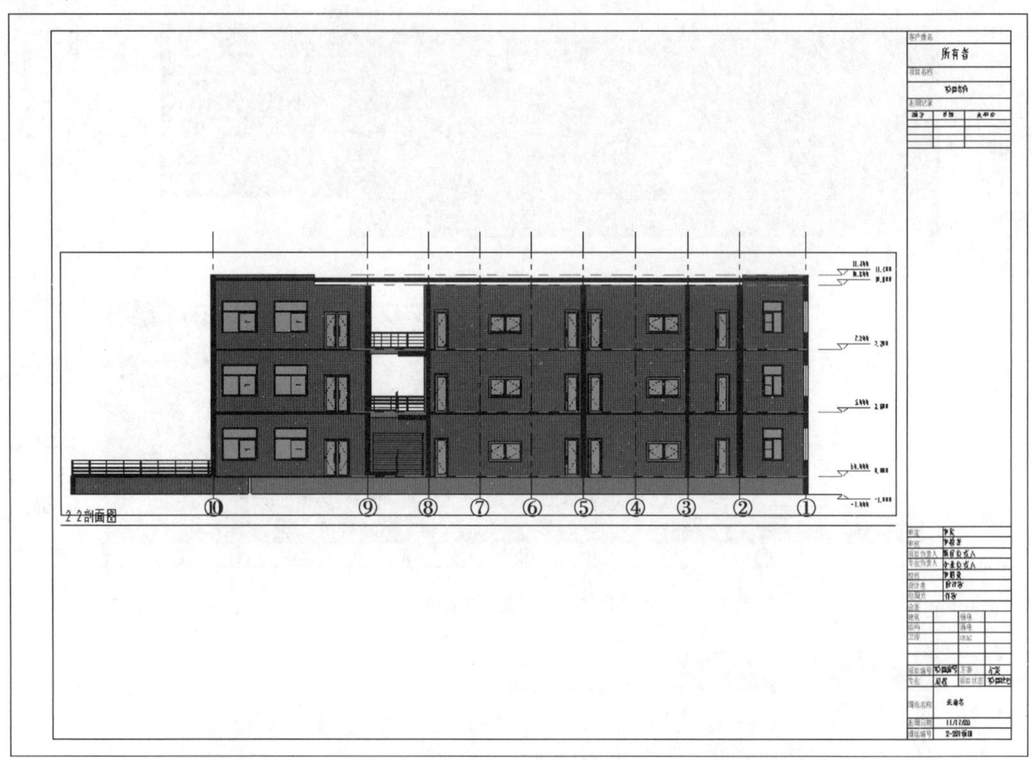

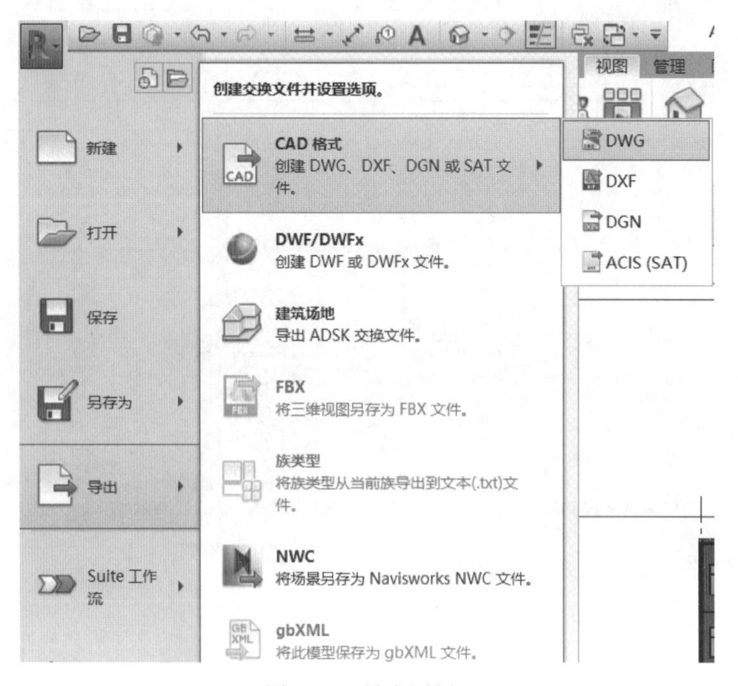

图6.97　导出图纸

将创建的“2—2 剖面图”图纸导出为 AutoCADW 文件,命名为“2—2 剖面图”。可单击导出,选择 DWG 格式的文件,保存到考生文件夹即可。最后,用“办公楼+考生姓名”为项目文件命名,并保存项目。

效果如图 6.98 所示。

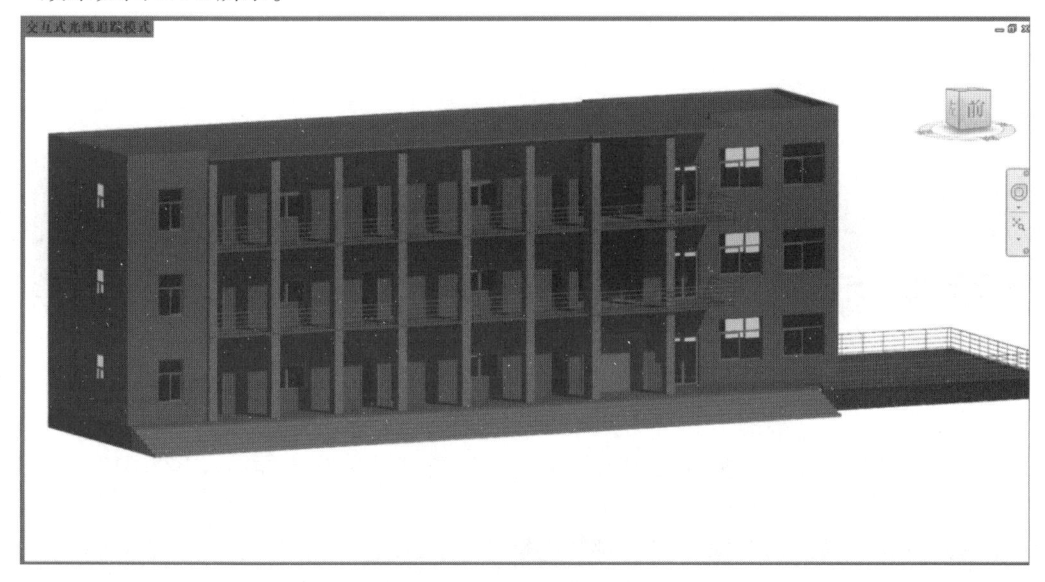

图 6.98　小建筑效果图

参考文献

[1] 中华人民共和国住房和城乡建设部. 建筑信息模型应用统一标准:GB/T 51212—2016[S]. 北京:中国建筑工业出版社,2017.
[2] 中华人民共和国住房和城乡建设部. 建筑信息模型施工应用标准 GB/T 51235—2017[S]. 北京:中国建筑工业出版社,2017.
[3] 中华人民共和国住房和城乡建设部. 2016—2020 年建筑业信息化发展纲要[R]. 2016.
[4] 何关培.那个叫 BIM 的东西究竟是什么[M]. 北京:中国建筑工业出版社,2011.
[5] 何关培. BIM 总论[M]. 北京:中国建筑工业出版社, 2011.
[6] 黄强. 论 BIM[M]. 北京:中国建筑工业出版社,2016.
[7] 陈长流,寇巍巍. Revit 建模基础与实战教程 [M]. 北京:中国建筑工业出版社,2018.
[8] 杨新新,王金城.全国 BIM 技能一级考试 Revit 教程[M]. 北京:中国电力出版社,2017.
[9] 丁仕昭.工程项目管理[M]. 2 版. 北京:中国建筑工业出版社,2014.
[10] 朱彦鹏,王秀丽. 土木工程概论[M]. 北京:化学工业出版社,2017.
[11] PETER R ,PAUL W. 建筑设计基础应用教程[M]. 郭淑婷,魏绅,译.北京:机械工业出版社,2017.
[12]《中国建设行业施工 BIM 应用分析报告(2017)》编委会. 中国建设行业施工 BIM 应用分析报告(2017)[M]. 北京:中国建筑工业出版社,2017.
[13] 中建《建筑工程设计 BIM 应用指南》编委会.建筑工程设计 BIM 应用指南[M]. 北京:中国建筑工业出版社,2014.
[14] 张建平,李丁,林佳瑞,等. BIM 在工程施工中的应用[J]. 施工技术,2012,41(371):10-17.
[15] 李久林,魏来,王勇.智慧建造理论与实践[M]. 北京:中国建筑工业出版社,2015.